新工科暨卓越工程师教育培养计划电子信息类专业系列教材

电子测量与智能仪器仪表基础

DIANZI CELIANG YU ZHINENG YIQI YIBIAO JICHU

主　审 ◎ 马宏锋

主　编 ◎ 胡　玫　王永喜

副主编 ◎ 蔺　鹏

华中科技大学出版社
http://press.hust.edu.cn
中国·武汉

内 容 简 介

本书采用项目案例法，以电子测量仪器的智能化为主线，介绍智能电子测量仪器的设计原理，内容包括电子测量和智能仪器的基本概念，智能仪器的体系架构，电压、频率、元件参数和阻抗参数等的测量原理和对应智能仪器的设计方法，常规电子测量仪器的组成原理和操作方法，智能仪器典型的处理功能，以及虚拟仪器测试技术。

本书可作为电子信息工程、应用电子技术、通信工程、检测技术、测控技术与仪器等专业的教材，也可作为从事电类专业的工程技术人员的参考书。

图书在版编目（CIP）数据

电子测量与智能仪器仪表基础 / 胡玫，王永喜主编. -- 武汉 ：华中科技大学出版社，2025. 8.
ISBN 978-7-5772-2046-8

Ⅰ．TM93；TP216

中国国家版本馆 CIP 数据核字第 2025MB8249 号

电子测量与智能仪器仪表基础 胡　玫　王永喜　主编
Dianzi Celiang yu Zhineng Yiqi Yibiao Jichu

策划编辑：汪　粲
责任编辑：张　玲
封面设计：廖亚萍
责任校对：刘　竣
责任监印：曾　婷

出版发行：华中科技大学出版社（中国·武汉）　　　电话：（027）81321913
　　　　　武汉市东湖新技术开发区华工科技园　　　邮编：430223
录　排：华中科技大学惠友文印中心
印　刷：武汉科源印刷设计有限公司
开　本：787mm×1092mm　1/16
印　张：16.5
字　数：408千字
版　次：2025 年 8 月第 1 版第 1 次印刷
定　价：59.80 元

前言
Preface

"工欲善其事，必先利其器"。电子测量技术是科学探索的工具。在我国的载人航天、探月探火、深海深地探测、卫星导航、大飞机制造等伟大的工程中，无一例外地应用了快速、准确、可靠的电子测量技术。同时，在生产、生活等领域，电子测量技术也与人工智能、大数据、互联网＋等新兴技术深度融合，使仪器仪表行业得到高速、蓬勃发展。

党的二十大报告和仪器仪表行业"十四五"发展规划建议中强调"推动制造业智能化发展""适应数字化转型的新模式""提高智能化程度"，因此电子测量仪器的智能化已经成为社会、技术发展的必然趋势。

编者所在学校的电子信息工程专业在进行工程认证改革时，将电子测量和智能仪器整合成为一门课程——电子测量与智能仪器（教育部产学合作协同育人项目、甘肃省"十三五"教育科学规划项目）。在课程改革过程中，编者发现可选的教材有限，要么将两门课程的内容以上下篇的形式呈现，要么分别选择两门课程的相关教材，所以建设本教材势在必行。

本教材合理地整合了电子测量与智能仪器的课程内容，形成完整的知识体系。在编写过程中，注重实践性，采用项目案例法，以电子技术和微处理器等知识作为基础，重点讨论设计智能电子测量仪器所涉及的方法，旨在切实提升学生创新实践综合能力，达到培养创新型卓越工程人才的目的。

全书共9个项目，以电子测量仪器的智能化为主线，主要内容包括电子测量和智能电子测量仪器的基本概念，智能仪器的体系架构，智能仪器典型处理功能，信号发生器、示波器、智能电压表、智能LRC测量仪、智能电子计数器等智能电子测量仪器仪表的设计，以及虚拟仪器测试技术。

全书由胡玫组织策划、安排内容、统稿和定稿。具体编写分工为：项目1、2、4、6、9由胡玫编写，项目5、7、8由王永喜编写，项目3及各章习题由蔺鹏编写。吕瑞瑞、赵金条等同学绘制了书中部分电路图，对此表示感谢。同时马宏锋教授审阅了全稿，并提出了许多宝贵的意见，谨致以衷心的感谢！

由于编者学识、水平有限，书中定有许多不足或疏漏，敬请广大读者批评、指正。

编　者

目录
Contents

项目 1

导　论

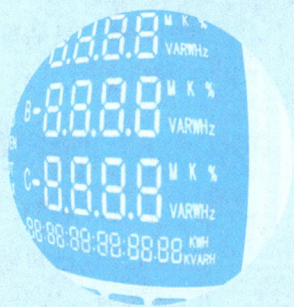

1.1　电子测量的内容和方法

电子测量是测量学的一个重要分支,也是无线电电子学的一个重要分支。从广义上来讲,利用电子技术进行的测量都是电子测量。随着现代科学技术的发展,许多物理量都可以通过一定的传感器变换成电信号,并通过电子学方法进行测量。同时,在现代化的工业、农业和国防建设中,精密和准确地测量大多是使用电子测量的方法实现的。微电子学和计算机等现代电子技术的成就给传统的电子测量带来了巨大的冲击并产生了革命性的影响。20世纪 70 年代初期,微处理器问世不久就被引进电子测量领域,所占比重在各项计算机应用领域中名列前茅。随后,微处理器在体积、功能等方面进一步发展,电子测量和计算机技术的结合愈加紧密,形成了一种全新的微型计算机仪器。由于这种含有微型计算机的电子仪器具有数据存储、运算、逻辑判断和与外界通信等功能,因而被称为智能仪器,以区别于传统的电子测量仪器。近年来,智能仪器已开始从较为成熟的数据处理向知识处理方面发展,并具有模糊判断、故障判断、容错技术、传感器融合、机件寿命预测等功能,使智能仪器向更高的层次发展。

1.1.1　电子测量的内容

电子学中电子测量包含如下内容。

(1)有关电磁能的量,包括各种电压、电流、电功率、电场强度、电磁干扰、噪声等。

(2)有关电信号特征的量,包括频率、时间、周期、相位差、失真度等。

(3)有关电子元件参数的量,包括电阻、电感、电容、阻抗、品质因数、介电常数和增益等。

(4)测量数字系统和微机系统的数据流,包括数字系统和微机系统的故障侦查、故障定位、故障诊断和数据流等。

1.1.2　电子测量的方法

为了获得测量结果而采用的各种手段和方式称为测量方法。测量方法的选择,直接关系到测量结果的可信赖程度,也关系到测量工作的经济性和可行性。下面介绍几种常见的分类方法。

1. 按测量手段分类

1) 直接测量

按预先已知标准定度好的测量仪器对某一未知量直接进行测量,从而得出未知量的数值,称为直接测量。例如,用电子电压表测量某放大器输出交流电压为 1.2 V,用磁电式电流表测量某晶体管集电极电流为 2.1 mA 等。但直接测量并不意味着就是通过直读仪器进行测量,许多比较式仪器,如电桥、电位差计及外差式频率计等,虽然不一定能直接从仪器度盘上获得被测量值,但是因参与测量的对象就是被测量物体本身,故仍属直接测量。直接测量的优点是过程简单、迅速,是工程技术中广泛采用的测量方法。

2) 间接测量

利用直接测量的量与被测量的量之间的函数关系(如公式、曲线或表格等),间接得到被测量的数值的测量方法,称为间接测量。例如,需要测量电阻 R 上消耗的直流功率 P,可以通过直接测量电压 U、电流 I,而后根据函数关系 $P=UI$,经过计算,间接获得功率 P。

间接测量费时、费事,常用在直接测量不方便,或间接测量的结果较直接测量更准确,或缺少直接测量仪器等场合。

3) 组合测量

在某些测量中,被测的量与几个未知量有关,如果测量一次无法得出完整的结果,则可以通过改变测量条件测量多次,然后根据被测量与未知量之间的函数关系列出一组方程,通过解这组方程求出各未知量,这种方法称为组合测量。例如,电阻器电阻温度系数的测量。已知电阻器阻值 R_t 与温度 t 之间满足关系

$$R_t = R_{20} + \alpha(t-20) + \beta(t-20)^2 \qquad (1\text{-}1)$$

式中,R_{20} 是 20 ℃时的电阻值,一般为已知量。α 和 β 为电阻的温度系数,t 为环境温度。为了获得 α、β 值,可以在两个不同的温度 t_1、t_2(可由温度计直接测量)下测得相应的电阻值 R_{t_1}、R_{t_2},代入式(1-1)得到方程组

$$\begin{cases} R_{t_1} = R_{20} + \alpha(t_1-20) + \beta(t_1-20)^2 \\ R_{t_2} = R_{20} + \alpha(t_2-20) + \beta(t_2-20)^2 \end{cases} \qquad (1\text{-}2)$$

求解方程组(1-2),就可以得到 α、β 值。

2. 按测量方式分类

1) 偏差式测量法

在测量过程中,用仪器仪表指针的位移(偏差)表示被测量大小的测量方法,称为偏差式测量法,例如,使用万用表测量电压、电流等。由于这种方法是从仪表刻度上直接读取被测量的,包括大小、单位等,因此也叫直读法。用这种方法测量时,作为计量标准的实物并不装在仪表内直接参与测量,而是事先用标准量具对仪表读数、刻度进行校准,实际测量时根据指针偏转大小确定被测量的量值。

2)零位式测量法

零位式测量法又称零示法或平衡式测量法。测量时将被测量与标准量相比较(又称比较测量法),用指零仪表(零示器)指示被测量与标准量相等(平衡),从而获得被测量。利用惠斯登电桥测量电阻(电容或电感)是这种方法的典型例子,如图 1-1 所示。

当电桥平衡时,可以得到

$$R_x = \frac{R_1}{R_2} \cdot R_3 \qquad (1-3)$$

通常先大致调整比率 R_1/R_2,再调整标准电阻 R_3,直至电桥平衡,此时充当零示器的检流计 PA 指示为零,即可根据式(1-3)由比率和 R_3 值得到被测电阻 R_x 值。

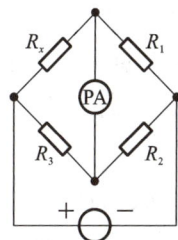

图 1-1 惠斯登电桥测量电阻示意图

只要零示器的灵敏度足够高,零位式测量法的测量准确度就几乎等于标准量的准确度。由于该方法的测量准确度很高,因此常用在实验室作为精密测量的一种方法。但为了获得平衡状态,测量过程中需要进行反复调节,即使采用一些自动平衡技术,测量速度也较慢。

3)微差式测量法

将偏差式测量法和零位式测量法相结合,构成微差式测量法。该法通过测量待测量与标准量之差(通常该差值很小)得到待测量,如图 1-2 所示。图中,P 为量程不大但灵敏度很高的偏差式仪表,它指示的是待测量 x 与标准量 s 之间的差值:$\delta = x - s$,即 $x = s + \delta$。只要 δ 足够小,这种方法的测量准确度就基本上取决于标准量的准确度。与零位式测量法相比,该法省去了反复调节标准量大小以求平衡的过程。

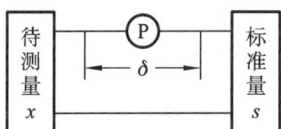

图 1-2 微差式测量法示意图

因此,该法兼有偏差式测量法的测量速度快和零位式测量法测量准确度高的优点。微差式测量法除在实验室中用作精密测量外,还广泛地应用在生产线控制参数的测量上,如监测连续轧钢机生产线上的钢板厚度等。图 1-3 是用微差式测量法测量直流稳压电源,输出电压稳定度的测量原理图。图中,U_o 为直流稳压电源的输出电压,它随着 50 Hz、220 V 市电的波动和负载 R_L 的变化而有微小起伏;V_2 为量程不大但灵敏度很高的电压表;U_B 表示由标准电源 U_S 获得的标准电压;U_δ 是由 V_2 电压表测得的 U_o 与 U_B 的差值,即输出电压 U_o 随着市电波动和负载变化而产生的微小起伏。

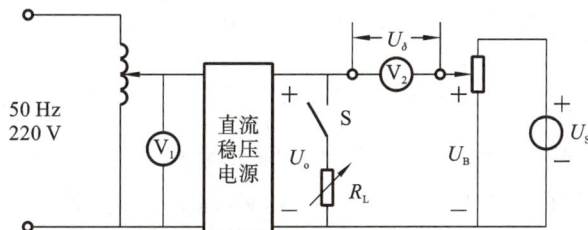

图 1-3 微差式测量法测量直流稳压电源的稳定度

1.2 电子测量的特点

电子测量具有以下特点。

1. 频率范围宽

电子测量中的待测参数,其频率覆盖范围极宽,低至 10^{-5} Hz 以下,高至 10^{12} Hz 以上。当被测对象的工作频率范围很宽时,早期的电子测量往往要用几种工作在不同频段的仪器进行衔接。近年来,由于采用一些新技术、新宽频段元器件、新电路、新工艺等,电子测量技术正朝着宽频段乃至全频段方向发展。

2. 量程宽

量程是测量范围的上限值与下限值之差。由于被测量的数值相差很大,因而电子测量仪器应有足够宽的量程。例如,一款中等档次的国产数字频率计,测频范围为 10 Hz~1000 MHz,量程达 8 个数量级,而用于测量频率的电子计数器的量程可以达到 17 个数量级。

3. 准确度高

电子测量仪器的准确度可以达到相当高的水平。以时间测量为例,由于采用原子频标和原子秒作为基准,测量精度高达 10^{-13}~10^{-14} 数量级。

4. 速度快

电子测量是通过电磁波的传播和电子的运动工作的,加之现代测量系统中高速计算机的应用,使电子测量在测量速度、结果的传输和处理方面,都以极高的速度进行,这也是电子测量技术广泛应用于现代科技各个领域的重要原因。

5. 易于实现遥测、遥控

电子测量的一个突出优点是可以通过各种类型的传感器实现遥测、遥控。对于远距离或人体难以接近的地方的信号测量,具有特殊的意义。这也是电子测量在各门学科得到广泛应用的又一重要原因。

6. 易于实现测量过程的自动化和测量仪器的智能化

大规模集成电路和微型计算机的应用,使电子测量出现了崭新的局面。例如,测量过程中能够实现程控、遥控、自动转换量程、自动调节、自动校准、自诊断故障和自恢复,并对测量的结果进行自动记录,自动进行数据运算、分析和处理。

1.3　智能电子测量仪器的发展

20世纪70年代以来,在新技术革命的推动下,尤其是微电子技术和微型计算机技术的快速发展,使电子仪器的整体水平发生很大变化,先后出现智能仪器、GP-IB自动测试系统、插卡式智能仪器(个人仪器)系统等。在此基础上,1987年,一种VXI总线仪器系统问世。智能仪器、GP-IB自动测试系统、个人仪器系统和VXI总线仪器系统被誉为近20年电子测量与仪器系统的重大技术。这些技术的出现,改变了电子测量与仪器领域的发展进程,使之朝着智能化、自动化、小型化、模块化和开放式系统的方向发展。

1.3.1　智能仪器及GP-IB自动测试系统

智能仪器即带有微处理器和GP-IB接口的能独立进行测试的电子仪器,是现阶段电子仪器的主流。GP-IB是国际电工协会(IEC)1978年正式推荐的一种标准仪用接口总线,已被世界各国普遍采纳。凡是配有GP-IB这种标准接口的仪器和计算机,不分生产国家、厂家,都可以借助一条无源电缆总线按积木式互连,灵活地组成各种不同用途的自动测试系统。典型自动测试系统如图1-4所示。

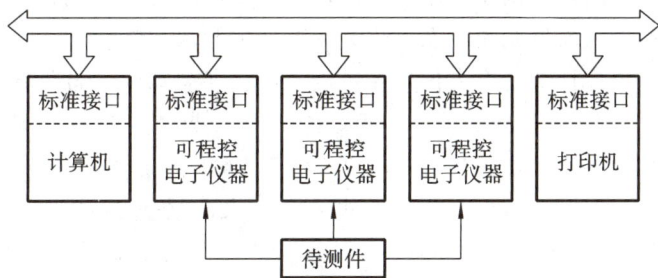

图 1-4　典型自动测试系统

从计算机系统结构的角度看,由智能仪器组成的自动测试系统是一个分布式、多微型计算机系统,系统内的各智能仪器在任务一级并行工作,各自具备完备的硬件和软件,因而能相对独立地工作,相互之间通过外部总线通信。

一个自动测试系统由计算机、多台可程控电子仪器及GP-IB接口三者组成。计算机作为系统的控制者,对测量全过程进行控制及处理;各可程控电子仪器是测试系统的执行单元,具体完成采集、测量、处理等任务;GP-IB接口由计算机及各可程控电子仪器中的标准接口和总线组成,如同一个多功能的神经网络,把各种仪器设备有机地连接起来,完成系统内的各种信息的变换和传输任务。

该系统具有极强的通用性和多功能性,对于不同的测试任务,只需增减或更换"挂"在上面的仪器设备,编制相应的测试软件,而系统本身不变。这种自动测试系统特别适用于要求测量时间极短且数据处理量极大的测试任务,以及测试现场对操作人员有害或操作人员参与操作会产生人为误差的测试场合。

1.3.2　个人仪器系统及 VXI 总线仪器系统

随着个人计算机(PC)的出现,以智能仪器为基础,产生了一种崭新的仪器品种——个人仪器。它将原智能仪器中的测量部分配以相应的接口电路制成各种仪器卡,插入 PC 总线插槽或扩展箱内,而原智能仪器所需的键盘、显示器及存储器等均借助于 PC 的资源,构成早期的个人仪器(又称 PC 仪器)。因此,个人仪器系统是由不同功能的个人仪器和 PC 有机结合而构成的自动测试系统。

由于个人仪器系统充分地利用 PC 的软、硬件资源,因而相对传统智能仪器和由智能仪器构成的 GP-IB 总线仪器系统来说,极大地降低了成本,大幅度地缩短了研制周期,显示出广阔的发展前景。

但是由于早期的个人仪器系统利用了 PC 的内部总线,因而仪器卡在 PC 内受到了严重的干扰,各仪器卡之间不能同步触发,无法传递模拟信号。为了克服这些缺点,许多仪器生产厂家各自生产扩展仪器卡箱并定义仪器总线。除此之外,早期的个人仪器强调硬件最少,通常不含微处理器,而将各仪器的控制和处理工作统一由 PC 处理,使得个人仪器系统的工作速度不高。随着功能强、价格低、集成度高的单片机的出现,各厂家普遍将微处理器装入仪器卡,构成多微型计算机分布式结构,这样不仅可以提高仪器系统的工作速度,还可以简化系统的组建和测试软件的开发。这种高级的个人仪器系统吸取了 GP-IB 总线仪器系统灵活的模块化结构的优点,同时由于共享了 PC 的外设和软件资源,仍能保持个人仪器系统性价比的优势,这就使个人仪器系统的发展进入一个新的阶段。

然而,由于具有上述性能的个人仪器系统的总线由各生产厂家自行定义而无统一标准,使用户在组建个人仪器系统时难以在不同厂家生产的仪器卡中进行选配,妨碍了个人仪器的推广和发展。为此,多家仪器公司经过努力后,于 1987 年联合提出适合于个人仪器系统的标准化接口总线标准——VXI 规范,并为世界各厂家所接受。VXI 总线仪器系统的问世被认为是测量和仪器领域的一个重要事件,围绕着 VXI 总线仪器系统出现了一系列的国际标准和支持技术,从而使测试和仪器系统进入一个划时代的新阶段。

VXI 总线是一个开放式结构,它对所有仪器生产厂家和用户都是公开的,即允许不同生产厂家的卡式仪器在同一机箱中工作,从而使 VXI 总线很快就成为测试系统的主导结构。VXI 总线仪器系统一般由计算机、VXI 仪器模块和 VXI 总线机箱构成,如图 1-5 所示。VXI 总线是面向模块式结构的仪器总线,与 GP-IB 总线相比,其性能有了较大幅度提升。其中,VXI 总线中的地址线和数据线均可高至 32 位,数据传输速率的上限可高至 40 MB/s,此外还定义了多种控制线、中断线、时钟线、触发线、识别线和模拟信号线等。由此可见,VXI 总线仪器系统集中了智能仪器、个人仪器和 GP-IB 自动测试系统的优点,具有使用灵活、方便、标准化程度高,可扩展性好,能充分发挥计算机的效能,以及便于构成虚拟仪器等诸多优点,因而得到迅速发展和推广,被称为未来仪器或未来系统。

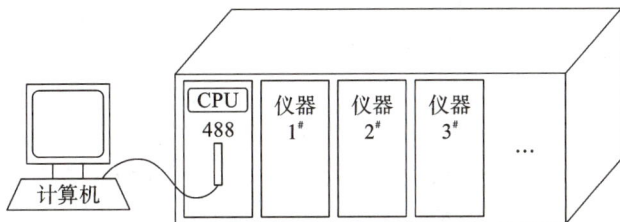

图 1-5　典型的 VXI 总线仪器系统

1.3.3　软件技术的高速发展及虚拟仪器

随着仪器系统的不断完善及仪器设计思想的不断发展,在新一代仪器系统中,软件的重要性及发展的迫切性越来越突出,可以预测,测试界今后的巨大变化将主要发生在软件方面。

为了使仪器系统的硬件设备尽量少,传统仪器的许多硬件乃至整个仪器都可以被计算机软件代替,例如,只使用一块 A/D 卡,借助于计算机的计算能力,在软件的配合下就可能实现多种仪器的功能,如数字多用表、数字存储示波器、数字频谱分析仪等。在新一代仪器系统中,计算机处于核心地位,如图 1-6 所示。目前,与计算机一起工作的仪器可分为 GP-IB 仪器、RS-232 仪器、VXI 仪器、数据采集板和信号调整器等。

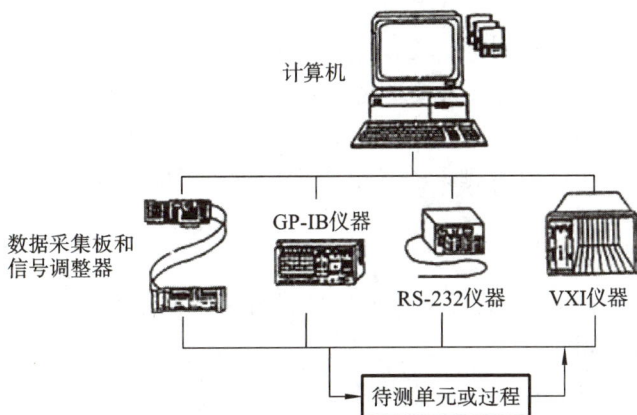

图 1-6　以计算机为核心的仪器系统

除此之外,使用者还希望尽量少关注仪器本身的技术问题,而将更多的精力转向测试对象,这样即使用 VC、VB、Delphi 等高级语言编制、调试测试程序,也不能适应现代仪器系统对缩短系统开发时间的要求,因而需要寻求新的编程方法。出于这些考虑,近年来许多公司开发出很多出色的仪器开发系统软件包,其中基于图形设计的用户接口和软件开发环境最为流行。这些仪器开发系统软件包可以管理 VXI 仪器、GP-IB 仪器、RS-232 仪器等。它们本身就带有各厂家生产的各类仪器的驱动软件、软面板等,同时还提供了上百种数学运算,以及包括 FFT 分析、数字滤波、回归分折、统计分析等数字信号处理功能。当测试人员建立仪器系统时,只要调出仪器图标,设置相关的条件和参数,并将有关仪器连接起来即可。利用这些软件,用户可以根据自己的不同要求和测试方案开发出各种仪器,彻底打破仪器功能只能由厂家定义而用户无法按自己意愿设置的传统模式,获得传统仪器无法比拟的效果。

所谓虚拟仪器,是指在通用计算机上添加具有共性的基本仪器硬件模块,通过软件组合成各种功能的仪器或系统的仪器设计思想。其中,激励信号可由微型计算机产生数字信号,再经 D/A 转换器产生需要的模拟信号。许多功能还可以完全由软件实现,摆脱由硬件构成仪器再连成系统的传统概念。因而,从某种意义上来说,计算机就是仪器,软件就是仪器。

早在 20 世纪 70 年代中期,虚拟仪器的仪器设计思想就已提出,但真正发展是在 PC 被广泛使用之后,VXI 总线仪器系统和图形化仪器系统软件的问世,为虚拟仪器的进一步发展提供了更加坚实的基础。

1.4 误差和测量结果处理方法

1.4.1 误差

1. 真值

一个物理量在一定条件下所呈现的客观大小或真实数值称作真值(A_0)。要得到真值,必须利用理想的量具或测量仪器进行无误差的测量。因此,物理量的真值实际上是无法测得的。理想的量具或测量仪器意味着测量过程的参考标准是一个纯物理值。随着科技水平的提高,可供实际使用的测量参考标准可以越来越逼近理想的理论定义值,但是在测量过程中,由于各种主观、客观因素的影响,做到无误差的测量是不可能的。

2. 约定真值

由于真值是无法测得的,因此通常只能将由更高一级的标准仪表所测得的值作为"真值",这个值叫作约定真值(A)。

3. 标称值

测量器具上标出来的数值为标称值。例如,某电阻标出的值为 $1\ \Omega$,标准信号发生器度盘上标出的输出正弦波频率 100 Hz 等。由于制造和测量精度不够及环境等因素的影响,标称值并不一定等于它的真值或实际值。为此,在标出测量器具的标称值时,通常还要标出它的误差范围或准确度等级。

4. 示值

由测量器具指示的被测量量值称为测量器具的示值(x)。

5. 测量误差

测量过程中测量仪器仪表的测量值与真值之间的差异,称为测量误差。在实际测量中,由于测量器具不准确,测量手段不完善,环境影响,测量操作不熟练及工作疏忽等,都会产生测量误差。测量误差的存在具有必然性和普遍性,人们只能根据需要将其限制在一定范围内,而不能完全加以消除。

1.4.2　误差的表示方法

误差有多种表示方法,最基本的误差表示方法有绝对误差和相对误差。

1. 绝对误差

被测量值(仪器的示值 x)与其真值 A_0 之差,称为绝对误差,用 Δx 表示,即

$$\Delta x = x - A_0 \qquad\qquad (1\text{-}4)$$

绝对误差 Δx 有大小、量纲和正负。其大小和正负分别表示测量值偏离真值的程度和方向。

因真值 A_0 一般无法求得,故式(1-4)只有理论上的意义。实际应用中用约定真值 A 代替真值 A_0,则有

$$\Delta x = x - A \qquad\qquad (1\text{-}5)$$

绝对值与 Δx 相等但符号相反的值,称为修正值,用 C 表示,即

$$C = A - x \qquad\qquad (1\text{-}6)$$

测量仪器在使用前都要由上一级标准给出受检仪器的修正值,通常以表格、曲线或公式的形式给出。由修正值可以求出实际值,即

$$A = C + x \qquad\qquad (1\text{-}7)$$

例 1-1　某电流表测的电流示值是 $0.83\ \text{mA}$,查得该电流表在 $0.8\ \text{mA}$ 及其附近的修正值都是 $-0.02\ \text{mA}$,那么被测的电流的实际值是多少?

解　　　　　　$A = C + x = 0.81\ (\text{mA})$

由此可见,利用修正值可以减小误差的影响,使测量值更接近真值。在实际应用中,应定期将仪器仪表送计量部门鉴定,以便得到正确的修正值。

2. 相对误差

虽然绝对误差能表示测量值偏离真值的程度和方向,但是不能确切反映其准确程度,故一般采用相对误差。相对误差的形式很多,常用的有下列几种。

1)实际相对误差

绝对误差 Δx 与被测量的真值 A_0 比值的百分数,称为相对误差,用 γ_0 表示,即

$$\gamma_0 = \frac{\Delta x}{A_0} \times 100\% \qquad\qquad (1\text{-}8)$$

因为真值无法求得,常用约定真值 A 代替 A_0,此时的误差称为实际相对误差,用 γ_A 表示,即

$$\gamma_A = \frac{\Delta x}{A} \times 100\% \qquad\qquad (1\text{-}9)$$

例 1-2　用两只电压表测量两个大小不同的电压,测量值分别为 $U_{1x} = 101\ \text{V}$,$U_{2x} =$

7.5 V,绝对误差分别为 1 V 和 −0.5 V,求两次测量的相对误差。

解
$$\gamma_{A_1} = \frac{\Delta x}{A} \times 100\% = \frac{\Delta x}{x - \Delta x} \times 100\% = \frac{1}{101-1} \times 100\% = 1\%$$

$$\gamma_{A_2} = \frac{\Delta x}{A} \times 100\% = \frac{\Delta x}{x - \Delta x} \times 100\% = \frac{-0.5}{7.5-(-0.5)} \times 100\% = -6.25\%$$

可见前者的绝对误差绝对值大于后者,但误差对测量结果的影响,后者却大于前者,因而用相对误差衡量误差对测量结果的影响,比绝对误差更加确切。

2)示值相对误差

在误差较小、要求不太严格的场合下,常采用示值 x 代替 A,此时的误差称为示值相对误差,用 γ_x 表示,即

$$\gamma_x = \frac{\Delta x}{x} \times 100\% \tag{1-10}$$

由于示值 x 可直接通过测量仪表的读数获得,因而这是在近似测量和工程测量中使用较多的一种表示方法。如果两者测量误差不大,则可用示值相对误差 γ_x 代替实际误差,如果 γ_x 和 γ_A 相差较大,则两者应加以区别。

3)满度相对误差

仪器量程内最大绝对误差 Δx_m 与仪器的满度值 x_m(量程上限值)的比值,称为满度相对误差。

$$\gamma_m = \frac{\Delta x_m}{x_m} \times 100\% = S\% \tag{1-11}$$

满度相对误差也称作满度误差或引用误差。由式(1-11)可以看出,满度误差实际上给出了仪表各量程内绝对误差的最大值

$$\Delta x_m = \gamma_m \cdot x_m = S\% \cdot x_m \tag{1-12}$$

因此测量点的最大相对误差为

$$\gamma_x = \frac{x_m}{x} \cdot S\% \tag{1-13}$$

我国电工仪表的准确度等级 S 就是按满度误差 γ_m 分级的,按 γ_m 大小依次划分成 0.1、0.2、0.5、1.0、1.5、2.5、5.0 共 7 级。例如,某电压表 $S=0.5$,即说明其准确度等级为 0.5 级,满度误差不超过 0.5%,即 $|\gamma_m| \leqslant 0.5\%$。

例 1-3 某电压表 $S=1.5$,试算出它在 0～100 V 量程中的最大绝对误差。

解 在 0～100 V 量程内的上限值 $x_m=100$ V,由式(1-12)得
$$\Delta x_m = \gamma_m \cdot x_m = \pm 1.5\% \times 100 = \pm 1.5(V)$$

一般来讲,测量仪器在同一量程、不同示值处的绝对误差实际上未必处处相等,对使用者来讲,在没有修正值可利用的情况下,只能按最坏情况处理,即认为仪器在同一量程各处的绝对误差是一个常数且等于 Δx_m,人们把这种处理称作误差的整量化。

例 1-4 某 1.0 级电流表的满度值 $x_m=100$ μA,求测量值分别为 $x_1=100$ μA,$x_2=80$ μA,$x_3=20$ μA 时的绝对误差和示值相对误差。

解 由式(1-12)得绝对误差,为

$$\Delta x_\text{m} = \gamma_\text{m} \cdot x_\text{m} = \pm 1.0\% \times 100 = \pm 1\,(\mu A)$$

如前所述,绝对误差是不随测量值改变的。测得值分别为 $100\,\mu A$、$80\,\mu A$、$20\,\mu A$ 时的示值相对误差各不相同,分别为

$$\gamma_{x_1} = \frac{\Delta x}{x_1} \times 100\% = \frac{\Delta x_\text{m}}{x_1} \times 100\% = \frac{\pm 1}{100} \times 100\% = \pm 1\%$$

$$\gamma_{x_2} = \frac{\Delta x}{x_2} \times 100\% = \frac{\Delta x_\text{m}}{x_2} \times 100\% = \frac{\pm 1}{80} \times 100\% = \pm 1.25\%$$

$$\gamma_{x_3} = \frac{\Delta x}{x_3} \times 100\% = \frac{\Delta x_\text{m}}{x_3} \times 100\% = \frac{\pm 1}{20} \times 100\% = \pm 5\%$$

可见,在同一量程内,测得值越小,示值相对误差越大。测量中所用仪表的准确度并不是测量结果的准确度,只有在示值与满度值相同时,两者才相等(不考虑其他因素造成的误差,仅考虑仪器误差),否则,测量值的准确度数值将低于仪表的准确度等级。

例 1-5　要测量 100 ℃ 的温度,现有 0.5 级测量范围为 0～300 ℃ 和 1.0 级测量范围为 0～100 ℃ 的两种温度计,试分析各自产生的示值误差。

解　对于 0.5 级温度计,可能产生的最大绝对误差为

$$\Delta x_{\text{m}_1} = \gamma_{\text{m}_1} \cdot x_{\text{m}_1} = \pm \frac{S_1}{100} \cdot x_{\text{m}_1} = \pm \frac{0.5}{100} \times 300 = \pm 1.5\,(℃)$$

按照误差整量化原则,认为该量程内绝对误差 $\Delta x_1 = \Delta x_{\text{m}_1} = \pm 1.5\ ℃$,因此示值相对误差为

$$\gamma_{x_1} = \frac{\Delta x_1}{x_1} \times 100\% = \pm \frac{0.5}{100} \times 100\% = \pm 1.5\%$$

同样,可算出用 1.0 级温度计可能产生的绝对误差和示值相对误差,为

$$\Delta x_{\text{m}_1} = \gamma_{\text{m}_1} \cdot x_{\text{m}_1} = \pm \frac{S_1}{100} \cdot x_{\text{m}_1} = \pm \frac{1.0}{100} \times 300 = \pm 1.0\,(℃)$$

$$\gamma_{x_1} = \frac{\Delta x_1}{x_1} \times 100\% = \pm \frac{1.0}{100} \times 100\% = \pm 1.0\%$$

可见,用 1.0 级低量程温度计测量所产生的示值相对误差反而小一些,因此选 1.0 级温度计较为合适。

例 1-6　某待测电流约为 100 mA,现有 0.5 级量程为 0～400 mA 和 1.5 级量程为 0～100 mA 的两个电流表,问用哪一个电流表测量较好?

解　根据式(1-13)用 0.5 级量程为 0～400 mA 电流表测 100 mA 时,最大相对误差为

$$\gamma_{x_1} = \frac{x_\text{m}}{x} \cdot S\% = \frac{400}{100} \times (\pm 0.5\%) = \pm 2\%$$

用 1.5 级量程为 0～100 mA 电流表测量 100 mA 时,最大相对误差为

$$\gamma_{x_2} = \frac{x_\text{m}}{x} \cdot S\% = \frac{100}{100} \times (\pm 1.5\%) = \pm 1.5\%$$

由此可知,当仪表的准确度确定后,示值越接近满刻度,示值相对误差越小。所以,在选用仪表时,应当根据测量值的大小选择仪表的量程,尽量使测量的示值在仪表量程的 2/3 以上区域。

4）分贝误差

电子测量中常用到分贝误差。分贝误差是用对数表示误差的一种形式，单位为分贝（dB）。分贝误差广泛用于增益（衰减）量的测量中。下面以电压增益测量为例，引出分贝误差的表示形式。

设双口网络（如放大器、衰减器等）输入、输出电压的测量值分别为 U_i 和 U_o，则电压增益 A_u 的测量值为

$$A_u = \frac{U_o}{U_i} \tag{1-14}$$

用对数表示为

$$G_x = 20 \lg A_u \text{（dB）} \tag{1-15}$$

式中，G_x 为增益测量值的分贝值。

设 A 为电压增益实际值，其分贝值 $G = 20 \lg A$，由式（1-14）及式（1-15）可得

$$A_u = A + \Delta x = A + \Delta A \tag{1-16}$$

$$
\begin{aligned}
G_x = 20 \lg(A + \Delta A) &= 20 \lg[A(1 + \Delta A/A)] \\
&= 20 \lg A + 20 \lg[A(1 + \Delta A/A)] \\
&= G + 20 \lg[A(1 + \Delta A/A)]
\end{aligned} \tag{1-17}
$$

由此得到

$$\gamma_{dB} = G_x - G \text{（dB）} \tag{1-18}$$

$$\gamma_{dB} = 20 \lg[A(1 + \Delta A/A)] \tag{1-19}$$

显然，式（1-19）中 γ_{dB} 与增益的相对误差有关，可看成相对误差的对数表现形式，称之为分贝误差。若令 $\gamma_A = \dfrac{\Delta A}{A}$，$\gamma_x = \dfrac{\Delta A}{A_x}$，并设 $\gamma_A \approx \gamma_x$，则式（1-19）可改写成

$$\gamma_{dB} = 20 \lg(1 + \gamma_x) \text{（dB）} \tag{1-20}$$

式（1-20）即为分贝误差的一般定义式。

若测量的是功率增益，由于功率与电压呈平方关系，并考虑对数运算规则，则这时的分贝误差定义为

$$\gamma_{dB} = 10 \lg(1 + \gamma_x) \text{（dB）} \tag{1-21}$$

例 1-7 某电压放大器，当输入端电压 $U_i = 1.2$ mV 时，测得输出电压 $U_o = 6000$ mV，设 U_i 误差可忽略，U_o 的测量误差 $\gamma_2 = \pm 3\%$。求放大器电压放大倍数的绝对误差 ΔA、相对误差 γ_x 及分贝误差 γ_{dB}。

解 电压放大倍数为

$$A_u = \frac{U_o}{U_i} = \frac{6000}{1.2} = 5000 \text{（电压增益的测量值）}$$

电压分贝增益为

$$G_x = 20 \lg A_u = 20 \lg 5000 = 74 \text{（dB）（电压增益测量值的分贝数）}$$

输出电压绝对误差为

$$\Delta U_o = 6000 \times (\pm 3\%) = \pm 180 \text{（mV）}$$

因忽略 U_i 误差，故电压增益的绝对误差为

$$\Delta A = \frac{\Delta U_{\circ}}{U_{i}} = \frac{\pm 180}{1.2} = \pm 150$$

电压增益的相对误差为

$$\gamma_x = \frac{\Delta A}{A_u} = \frac{\pm 150}{5000} \times 100\% = \pm 3\%$$

1.4.3 误差的来源与分类

1. 误差的来源

所有的测量结果都有误差,为了减小测量误差,提高测量结果的准确度,需要明确测量误差的主要来源,以便估计测量误差和进行相应的处理。造成误差的原因是多方面的,其主要来源如表 1-1 所示。

表 1-1 误差的主要来源

误差名称	来源说明	实例
仪器误差	仪器本身及其附件设计、制造和装配等的不完善,以及使用过程中元件的老化、机械磨损等引起的测量误差	零点偏移、刻度不准确、仪器内标准量性能不稳
影响误差	测量过程中环境因素与仪表所要求的使用条件不一致造成的误差	温度、湿度、电源电压、电磁干扰等
方法误差	测量方法不完善、理论不严密、用了近似公式或近似值造成的误差	普通万用表用电压档测量高内阻回路的电压,用均值表测量非正弦电压
人身误差	测量者的分辨能力、固有习惯、视觉疲劳等因素引起的误差	读错刻度、计算错误等
使用误差	在仪器使用的过程中出现的误差	安装、调节和使用不当

2. 误差的分类

虽然误差的来源很多,但根据测量误差的性质,误差可分为随机误差、系统误差和粗大误差 3 大类。

1)随机误差

随机误差又称为偶然误差,是由于偶然因素引起的一种大小和方向都不确定的误差,例如,噪声干扰、空气扰动、电磁场微变、大地微震等引起的误差。由于它的存在,即使在同一条件下多次重复测量同一物理量,所测的结果也不相同。一般来说,这种误差比较小,在工程测量中可以忽略。

2)系统误差

系统误差又称为确定性误差,指在确定的测试条件下,多次测量同一个物理量时,测量误差的数值大小和符号保持恒定,或在测量条件改变时,测量误差按一定规律变化的误差。

系统误差是由固定不变的或按确定规律变化的因素造成的。这些因素主要有:测量仪器本身结构和制造上的不完善而存在的误差,未能满足仪器规定的使用条件而存在的误差,测量方法不完善、电子元件性能不稳定造成的误差,如零点偏移、刻度不准、转动部分摩擦、忽略电流表的内阻,以及认为电压表的内阻无穷大等。

3)粗大误差

粗大误差又称为疏忽误差,是测量人员在测量过程中,由于操作、读数、记录、计算的错误等引起的误差,如读数错误、记录错误等。粗大误差严重歪曲了测量结果,含有这种误差的实验数据不可靠,应当剔除。

1.4.4 误差的估计与处理

1.随机误差的估计和处理

随机误差没有确定的规律,但当测量次数足够多时,从统计的观点来看,其测量的数据及随机误差大多呈正态分布。因此,宜采用数理统计的方法分析随机误差,用有限次测量估计整体的特征。

1)随机误差的估计

设进行 n 次测量得到的测量值分别为 $x_1, x_2, \cdots, x_n$。其算术平均值为

$$\overline{x} = \frac{x_1 + x_2 + \cdots + x_n}{n} = \frac{1}{n}\sum_{i=1}^{n} x_i \qquad (1\text{-}22)$$

式中,$\overline{x}$ 是数学期望无偏估计值,常用作被测量真值 A_0。

任意一次测量值与 $\overline{x}$ 之差称为残差,即 $v_i = x_i - \overline{x}$。在实际测量中,常用残差代替绝对误差,由统计规律知,残差的代数和为 0。

由贝塞尔公式

$$\hat{s} = \sqrt{\frac{1}{n-1}\sum_{i=1}^{n}(x_i - \overline{x})^2} = \sqrt{\frac{1}{n-1}\sum_{i=1}^{n} v_i^2} \qquad (1\text{-}23)$$

可得有限次测量的标准差估计值 $\hat{s}$,通常也称为实验偏差。其值越小,表明测量值越集中,测量精度越高,随机误差越小。

如果在相同的情况下,进行了多组(m 组)的测量,且每组的测量次数(n 次)相同,此时定义的算术平均值标准差估计值 $\hat{s}_{\overline{x}}$,通常也称为标准偏差,即 $\hat{s}_{\overline{x}} = \dfrac{\hat{s}}{\sqrt{n}}$。实验偏差和标准偏差统称为标准差。

例 1-8 用温度计重复测量某个不变的温度,得到 11 个测量值的序列,单位为℃。求测量值的平均值及其标准偏差。

> 528　531　529　527　531　533　529　530　532　530　531

解　a. 平均值 $\overline{x} = \dfrac{1}{n}\sum_{i=1}^{n} x_i = \dfrac{1}{11}\sum_{i=1}^{11} x_i = 530.1(℃)$。

　　b. 用公式 $v_i = x_i - \overline{x}$ 计算各测量值的残差。

c. 实验偏差 $\hat{s} = \sqrt{\dfrac{1}{n-1}\sum_{i=1}^{n} v_i^2} = 1.767(℃)$。

d. 标准偏差 $\hat{s}_{\bar{x}} = \dfrac{\hat{s}}{\sqrt{n}} = 0.53(℃)$。

2）随机误差的处理

式(1-23)的 n 为测量次数，很显然，n 越大，$\bar{x}$ 就越接近真值，但所需要的测量时间也就越长。为此，智能仪器常常设定专用功能键来输入具体的测量次数 n。此外，有的测量仪器可以根据实际情况自动变动 n 值。例如，某具有自动量程转换功能的电压表，设置了由小到大的 6 挡量程，其编号分别为 $1,2,\cdots,6$。当工作于最低挡（即第 1 挡）量程时，被测信号很弱，随机误差的影响相对最大，因而测量次数就多选一些（取 $n=10$）。第 2 挡，同样的随机误差影响相对就小，因而取 $n=6$。同理，第 3 挡取 $n=4$；第 4 挡取 $n=2$；在第 5 挡和第 6 挡只作单次测量处理，即取 $n=1$。实现上述功能的操作流程如图 1-7 所示。

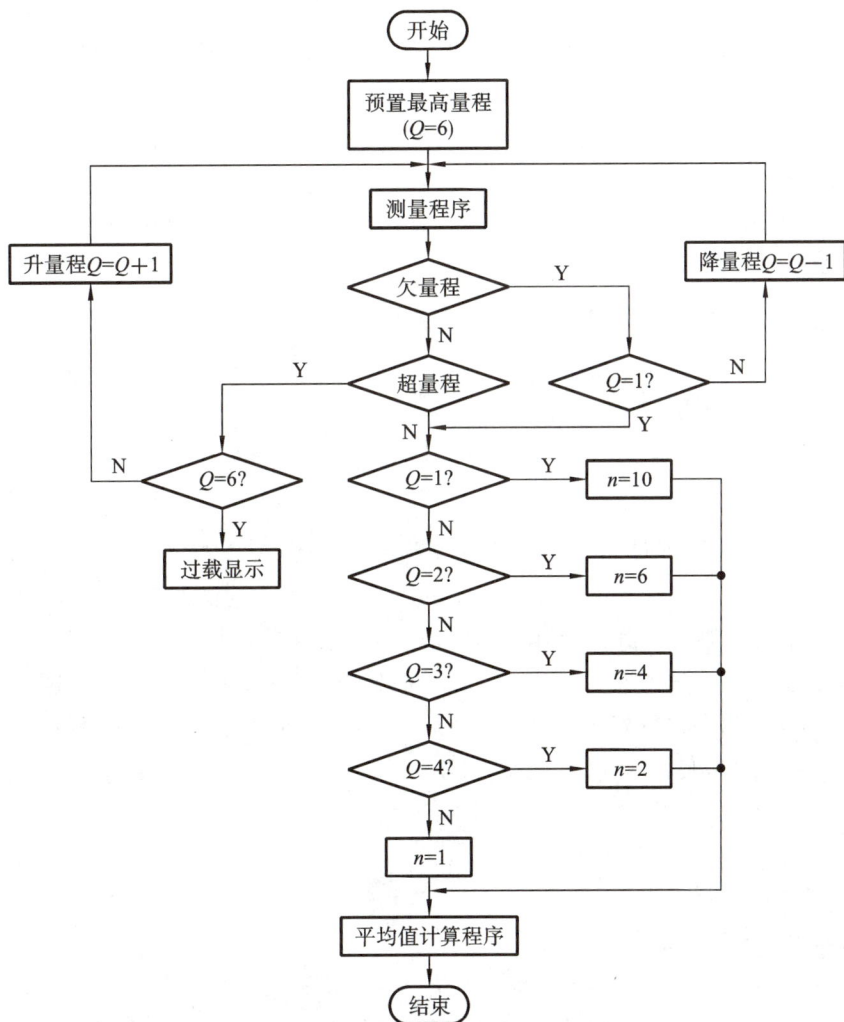

图 1-7　自动量程转换与算术平均值的算法操作流程

上述过程可以有效地克服仪器随机误差的影响,同时对随机干扰也有很强的抑制作用。因而这一过程可以理解为一个等效的滤波过程。

2. 系统误差的估计和处理

1)系统误差的特征

(1)在同一条件下,多次测量同一量值,误差的绝对值和符号保持不变。若条件变化,则误差按一定的规律变化。

(2)当多次重复测量时,系统误差不具有抵偿性,因此是固定的或按照一定函数规律变化的。

(3)具有可控性和修正性。

2)系统误差的判别方法

(1)校准法:用标准仪器确定恒值系统误差的数值,或依据说明书中的修正值对结果进行修正。

(2)残差观察法:把测量的数据及其残差制成表格或绘成曲线,分析测量中残差的大小和变化规律,判断是否有系统误差。

(3)马利科夫判据:是用于判断是否有与测量条件呈线性关系的累进性系统误差的方法。累进性系统误差是指误差呈线性递增或递减,如蓄电池端电压下降引起的电流下降等。判别时把这 n 个测量值所对应的残差按先后顺序排列,然后把残差分为前、后两个部分求和,再求其差值。即

$$\begin{cases} D = \sum_{i=1}^{\frac{n}{2}} v_i - \sum_{i=\frac{n}{2}+1}^{n} v_i \, (n \text{ 为偶数}) \\ \\ D = \sum_{i=1}^{\frac{n+1}{2}} v_i - \sum_{i=\frac{n+1}{2}}^{n} v_i \, (n \text{ 为奇数}) \end{cases} \tag{1-24}$$

若 D 接近于 0,则表明上述测量不存在线性系统误差;若 D 与 $v_{i_{max}}$ 相当,则认为存在线性系统误差。

(4)阿卑-赫梅特判据:是用于判断是否有周期性系统误差的方法。周期性系统误差是指误差随着测量值或时间的变化,按某一周期性函数的规律变化。判别时将这 n 个测量值所对应的残差按先后顺序排列,两两相乘,然后求其和的绝对值,再求出标准差的估计值 $\hat{s}$,若下面的判别式成立,则存在周期性系统误差。

$$\left| \sum_{i=1}^{n-1} v_i v_{i+1} \right| > \sqrt{n-1} \, \hat{s}^2 \tag{1-25}$$

3)系统误差的处理

(1)误差模型修正系统误差。

通过分析建立系统的误差模型,求出误差修正公式。误差修正公式一般含有若干误差因子,在修正时,首先通过校正技术把这些误差因子求出来,然后利用修正公式修正测量结果,削弱系统误差的影响。

不同的仪器或系统误差模型的建立方法不一样,无统一方法可循,这里仅举一个比较典型的例子进行讨论。如图 1-8 所示,x 是输入电压(被测量),y 是带有误差的输出电压(测量结果),ε 是影响量(如零点漂移或干扰),i 是偏差量(如直流放大器的偏置电流),K 是影响特性(如放大器增益变化)。从输出端引一反馈量到输入端以改善系统的稳定性。在无误差的理想情况下,有 $\varepsilon = 0$,$i = 0$,$K = 1$,于是存在关系

$$y = \frac{R_1 + R_2}{R_1} x \tag{1-26}$$

在有误差的情况下,则有

$$y = K(x + \varepsilon + y') \tag{1-27}$$

由此可以推出

$$\frac{y - y'}{R_1} + i = \frac{y'}{R_2} \tag{1-28}$$

$$x = y \left(\frac{1}{K} - \frac{i}{\frac{1}{R_1} + \frac{1}{R_2}} \right) - \varepsilon \tag{1-29}$$

再改写成下列简明形式

$$x = b_1 y + b_0 \tag{1-30}$$

式(1-30)即为误差修正公式,其中,b_0 和 b_1 为误差因子。如果能求出 b_0 和 b_1 的数值,则可由误差修正公式获得无误差的 x 值,从而修正系统误差。

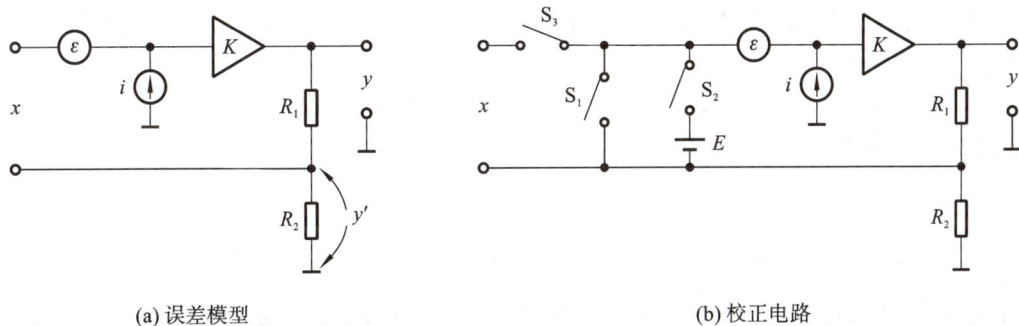

(a) 误差模型　　　　　　　　　　　　(b) 校正电路

图 1-8　利用误差模型修正系统误差

通过校正技术求取误差因子,误差修正公式(1-30)中含有两个误差因子 b_0 和 b_1,因而需要两次校正。设建立的校正电路如图 1-8(b)所示,图中 E 为标准电池,校正步骤如下。

①零点校正。先令输入端短路,即 S_1 闭合,此时有 $x = 0$,于是得到输出为 y_0,按照式(1-30)可得方程

$$0 = b_1 y_0 + b_0$$

②增益校正。令输入端接标准电压,即令 S_2 闭合,此时有 $x = E$,于是得到输出为 y_1,同样可得方程

$$E = b_1 y_1 + b_0$$

联立求解上述二方程,即可求得误差因子

$$b_1 = \frac{E}{y_1 - y_0}$$

$$b_0 = \frac{E}{1 - \dfrac{y_1}{y_0}}$$

③实际测量。令 S_3 闭合,此时得到输出为 y(结果),于是被测量的真值为

$$x = b_1 y + b_0 = \frac{E(y - y_0)}{y_1 - y_0}$$

智能仪器每一次的测量过程均按上述三步进行。由于上述过程是自动进行的,且每次测量过程很快,这样,即使各误差因子随时间缓慢变化,也可消除其影响,实现近似于实时的误差修正。

(2)校正数据表修正系统误差。

如果对系统误差的来源及仪器工作原理缺乏充分的认识而不能建立误差模型,则可以通过建立校正数据表的方法修正系统误差。步骤如下。

①获取校正数据。在仪器的输入端逐次加入一个已知的标准电压 $x_1, x_2, \cdots, x_n$,并实测出对应的测量结果 $y_1, y_2, \cdots, y_n$,则 $x_i (i = 1, 2, \cdots, n)$ 即为测量值 $y_i (i = 1, 2, \cdots, n)$ 对应的校正数据。

②查表。将 $x_i (i = 1, 2, \cdots, n)$ 这些校正数据依大小顺序存入一段存储器中,在处理时,根据实测的 $y_i (i = 1, 2, \cdots, n)$ 值查表,即可得到对应的经过修正的测量值。

表格的形式对于查表十分重要。在 y_i 按等差数列取数时,查找特别方便,这时可以用 y_i 作为地址偏移量,将 y_i 对应的校正数据存入相应的存储单元中,就可以直接从表格中取出待查找的数据。

③差值处理。若实际测量的 y 值介于某两个标准点 y_i 和 y_{i+1} 之间,为了减少误差,还可以在查表的基础上作内插计算进行修正。

采用内插技术可以减少校准点,从而减少内存空间。最简单的内插是线性内插,当 $y_i < y < y_{i+1}$ 时,取 $x = x_i + \dfrac{x_{i+1} - x}{y_{i+1} - y}(y - y_i)$。由于这种内插方法是用两点间的一条直线代替原曲线的,因而精度有限。如果要求更高的精度,则可以采取增加校准点的方法,或者采取更精确的内插方法,如 n 阶多项式内插、三角内插、牛顿内插等。

曲线拟合是指从 n 对测定数据 (x_i, y_i) 中,求得一个函数 $f(x)$ 作为实际函数的近似表达式。曲线拟合实质就是找出一个简单的、便于计算机处理的近似表达式代替实际的非线性关系。因此曲线 $f(x)$ 并不一定代表通过实际非线性关系中的所有点。

(3)曲线拟合修正系统误差。

采用曲线拟合对测量结果进行修正,首先要定出 $f(x)$ 的具体形式,然后对实测值选定函数的数值进行计算,求出精确的测量结果。曲线拟合方法可分为连续函数拟合法和分段曲线拟合法两种。

①连续函数拟合法。

连续函数一般采用多项式拟合。多项式的阶数应根据仪器所允许的误差确定,一般情况下,拟合多项式的阶数越高,逼近的精度也就越高。但阶数的增高将使计算烦冗,运算时

间也会迅速增加,因此,拟合多项式的阶数一般采用二、三阶。

热电偶的温度与输出热电势之间的关系一般用下列三阶多项式逼近

$$R = a + bx_P + cx_P^2 + dx_P^3 \tag{1-31}$$

变换成嵌套形式,得

$$R = [(dx_P + c)x_P + b]x_P + a \tag{1-32}$$

式中,R 是读数(温度值),x_P 由下式导出

$$x_P = x + a' + b'T_0 + c'T_0^2 \tag{1-33}$$

式中,x 是被校正量,即热电偶输出的电压值;T_0 是使用者预置的热电偶环境(冷端)温度。热电偶冷端一般放在一个恒温槽中,如放在冰水中以保持受控冷端温度恒定在 0 ℃。系数 a,b,c,d,a',b',c' 是与热电偶材料有关的校正参数。

首先求出各校正参数 a,b,c,d,a',b',c',并按顺序存放在首址为 COEF 的一段缓冲区内,然后根据测得的 x 值求出对应的 R(温度值)。多项式算法通常采用式(1-32)所示的嵌套形式,对于一个 n 阶多项式,需要进行 $\frac{1}{2}n(n+1)$ 次乘法,如果采用嵌套形式,则只需进行 n 次乘法,从而使运算速度加快。

②分段曲线拟合法。

分段曲线拟合法是把非线性曲线的整个区间划分成若干段,将每一段用直线或抛物线逼近。只要分点足够多,就完全可以满足精度要求,从而回避了高阶运算,使问题化繁为简。分段基点的选取可按实际情况决定,既可采用等距分段法,也可采用非等距分段法。非等距分段法根据函数曲线形状的变化率确定插值之间的距离,因此非等距插值基点的选取比较麻烦,但在相等精度条件下,非等距插值基点的数目将小于等距插值基点的数目,从而节省了内存,减少了计算机的开销。在处理方法的选取上,采用分段曲线拟合法更为合适。分段曲线拟合法的不足之处是光滑度不太高,这对某些应用是有缺陷的。

分段直线拟合法是用一条折线代替原来实际的曲线,这是一种最简单的分段拟合方法。设某传感器的输入/输出特性如图

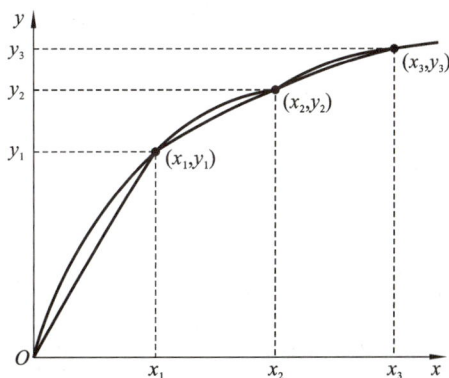

图 1-9　分段直线拟合

1-9 所示,x 为测量数据,y 为实际被测变量,分三段直线逼近该传感器的非线性曲线。写出各端的线性差值公式为

$$y = \begin{cases} y_3 & ;当 x \geqslant x_3 \text{ 时} \\ y_2 + K_3(x - x_2) & ;当 x_2 \leqslant x < x_3 \text{ 时} \\ y_1 + K_2(x - x_1) & ;当 x_1 \leqslant x < x_2 \text{ 时} \\ K_1 x & ;当 0 \leqslant x < x_1 \text{ 时} \end{cases} \tag{1-34}$$

式中,$K_3 = \dfrac{y_3 - y_2}{x_3 - x_2}$,$K_2 = \dfrac{y_2 - y_1}{x_2 - x_1}$,$K_1 = \dfrac{y_1}{x_1}$,分别为各段的斜率。

编程时应将系数 K_1, K_2, K_3 及数据 x_1, x_2, x_3, y_1, y_2, y_3 分别存放在指定的 ROM(只读存储器)中。当智能仪器进行校正时,先根据测量值的大小找到所在的直线段,从 ROM 中取出该直线段的系数,然后按式(1-34)计算即可获得实际被测值 y,如图 1-10 所示。

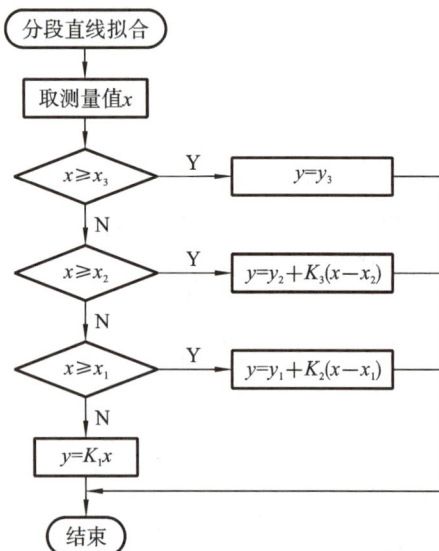

图 1-10 分段直线拟合程序流程图

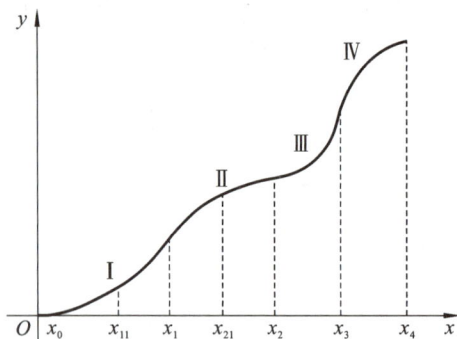

图 1-11 分段抛物线拟合

若输入/输出特性曲线很弯曲,而测量精度又要求比较高,则可考虑采用多段抛物线分段拟合。如图 1-11 所示的曲线可以把它划分成 I, II, III, IV 这 4 段,每一段都分别用一个二阶抛物线方程 $y = a_i x^2 + b_i x + c_i$ $(i = 1, 2, 3, 4)$ 描绘,其中抛物线方程的系数 a_i, b_i, c_i 可通过下述方法获得。每一段找出三点 x_{i-1}, x_{i1}, x_i(含两分段点),例如,在线段 I 中找出 x_0, x_{11}, x_1 点及对应的 y 值 y_0, y_{11}, y_1,在线段 II 中找出 x_1, x_{21}, x_2 点及对应的 y 值 y_1, y_{21}, y_2 等,然后解下列联立方程

$$\begin{cases} y_{i-1} = a_i x_{i-1}^2 + b_i x_{i-1} + c_i \\ y_{i1} = a_i x_{i1}^2 + b_i x_{i1} + c_i \\ y_i = a_i x_i^2 + b_i x_i + c_i \end{cases}$$

求出系数 a_i, b_i, c_i $(i = 1, 2, 3, 4)$。编程时应将系数 a_i, b_i, c_i 及 x_0, x_1, x_2, x_3, x_4 值一起存放在指定的 ROM 中。当进行校正时,先根据测量值 x 的大小找到所在分段,再从 ROM 中取出对应段的系数 a_i, b_i, c_i,最后运用公式 $y = a_i x^2 + b_i x + c_i$ 计算即可求得 y 值,具体流程图如图 1-12 所示。

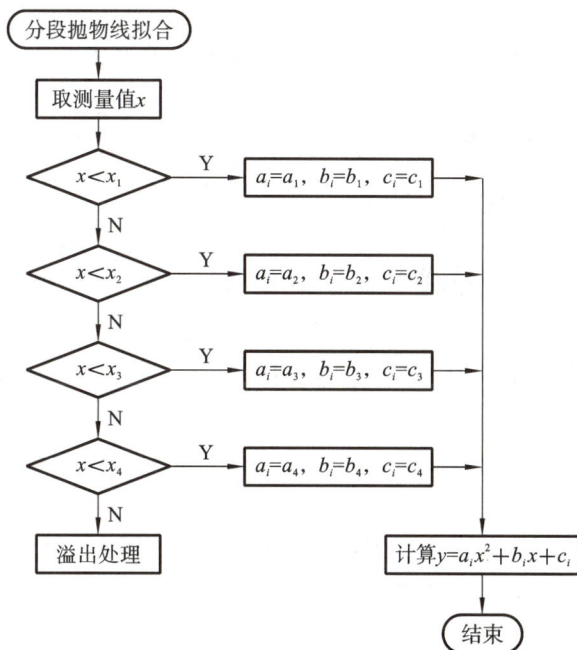

图 1-12 分段抛物线拟合程序流程图

3. 粗大误差的估计和处理

1）粗大误差判别准则

粗大误差出现的概率较小,在测量数据中,若 $|v_i| > 3\hat{s}$,则认为测量值 x_i 存在粗大误差,此时不必改变测量值的顺序,但应在测量值中剔除粗大误差项,这种判别准则称为莱特准则或 $3\hat{s}$ 准则。

2）粗大误差的防止和消除

（1）加强测量者的工作责任心。

（2）测量者要有严谨的科学态度。

（3）保证测量环境的稳定。

4. 测量误差的合成和分配

前面介绍的都是直接测量误差的计算方法,如频率、电压、电流的测量等。在实际测量中,经常要用到间接测量,例如,先测电阻的 U 和 I,再由 $P = UI$ 计算电阻的功率,其误差与 U 和 I 的测量误差有关;多个电阻串联、并联的等效电阻,其误差与各个电阻的测量误差有关等。由以上的例子可知,间接测量的被测量 y 可看成是由 n 个直接测量的分量 $x_1, x_2, \cdots, x_n$ 按照一定的函数关系构成的,即 $y = f(x_1, x_2, \cdots, x_n)$。

当测量误差与 n 项有关时,不论其因何原因产生,都称为分项误差。在此主要讨论如何由各分项误差确定总误差,即测量误差的合成,以及在总误差已限定的条件下,如何确定各分项误差的数值,即误差的分配。

1)误差的合成

如果测量中各次直接测量的 $x_1,x_2,\cdots,x_n$ 的绝对误差为 $\Delta x_1,\Delta x_2,\cdots,\Delta x_n$,则有

$$y + \Delta y = f(x_1 + \Delta x_1, x_2 + \Delta x_2, \cdots, x_n + \Delta x_n) \tag{1-35}$$

将上式按泰勒级数展开,并忽略其高阶无穷小,得到误差传递公式为

$$\Delta y = \frac{\partial f}{\partial x_1}\Delta x_1 + \frac{\partial f}{\partial x_2}\Delta x_2 + \cdots + \frac{\partial f}{\partial x_n}\Delta x_n = \sum_{i=1}^{n}\frac{\partial f}{\partial x_i}\Delta x_i \tag{1-36}$$

式中,$\frac{\partial f}{\partial x_i}$ 是 $y = f(x_1,x_2,\cdots,x_n)$ 关于第 i 个分量的偏导数。如果用相对误差来表示,则有

$$g_y = \frac{\Delta y}{y} = \frac{\partial f}{\partial x_1}\frac{\Delta x_1}{y} + \frac{\partial f}{\partial x_2}\frac{\Delta x_2}{y} + \cdots + \frac{\partial f}{\partial x_n}\frac{\Delta x_n}{y} = \sum_{i=1}^{n}\frac{\partial f}{\partial x_i}\frac{\Delta x_i}{y} \tag{1-37}$$

或

$$g_y = \frac{\Delta y}{y} = \sum_{i=1}^{n}\frac{\partial \ln f}{\partial x_i}\Delta x_i \tag{1-38}$$

以上三个公式称为误差传递公式或误差合成公式,由绝对误差传递公式或相对误差传递公式都可计算出总的绝对误差和相对误差。

2)误差的分配

在总误差已限定的条件下,确定各分项误差大小的方案有很多,这里介绍常用的按误差相同原则的分配方法。

当总误差中各分项的性质相同且大小接近时,分配给各个环节的误差也相同。假设总的误差为 e_y,各分项的误差为 $e_1,e_2,\cdots,e_n$。此时,设 $e_1 = e_2 = \cdots = e_n$。

由误差传递公式可得

$$e_i = \frac{e_y}{\sum_{i=1}^{n}\frac{\partial f}{\partial x_i}} \tag{1-39}$$

1.4.5 有效数字的处理

所谓测量数据的处理,就是从测量所得到的原始数据中求出被测量的最佳估计值,并计算其精确程度。必要时还要把测量数据绘制成曲线或归纳成经验公式,以便得出正确结论。

1. 有效数字

有效数字是指从左边第一位非零数字算起,直到右边最后一位数字为止的所有数字。例如,某电压值为 0.00530 V,其中,5、3、0 这 3 个数字是有效数字,左边的 3 个"0"不是有效数字,而数字"5"后所有的"0"都是有效数字。最末位的"0"是欠准确的估计数字,一般规定误差不超过有效数字末位单位数字的一半,表达了一定的测量精度,因而有效数字不能多写,也不能少写。

此外,对于 1250 kHz 实际上在千位上包含了误差,因此不能写成 1250000 Hz 的形式,若要写成幂次方的形式,则应写为 1.250×10^6 Hz。

2. 数据的舍入规则

为了减小测量误差的积累,通常采用舍入规则保留有效数字的位数。当只需要 n 位有效数字时,对第 $n+1$ 位及其后面的各位数字就要根据舍入规则进行处理,其舍入规则可以概括为四舍六入五凑偶法则,如图 1-13 所示。

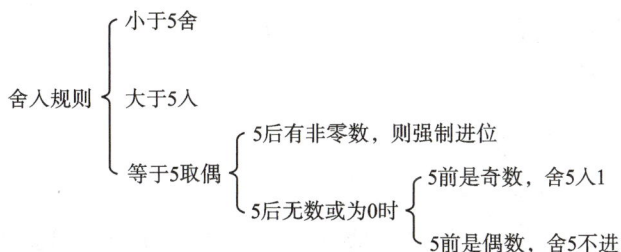

$$舍入规则 \begin{cases} 小于5舍 \\ 大于5入 \\ 等于5取偶 \begin{cases} 5后有非零数,则强制进位 \\ 5后无数或为0时 \begin{cases} 5前是奇数,舍5入1 \\ 5前是偶数,舍5不进 \end{cases} \end{cases} \end{cases}$$

图 1-13　数据舍入规则

例 1-9　将下列数字保留 3 位有效数字。

> 45.76　76.252　13.149　28.050　47.15　3.995

解　　45.76→45.8　　　　76.252→76.3　　　　13.149→13.1

　　　　28.050→28.0　　　　47.15→47.2　　　　3.995→4.00

3. 有效数字的运算

有效数字进行加、减运算必须对齐各数字的小数点。由有效位的位数运算最少者记录结果。在乘、除、开方和对数的运算中,为了提高运算的精确度,一般都要比参与运算的有效位最少者多一位或两位有效数字。

4. 图解分析法

图解分析法最大的优点是形象、直观,由图形可直接看出函数的变化规律,适合于定性的分析,不适合于进行数学分析,如根据测量数据画出频率特性曲线、伏安法测电阻等。作图方法是先描点,再连成曲线,尽可能使曲线光滑,曲线两边的点数尽量相等。

1.4.6　等精度测量结果的处理

在多次测量中,多次测量都使用相同的方法、相同的仪表,并在同样的环境下进行,而且每一次都以同样的细心程度进行工作,即在同一条件下所进行的一系列重复测量,称为等精度测量。

进行等精度测量结果处理的目的是从测量所得数据中求出被测量的最佳值,也就是使随机误差对最终测量结果的影响减到最小。等精度测量结果的处理步骤如下。

(1)将 n 个等精度测量结果按先后顺序列成表格。

(2)求出算术平均值 $\overline{x} = \dfrac{1}{n} \sum\limits_{i=1}^{n} x_i$。

(3)在每个测量值 x_i 旁边列出相应的残差 $v_i = x_i - \overline{x}$,当计算无误时,应当有残差的代

数和为 0。

（4）计算实验偏差 $\hat{s} = \sqrt{\dfrac{1}{n-1}\sum\limits_{i=1}^{n}(x_i-\overline{x})^2} = \sqrt{\dfrac{1}{n-1}\sum\limits_{i=1}^{n}v_i^2}$。

（5）用莱特准则 $|v_i| > 3\hat{s}$ 判别有无粗大误差。若有粗大误差，则应逐一剔除，然后重新计算 $\overline{x}$ 和 $\hat{s}$，再判断有无粗大误差。

（6）判断是否有明显的系统误差。如果有系统误差，则应查明原因，作出修正或消除系统误差后重新进行测量。

（7）计算标准偏差 $\hat{s}_{\overline{x}} = \dfrac{\hat{s}}{\sqrt{n}}$。

（8）写出测量结果的最后表达式 $A_0 = \overline{x} \pm 3\hat{s}_{\overline{x}}$。

在上述测量数据的处理中，为了削弱随机误差的影响，提高测量结果的可靠性，应尽量增加测量次数，即增大样品的容量。但随着测量数据的增加，人工计算就显得相当烦琐和困难，若在智能仪器软件中安排一段程序，则可在测量的同时也能处理测量数据。图 1-14 给出了实现上述功能的流程图。

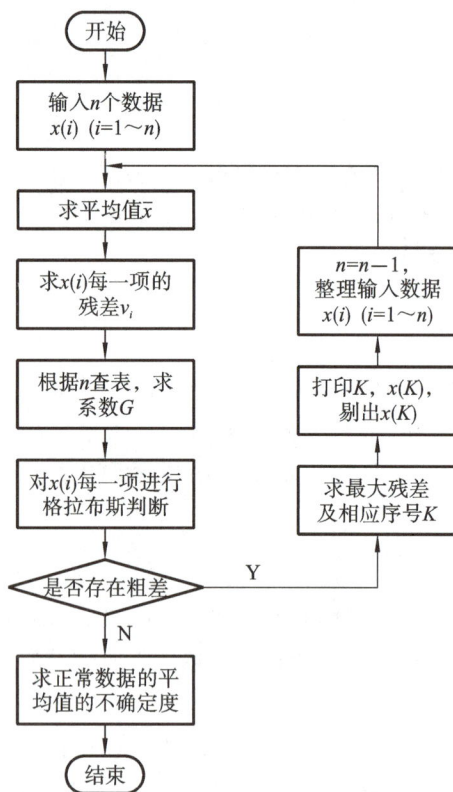

图 1-14　测量数据处理程序流程图

习　题　1

1.1　什么是智能仪器？智能仪器的主要特点是什么？

1.2　画出智能仪器通用结构框图，简述每一部分的作用。

1.3　简述智能仪器、GP-IB 自动测试系统、个人仪器系统的含义，以及它们之间的关系。

1.4　研制智能仪器大致需要经历哪些阶段，试对各阶段的工作内容作简要叙述。

1.5　真值、约定真值、示值各代表什么意义？什么是测量误差？

1.6　简述测量误差的各种表示方法和分类方法。

1.7　对某信号源的输出频率进行了 12 次等精度测量（单位 kHz），结果为

| 110.105 | 110.090 | 110.090 | 110.070 | 110.060 | 110.055 |
| 110.050 | 110.040 | 110.030 | 110.035 | 110.030 | 110.020 |

试求出测量结果的完整表达式。

1.8　将下列数字保留 3 位有效数字。

12.250　　76.251　　43.449　　98.05　　47.15　　17.995

项目 2
智能仪器的体系架构

2.1 智 能 仪 器

2.1.1 智能仪器的组成

智能仪器实际上是一个专用的微型计算机系统,它由硬件和软件两大部分组成。

智能仪器的硬件部分主要包括主机电路、模拟量输入/输出通道、人机接口电路、通信接口电路,基本结构如图 2-1 所示。其中,主机电路用来存储程序、数据,并进行一系列的运算和处理,它通常由微处理器、程序存储器、数据存储器及输入/输出(I/O)接口电路等组成。模拟量输入/输出通道用来输入/输出模拟信号,主要由 A/D 转换器、D/A 转换器和有关的模拟信号处理电路等组成。人机接口电路的作用是建立操作者和仪器之间的联系,主要由仪器面板中的键盘和显示器组成。通信接口电路用于实现仪器与计算机的联系,使仪器可以接受计算机的程控命令,目前生产的智能仪器一般都配有 GP-IB 等通信接口。

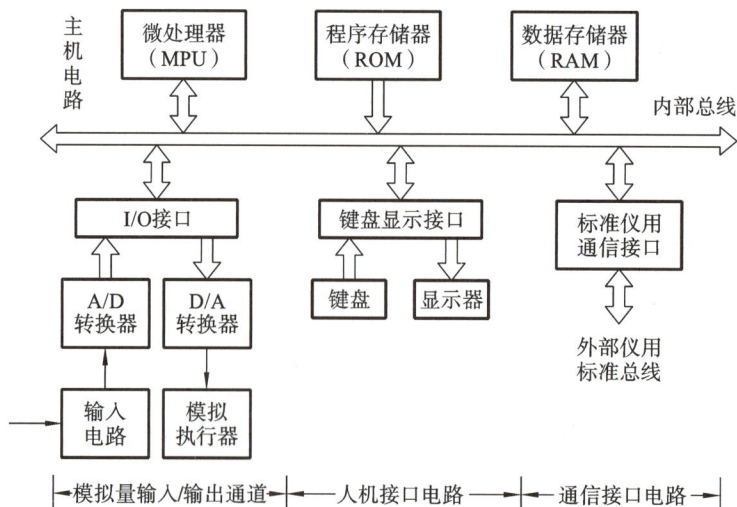

图 2-1　智能仪器硬件部分基本结构

　　智能仪器的软件部分分为监控程序和接口程序。监控程序是管理键盘和显示器的程序,主要通过键盘输入命令和数据,并对仪器的功能、操作方式与工作参数进行设置;根据仪器设置的功能和工作方式,控制 I/O 接口电路进行数据采集、存储;按照仪器设置的参数,对采集的数据进行相关的处理;以数字、字符、图形等形式显示测量结果、数据处理的结果及仪器的状态信息。接口程序是面向通信接口的管理程序,其内容是接受并分析来自通信接口总线的远控命令,包括描述有关功能、操作方式与工作参数的代码;进行有关的数据采集与数据处理;通过通信接口送出仪器的测量结果、数据处理的结果及仪器的现行工作状态信息。接口程序主要用于支持与计算机和其他可程控电子仪器一起组成功能更加强大的自动测试系统,以完成更加复杂的测试任务。

2.1.2　智能仪器的特点

　　智能仪器具有以下特点。

　　(1)智能仪器使用键盘代替传统仪器中的旋转式或琴键式开关控制命令,从而使仪器面板的布置和仪器内部有关部件的安排不再相互限制和牵连。

　　(2)微处理器的运用极大地提高了仪器的性能。例如,传统的数字多用表(DMM)只能测量电阻、交直流电压、电流等,而智能型的数字多用表不仅能进行上述测量,而且还能对测量结果进行诸如零点平移、平均值、极值、统计分析,以及更加复杂的数据处理,使用户从繁重的数据处理中解放出来。

　　(3)智能仪器运用微处理器的控制功能,实现量程自动转换、自动调零,触发电平自动调整、自动校准、自动诊断等,提高了仪器的自动化测量水平。

　　(4)智能仪器具有友好的人机对话能力,使用人员只需通过键盘输入命令,仪器就能实现某种测量和处理功能。与此同时,智能仪器还通过显示器将仪器的运行情况、工作状态及数据的处理结果输出给使用人员,使人机之间的联系更加密切。

　　(5)智能仪器一般配有 GP-IB 或 RS-232 等通信接口,使智能仪器具有可程控操作的能力,从而很方便地与计算机和其他仪器组成用户所需的多功能的自动测量系统,以完成更复杂的测试任务。

2.1.3　智能仪器的一般设计方法

　　智能仪器是以微型计算机为核心的电子仪器,它不仅要求设计者熟悉电子仪器的工作原理,而且还要求掌握微型计算机硬件和软件的原理。为了保证仪器的质量,提高研制效率,设计人员应该在正确的设计思想指导下,按照合理的步骤进行设计、研制,一般过程如图 2-2 所示。

1. 确定设计任务

　　根据仪器最终的设计目标,编写设计任务说明书,明确仪器应具备的功能和技术指标。设计任务说明书是设计人员设计的基础,应力求准确、简洁。

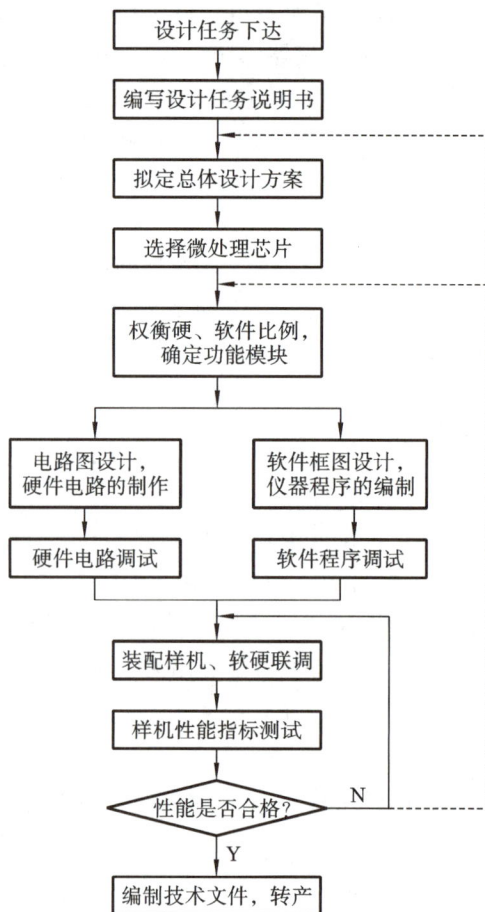

图 2-2 设计、研制智能仪器的一般过程

2. 拟制总体设计方案

设计人员应依据设计的要求和约束条件，首先提出几种可能的方案，每个方案应包括仪器的工作原理、采用的技术、主要元器件的性能等；接着对各方案进行可行性论证，包括对某些重要部分的理论分析与计算，一些必要的模拟实验，以及验证方案是否能达到设计要求等；最后兼顾各方面因素，选择一种合适的设计方案。微处理器是整个仪器的核心部件，因此在选择仪器的微处理器时，应从功能和性价比等方面权衡。

3. 确定仪器工作总框图

当仪器总体方案和微处理器的类型确定后，采用自上而下的方法，将仪器划分成若干个功能模块，并分别绘制出相应的硬件框图和软件框图。需要指出的是，仪器中有些功能模块既可以用硬件实现，也可以用软件实现，设计人员应根据仪器性价比、研制周期等因素对软、硬件的选择作出合理安排。一般来说，硬件可简化软件设计的工作，有利于增强仪器的实时性，但成本也相应提高；软件可代替一部分硬件功能，降低电路的复杂度，但相应地增加了编程的复杂性，并使速度降低。

4. 硬件电路和软件程序的设计与调试

仪器设计总框图确定之后,硬件和软件的设计工作就可以齐头并进了。

在设计硬件电路时,根据仪器硬件框图按模块分别对各单元电路进行电路设计,然后再进行硬件合成,即把各单元电路按硬件框图将各部分电路组合在一起,构成一个完整的整机电路图。完成电路设计之后,即可绘制印制电路板,然后进行装配与调试。

智能仪器中部分硬件电路的调试可以采用某种信号作为激励,通过检查电路能否得到预期的响应,从而验证电路是否正常。在没有微处理器参与的情况下,智能仪器的大部分硬件电路调试很难实现。通常先编制一些小的调试程序分别检查相应硬件单元电路的功能,而整机硬件功能必须在硬件和软件设计完成之后才能进行。为了加快调试过程,可将编制的调试程序或相应子程序装入微型计算机开发系统,将开发系统的微处理器代替电路板的微处理器,然后对电路板进行调试。

在设计软件程序时,首先分析仪器系统对软件的要求,在此基础上进行软件总体设计,包括程序总体结构设计和程序模块化设计。其中,程序模块化设计首先应将程序划分为若干个相对独立的模块;接着画出程序模块的详细流程图,并选择合适的编程语言;最后按照软件总体设计结构框图,将各模块连接成一个完整的程序。主程序的设计中要合理地调用各模块程序,特别注意各程序模块入口、出口及对硬件资源占用情况。

软件调试也是先按模块分别调试,然后再连接、总调。智能仪器的软、硬件是一个密切相关的整体,因此,只有在相应的硬件环境中调试,才能证明其正确性。

5. 整机联调

软、硬件分别装配调试合格后,可进行软、硬件整机联调。调试中可能会遇到各种问题,如果属于硬件故障或软件问题,则应修改硬件电路或相应软件程序;如果属于系统问题,则应对软、硬件同时修改,如此往返,直至合格。

智能仪器的性能和研制周期与总体设计、硬件芯片选择、程序结构、开发工具等因素密切相关;软件的编制以及调试往往占系统开发周期的 50% 以上,因此,程序应该采用结构化、模块化方法编程,这对调试极为有利。

2.2　模拟量输入通道

智能仪器所处理的对象大部分是模拟量,因此,被测模拟量必须先通过 A/D 转换器转换成数字量,并通过适当的接口送入智能仪器的微处理器。通常把 A/D 转换器及其接口称为模拟量输入通道。A/D 转换器常用以下几项技术指标评价其性能。

1. 分辨率与量化误差

分辨率是衡量 A/D 转换器分辨输入模拟量最小变化量的技术指标,即数字量变化一个字所对应模拟信号的变化量。A/D 转换器的分辨率取决于转换器的位数，因此习惯上以输出二进制数或 BCD 码数的位数表示。例如，某 A/D 转换器的分辨率为 12 位，即表示该转换器可以用 2^{12} 个二进制数对输入模拟量进行量化。若用百分比表示，其分辨率为 $(1/2^{12})\times100\%=0.024\%$，若最大允许输入电压为 10 V，则它能分辨输入模拟电压的最小变化量为 $10\text{ V}\times1/2^{12}=2.4\text{ mV}$。

量化误差是由于 A/D 转换器有限字长数字量对输入模拟量进行离散取样（量化）而引起的误差，其最大值在理论上为一个单位。它是由分辨率有限而引起的，所以量化误差和分辨率是统一的，即提高分辨率可以减小量化误差。

2. 转换精度

转换精度反映了实际与理想 A/D 转换器在量化值上的差值，可用绝对转换误差或相对转换误差表示。A/D 转换器转换精度所对应的误差主要由偏移误差、满刻度误差、非线性误差、微分非线性误差等组成。由于理想 A/D 转换器也存在着量化误差，因此，转换精度所对应的误差不包括量化误差。

偏移误差是指输出为零时输入不为零的值，有时又称零点误差。假定 A/D 转换器不存在非线性误差，则其输入/输出转移曲线各阶梯中点的连线必定是直线，这条直线与横轴的交点所对应的输入电压就是偏移误差，如图 2-3(a)所示。

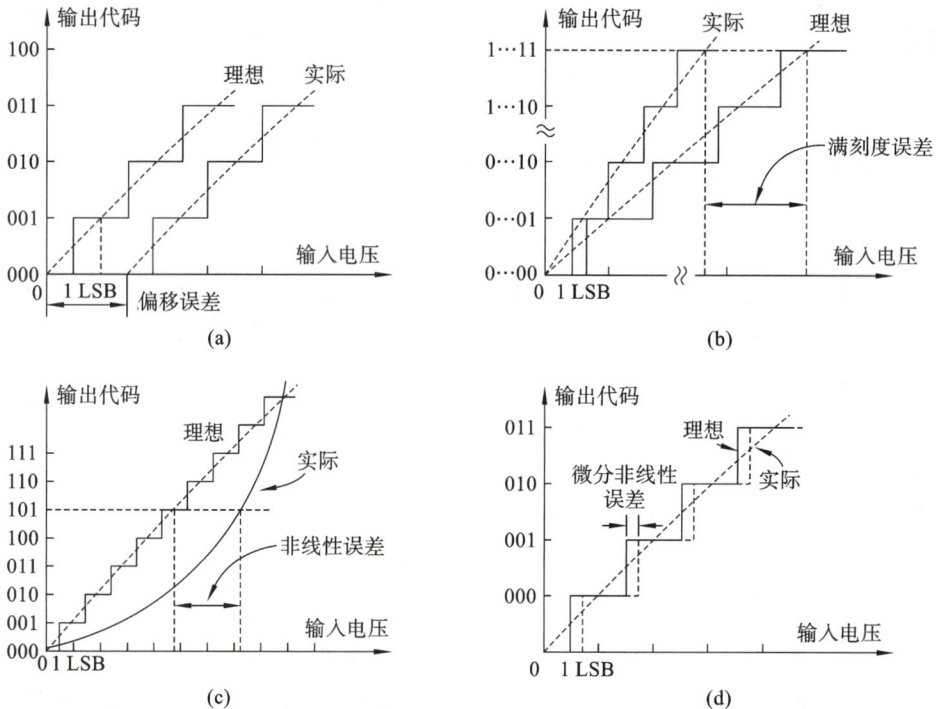

图 2-3　A/D 转换器法的转换精度

满刻度误差又称增益误差，它是指 A/D 转换器满刻度时输出的代码所对应的实际输入电压值与理想输入电压值之差，如图 2-3(b)所示。

非线性误差是指实际转移函数与理想直线的最大偏移,如图 2-3(c)所示。注意,非线性误差不包括量化误差、偏移误差和满刻度误差。

微分非线性误差是指转换器实际阶梯电压与理想阶梯电压(1 LSB)之间的差值,如图 2-3(d)所示。为保证 A/D 转换器的单调性能,它的微分非线性误差一般不大于 1 LSB。所谓单调性能,是指转换器转移特性曲线的斜率在整个工作区间始终不为负值。

3. 转换速率

转换速率是指 A/D 转换器在每秒钟内所能完成的转换次数。这个指标也可表述为转换时间,即 A/D 转换从启动到结束所需的时间,两者互为倒数。例如,某 A/D 转换器的转换速率为 5 MHz,则其转换时间是 200 ns。

4. 满刻度范围

满刻度范围又称满量程输入电压范围,是指 A/D 转换器所允许的最大输入电压范围。如(0～5)V,(0～10)V,(−5～+5)V 等。满刻度值只是个名义值,实际的 A/D 转换器的最大输入电压值总比满刻度值小 $1/2^n$(n 为转换器的位数)。这是因为 0 值也是 2^n 个转换器状态中的一个。例如,某 12 位的 A/D 转换器的满刻度值为 10 V,而实际允许的最大输入电压值为 $\frac{4095}{4096} \times 10 \approx 9.9976$ (V)。

A/D 转换器的种类繁多,用于智能仪器设计的 A/D 转换器主要有逐次比较式、积分式、并行比较式等。

2.2.1　逐次比较式 A/D 转换器及其接口

1. 逐次比较式 A/D 转换器概述

逐次比较式 A/D 转换器的转换时间与转换精度适中,转换时间在 μs 级,转换精度在 0.1% 上下,适用于一般场合。

N 位的逐次比较式 A/D 转换器由 N 位寄存器、N 位 D/A 转换器、比较器、逻辑控制电路、输出缓冲器等 5 部分组成,如图 2-4 所示。当启动信号作用后,时钟信号先通过逻辑控制电路使 N 位寄存器的最高位 D_{N-1} 为 1,以下各位为 0,这个二进制代码经 D/A 转换器转换成电压 U_o(此时为全量程电压的一半)并送到比较器,与输入的模拟电压 U_x 比较。若 $U_x > U_o$,则保留这一位;若 $U_x < U_o$,则 D_{N-1} 为 0。D_{N-1} 位比较完毕后,再对下一位(即 D_{N-2} 位)进行比较,控制电路使寄存器 D_{N-2} 为 1,其以下各位仍为 0,然后再与上一次 D_{N-1} 结果一起经过 D/A 转换后,再次送到比较器与 U_x 比较。如此逐位比较,直至最后一位 D_0 比较完毕为止。最后,发出 EOC 信号,表示转换结束。这样经过 N 次比较后,N 位寄存器保留的状态就是转换后的数字量。

2. AD574 A/D 芯片及其接口

为了提高精度,有时需要用到 10、12 或 16 位等高精度的 A/D 转换器。由于这类 A/D

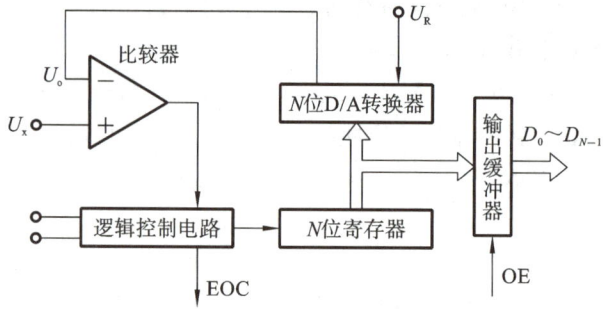

图 2-4　逐次比较式 A/D 转换器的结构

转换器输出的数字高于 8 位,因此,在与 8 位机接口时,需要将数据分时传输。

AD574 是 12 位快速逐次比较式 A/D 转换器,其最快转换时间为 25 μs,转换误差为 ± 1 LSB。AD574 芯片内含有电压基准和时钟电路等,因而外围电路较少;数字量输出具有三态缓冲器,因而可直接与微处理器接口;模拟量输入有单极性和双极性两种方式,当接成单极性方式时,输入电压范围为 0～10 V 或 0～20 V,当接成双极性方式时,输入电压范围为 -5～$+5$ V 或 -10～$+10$ V。

基于 AD574 引脚信号的功能特性,8051 单片机与 AD574 的接口电路如图 2-5 所示。由于 8051 单片机的高 8 位地址 $P_{2.0}$～$P_{2.7}$ 没有使用,故可采用寄存器间接寻址方式。其中,启动 A/D 的地址为 1FH,读出低 4 位数地址为 7FH,读出高 8 位数地址为 3FH。

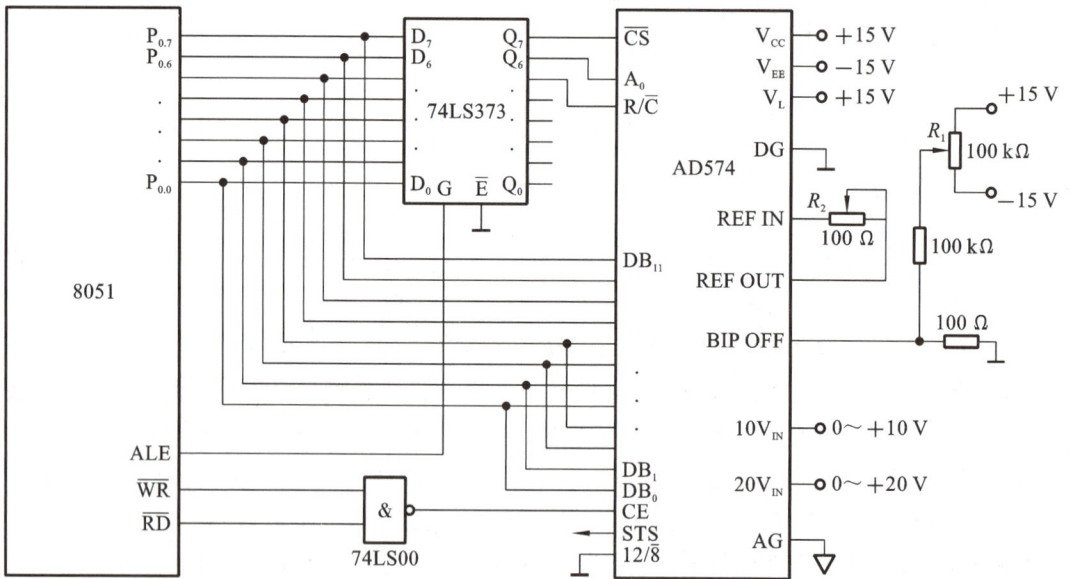

图 2-5　AD574 与 8051 单片机的接口电路

STS 有 3 种接法,分别对应 3 种控制方式:如果 STS 悬空,则单片机只能采取延时等待方式,启动转换后,延时 25 μs 以上时间,再读入 A/D 转换结果;如果 STS 接单片机一条端口线,则可以用查询的方法,等待 STS 为低后再写入 A/D 转换结果;如果 STS 接单片机外部中断线,则可以在引起单片机中断后,再写入 A/D 转换结果。

图 2-5 按单极性模拟输入的方式接线,$10V_{IN}$ 端的输入电压范围为 $0\sim+10$ V,1 LSB 对应的模拟电压为 2.44 mV;$20V_{IN}$ 端的输入电压范围为 $0\sim+20$ V,1 LSB 对应的模拟电压为 4.88 mV。R_1 用于零点调整,R_2 用于满刻度校准。如果输入电压信号接 $10V_{IN}$ 端,则调整 R_1,使输入模拟电压为 1.22 mV(即 1/2 LSB)时,输出数字量从 0000 0000 0000 变到 0000 0000 0001;调整 R_2,使输入电压为 9.9963 V 时,输出数字量从 1111 1111 1110 变到 1111 1111 1111,此时认为零点及满刻度已校准。

对于双极性模拟输入方式,需要把 REF IN、REF OUT 和 BIP OFF 这 3 个引脚按图 2-6 连接。双极性输入方式的零点调整与满刻度校准的方法与单极性方式所采用的方法相似,不再赘述。需要注意的是,输入模拟量与输出数字量之间的对应关系如下。

$10V_{IN}$ 端输入时: $-5V\to0$ V$\to+5$ V   对应
$000H\to800H\to FFFH$。

$20V_{IN}$ 端输入时: $-10V\to0$ V$\to+10$ V   对应
$000H\to800H\to FFFH$。

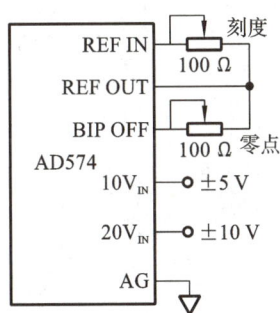

图 2-6   AD574 双极性模拟输入接线方式

2.2.2 积分式 A/D 转换器及其接口

积分式 A/D 转换器的核心部件是积分器,因此速度较慢,其转换时间一般在 ms 级或更长,但抗干扰能力强,转换精度可达 0.01% 或更高,适用于智能数字电压表类仪器。

1. 积分式 A/D 转换器原理概述

积分式 A/D 转换器是一种间接式 A/D 转换器,积分器把输入模拟电压转换成中间量(时间 T 或频率 f),然后再把中间量转换成数字量。

双积分式 A/D 转换器又称双斜式 A/D 转换器,其原理框图与工作波形图如图 2-7 所示。在预备阶段,逻辑控制电路发出复位指令,计数器清零,使 S_4 闭合,积分器输入/输出都为零。在定时积分阶段,t_1 时刻,逻辑控制电路发出启动指令,使 S_4 断开,S_1 闭合,于是积分器开始对输入电压 U_i 积分,同时打开计数门,计数器开始计数。当计数器计满 N_1 时(t_2 时刻),计数器的溢出脉冲使逻辑控制电路发出控制信号,S_1 断开,于是,定时积分阶段 T_1 结束。这时,积分器的输出电压为

$$U_{01}=-\frac{1}{RC}\int_{t_1}^{t_2}U_i\mathrm{d}t=-\frac{T_1}{RC}\overline{U_i} \tag{2-1}$$

式中,$\overline{U_i}$ 为输入电压 U_i 在 T_1 内的平均值。

定值积分阶段 T_2,逻辑控制电路在 t_2 时刻令 S_1 断开,同时也使与输入电压 U_i 极性相反的基准电压接入积分器。设 U_i 为正值,则令 S_3 闭合,于是积分器开始对基准电压 $-U_R$ 进行定值积分,积分器的输出电压从 U_{01} 向零电平斜变,与此同时,计数器也重新从零开始计数,当积分器输出电压达到零电平时刻(即 t_3 时刻),比较器翻转,逻辑控制电路发出计数器关门信号,计数器停止计数,此时的计数值为 N_2。定值积分阶段 T_2 结束时,积分器输出电平为零,则有

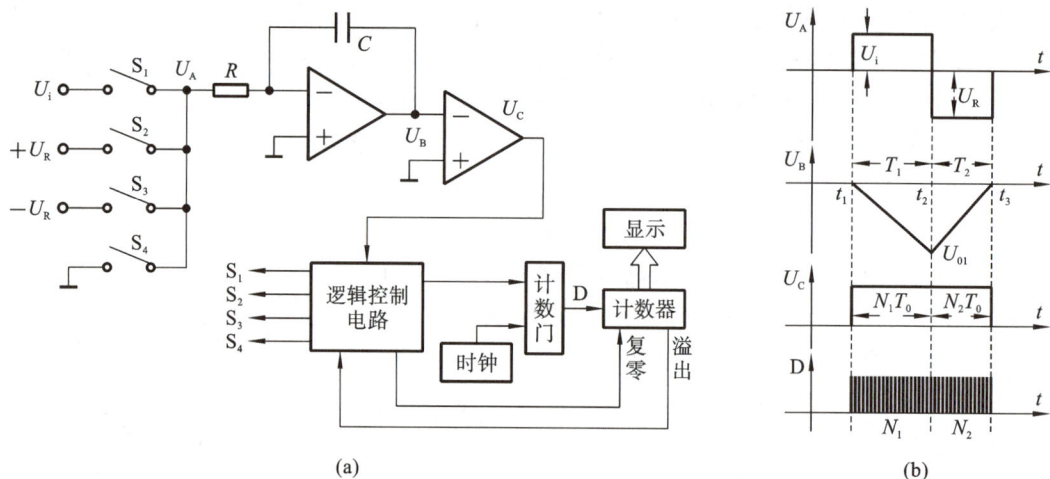

(a)

(b)

图 2-7　双积分式 A/D 转换器原理框图与工作波形图

$$0 = U_{01} - \frac{1}{RC}\int_{t_2}^{t_3}(-U_R)\mathrm{d}t \tag{2-2}$$

把式(2-1)代入式(2-2)得

$$\frac{T_1}{RC}\overline{U_i} = \frac{T_2}{RC}U_R$$

$$T_2 = \frac{T_1}{U_R}\overline{U_i} \tag{2-3}$$

由式(2-3)可见，T_2 与输入电压的平均值 $\overline{U_i}$ 成正比。

微处理器控制双积分式 A/D 转换器的原理图，如图 2-8 所示。模拟电路部分的 4 位输出口 $Q_0 \sim Q_3$ 分别控制开关 $S_1 \sim S_4$ 的通断，1 位的输入口连接到 D_0 数据线。微处理器通过输入口检查比较器的状态，用以在定时积分阶段结束时选择加入基准电压极性，以及在定值积分阶段判断积分是否结束(比较器是否反相)。

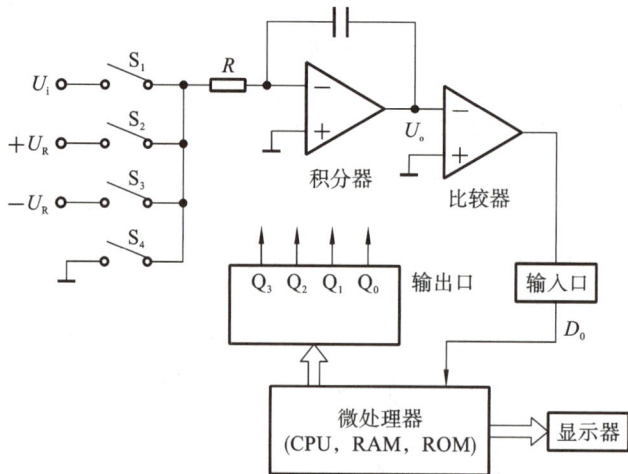

图 2-8　微处理器控制双积分式 A/D 转换器的原理图

2. MC144333 A/D 芯片及其接口

MC14433 是采用 CMOS 工艺且具有零漂补偿的 $3\frac{1}{2}$ 位（BCD 码）单片双积分式 A/D 转换器，该电路只需外加 2 个电容、电阻就能实现 A/D 转换功能。其转换速率为 3～10 Hz，转换精度为 ±1 LSB，模拟输入电压范围 0～±1.999 V 或 0～±199.9 mV，输入阻抗大于 100 MΩ。

MC14433 转换结果以 BCD 码形式呈现，分时按千、百、十、个位，由 Q_0～Q_3 端送出，相应的位选通信号由 DS_1～DS_4 提供。每个选通脉冲宽度为 18 个时钟周期，相邻选通脉冲之间的间隔为 2 个时钟周期，其输出时序图如图 2-9 所示。

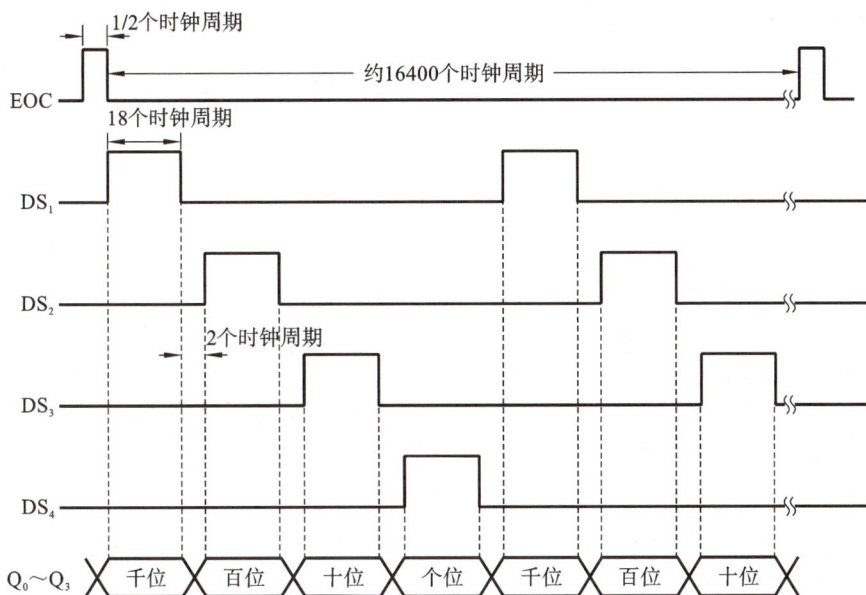

图 2-9　MC14433 输出时序图

由于 MC14433 的输出不带有三态输出锁存器，因此输出端必须通过具有三态输出的并行 I/O 端口才能与微型计算机数据总线相连。对于 8051 应用系统来说，MC14433 的 Q_0～Q_3，DS_1～DS_4 可以通过扩展 I/O 端口与之连接，也可直接接到 8051 的 P_1 口。

MC14433 与 8051 接口电路如图 2-10 所示，转换器的输出端连接至 8051 的 P_1 口，EOC 信号反相后，作为中断信号送至 8051 的 $\overline{INT_1}$ 端。由于 EOC 与 DU 相连，所以每次转换完毕后，都有相应的 BCD 码及相应的选通信号出现在 Q_0～Q_3 及 DS_1～DS_4 端。设置外部中断为边沿触发方式，要求将转换结果存储在 2EH 与 2FH 单元中。

2.2.3　并行比较式 A/D 转换器及其接口

高速模拟量输入通道大多采用并行比较式 A/D 转换器，是现行 A/D 转换器中转换速度最快的一种。并行比较式和逐次比较式都属于比较式，但逐次比较式采用串行比较方式，即从最高位向最低位逐位比较，所以速度慢；而并行比较式的各位同时比较，因此转换速度

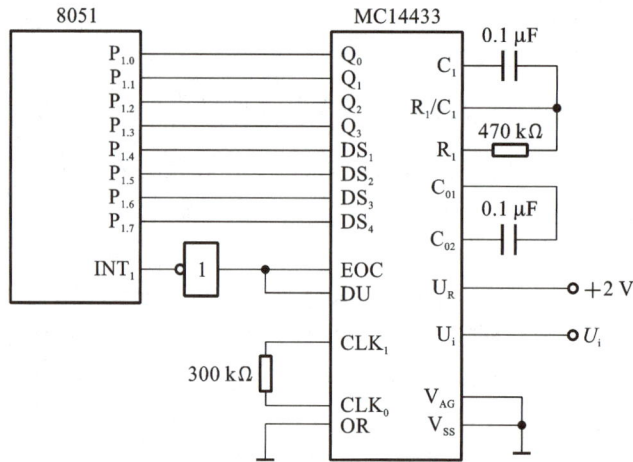

图 2-10　MC14433 与 8051 接口电路

较高。

1. 并行比较式 A/D 转换器原理

并行比较式 A/D 转换器采用 (2^3-1) 个比较器，如图 2-11 所示，在工作时，输入模拟电压 U_i 与 7 个基准电压 $\frac{1}{14}U_R,\frac{3}{14}U_R,\cdots,\frac{13}{14}U_R$ 同时进行比较。译码和锁存电路对 7 个比较器的输出状态进行译码和锁存，输出 3 位二进制数码，从而完成 A/D 转换。

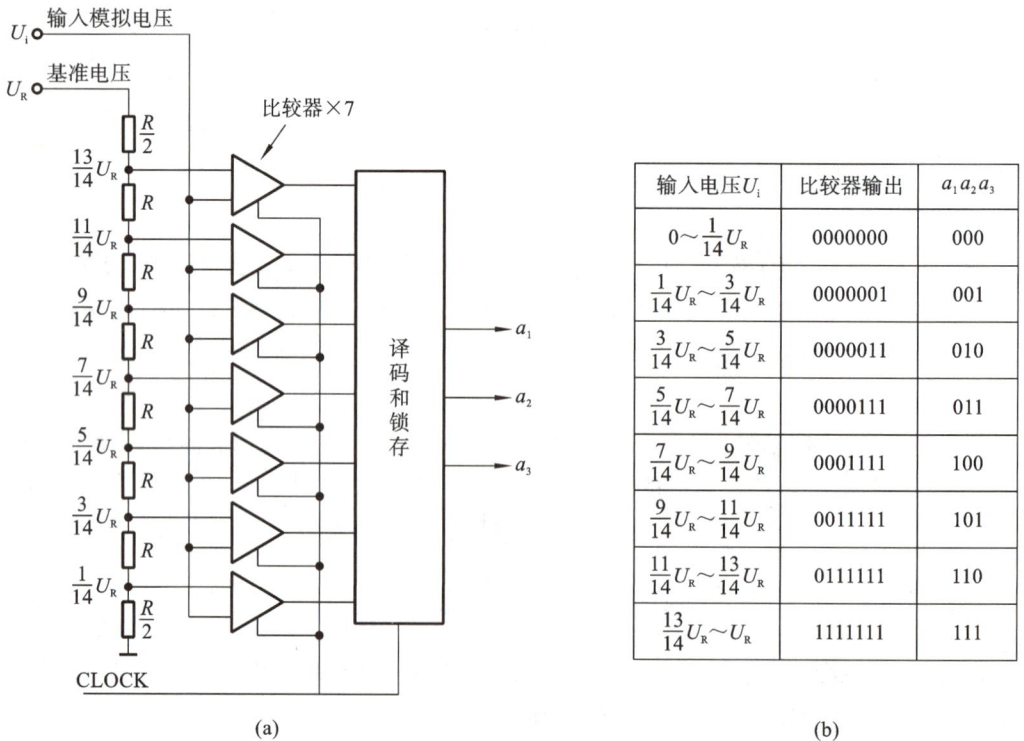

输入电压 U_i	比较器输出	$a_1a_2a_3$
$0\sim\frac{1}{14}U_R$	0000000	000
$\frac{1}{14}U_R\sim\frac{3}{14}U_R$	0000001	001
$\frac{3}{14}U_R\sim\frac{5}{14}U_R$	0000011	010
$\frac{5}{14}U_R\sim\frac{7}{14}U_R$	0000111	011
$\frac{7}{14}U_R\sim\frac{9}{14}U_R$	0001111	100
$\frac{9}{14}U_R\sim\frac{11}{14}U_R$	0011111	101
$\frac{11}{14}U_R\sim\frac{13}{14}U_R$	0111111	110
$\frac{13}{14}U_R\sim U_R$	1111111	111

(a)　　　　　　　　　　　　　　　　　　　(b)

图 2-11　并行比较式 A/D 转换器原理框图及模数对照表

若模拟输入电压在 $\frac{5}{14}U_R$ 和 $\frac{7}{14}U_R$ 之间,则比较低的 3 个比较器输出为 1,其余比较器输出为 0,经译码后输出数字 011,转换的具体对应关系如图 2-11(b)所示。

2. CA3308 A/D 芯片及其接口

CA3308 是 8 位 CMOS 并行比较式 A/D 转换器,最高转换速率可达 15 MHz。在图 2-12 中,IC_3 为 CA3308,IC_4 为 2 KB 静态随机存取存储器,IC_5 为 11 位二进制计数器(用作地址发生器)。在一次采集过程的开始,8051 首先通过 $P_{1.0}$ 送出一个负脉冲,使 IC_5 和 IC_2 清零。IC_5 清零使 11 位二进制计数器输出指向 0 地址,以确保存储器从 0 地址开始存入数据;IC_2 清零使 IC_2 的 Q 端为"0",$\overline{Q}$ 端为"1",从而使 IC_3 的 $\overline{CE_1}$ 为"0",CE_2 为 1,允许 A/D 转换器的转换结果输出,IC_2 的 $\overline{Q}$ 为"1"还控制 IC_1 工作在计数工作方式下,使 IC_1 的 Q 和 $\overline{Q}$ 输出同频反相的方波信号。由图 2-12(b)可知,在 IC_1 的 Q 为"0"期间,A/D 转换器进行采样;在 Q 为"1"期间,A/D 转换器内部自动平衡,并在下降沿到来时把数据锁存到输出寄存器中,直至 IC_1 的 Q 端的下一个下降沿到来,输出寄存器中的数据才能被更新。IC_1 的 $\overline{Q}$ 作为存储器写控制信号,使刚刚移入 A/D 转换器输出寄存器的数据在 IC_1 的 Q 的下一个上升沿到来之前写入存储器中。另一方面,IC_1 的 Q 的下降沿通过两个门电路使 11 位二进制计数器加 1,以顺序改变存储器的写地址。

当 IC_1 的 Q 端输出第 2047 个脉冲后,11 位二进制计数器输出端均为"1"。当 IC_1 的 Q 端再输出一个脉冲后,11 位二进制计数器输出端 $Q_0 \sim Q_{10}$ 均为"0",其中 Q_{10} 端由"1"变为"0",相当于给 IC_2 送一个脉冲,使 Q 为"1",$\overline{Q}$ 为"0"。IC_2 的 $\overline{Q}$ 为"0"将封锁 IC_1 计数,A/D 转换器不再工作。同时,IC_2 的 $\overline{Q}$ 为"0",Q 为"1",也使 A/D 转换器输出为第三态,让出数据线。至此,一次采集过程的 2048 个数据被依次采集并存储在 RAM 中。

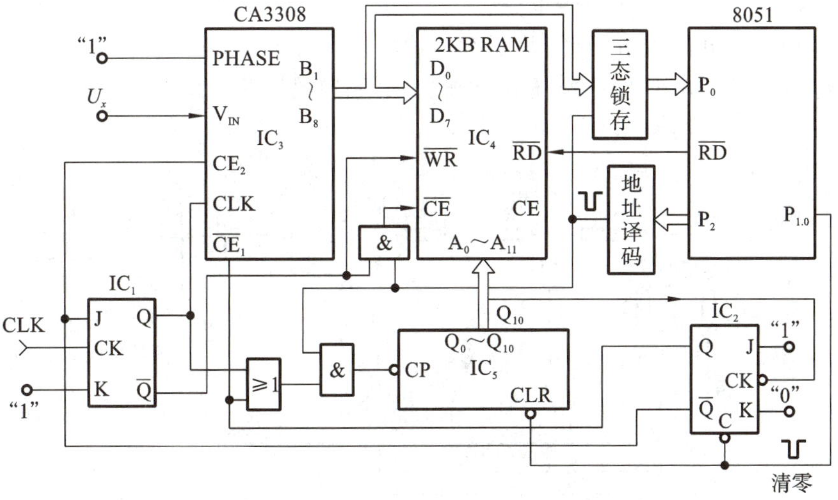

(a)

图 2-12 CA3308 构成的高速数据采集系统及工作时序图

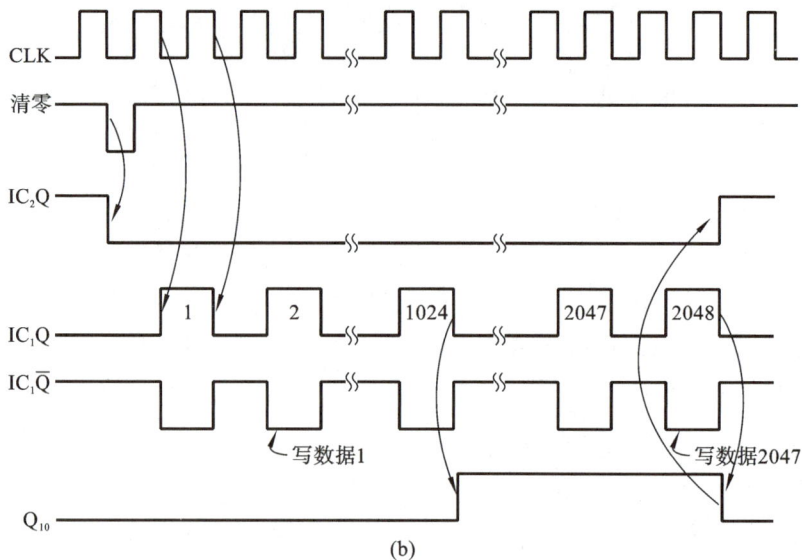

(b)

续图 2-12

2.3　模拟量输出通道

模拟量输出通道可将智能仪器处理后的数据转换成模拟量，它是许多智能设备（如 X-Y 绘图仪、电平记录仪、波形发生器等）的重要组成部分。模拟量输出通道一般由 D/A 转换器、多路模拟开关、采样/保持器等组成。

D/A 转换器由电阻网络、开关及基准电源等部分组成。D/A 转换器的组成原理有多种，采用最多的是 R-2R 梯形网络 D/A 转换器，其原理图如图 2-13 所示。

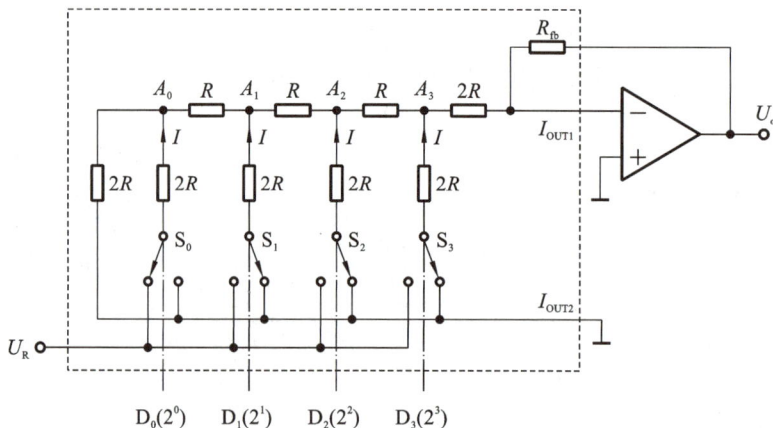

图 2-13　R-2R 梯形网络 D/A 转换器原理图

其中，D/A 转换器电阻网络中电阻的规格仅为 R 和 $2R$ 两种。U_R 为基准电压，它可由内电子开关 S_3，S_2，S_1，S_0 在二进制码 D_3，D_2，D_1，D_0 的控制下分别控制 4 个支路，并使电流各自进入 A_3，A_2，A_1，A_0 这 4 个节点。现假定数字输入 D＝0001，即 S_0 被接通，S_1，S_2，S_3 断开，则基准 U_R 经开关 S_0 流入支路所产生的电流为 $I = \dfrac{U_R}{3R}$，此电流经过 A_0，A_1，A_2，A_3 等 4 个结点，经 4 次平分而得 $\dfrac{1}{16}I$ 并注入运算电路，以便将电流信号转换为电压信号。设反馈电阻 $R_{fb} = 3R$，则运算放大器输出端产生的电压

$$U_o = -\frac{I}{16} \times 3R = -\frac{1}{16} \times \frac{U_R}{3R} \times 3R = -\frac{1}{2^4}U_R$$

根据叠加定理，可以得出 D 为任意数时 4 位 D/A 转换器的总输出电压

$$U_o = -\frac{U_R}{2^4}(2^3 \times D_3 + 2^2 \times D_2 + 2^1 \times D_1 + 2^0 \times D_0) = -\frac{-U_R}{2^4} \times D$$

当 U_R 为正时，D/A 转换器输出电压 U_o 为负，反之为正。

D/A 转换器的输出电路有单极性和双极性之分。图 2-14（a）所示的电路是将一个 8 位 D/A 转换器连接成单极性输出方式的电路，其输出输入关系式为 $U_{OUT} = -\dfrac{V_{REF}}{2^8} \times D$，即输出为全正或全负。其数字量与模拟量的关系如图 2-14（b）所示。双极性输出与单极性输出类似，请读者查阅图 2-16。

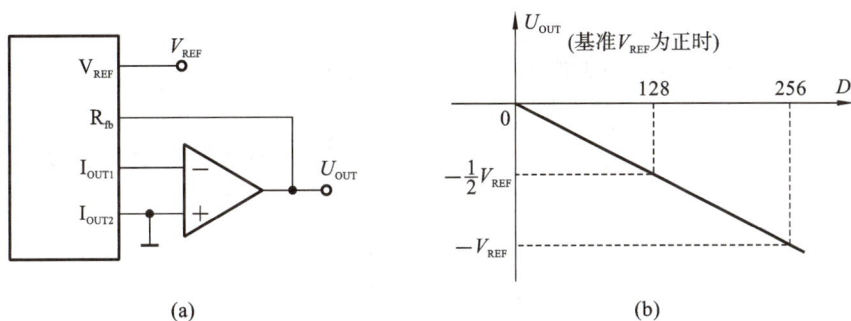

图 2-14　D/A 转换器单极性输出电路

2.3.1　D/A 转换器与微处理器的接口

DAC1208 系列是与 12 位微处理器兼容的双缓冲 D/A 转换器。第一级缓冲器由高 8 位输入寄存器和低 4 位输入寄存器构成。第二级缓冲为 12 位 DAC 寄存器。此外，还有一个 12 位 D/A 转换器，同时增加了一个字节控制信号端 $\text{BYTE}_1 / \overline{\text{BYTE}_2}$。当此端输入为高电平时，12 位数字量同时送到输入寄存器；当此端输入为低电平时，只将 12 位数字中的低 4 位送到对应的 4 位输入寄存器。

当 DAC1208 系列 D/A 转换器与 16 位微处理器一起使用时，它的 12 位数据输入线可直接与微处理器的数据总线接口。但当 DAC1208 系列与 8 位微处理器一起使用时，则需分步传输，即先将高 8 位和低 4 位数据分别送到 DAC1208 的两个输入寄存器，再将 12 位数据

同时送到 DAC 寄存器,如图 2-15 所示。

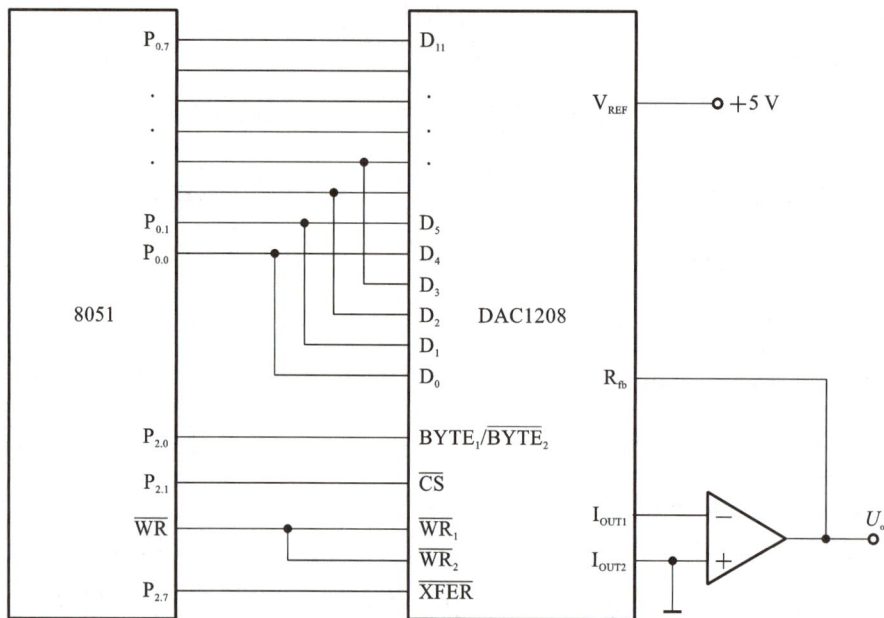

图 2-15　DAC1208 与 8051 单片机接口电路

2.3.2　项目化案例

若要求产生有正、负电压输出的正弦波,则要采用如图 2-16 所示的 DAC0832 双极性输出形式的接口电路。将 360°分为 256 个点,每两点的间隔约 1.4°,然后计算每个点的电压所对应的数字量,并将这些数值列成一个表格编入程序中,计算正弦波表的示意图如图 2-17 所示。

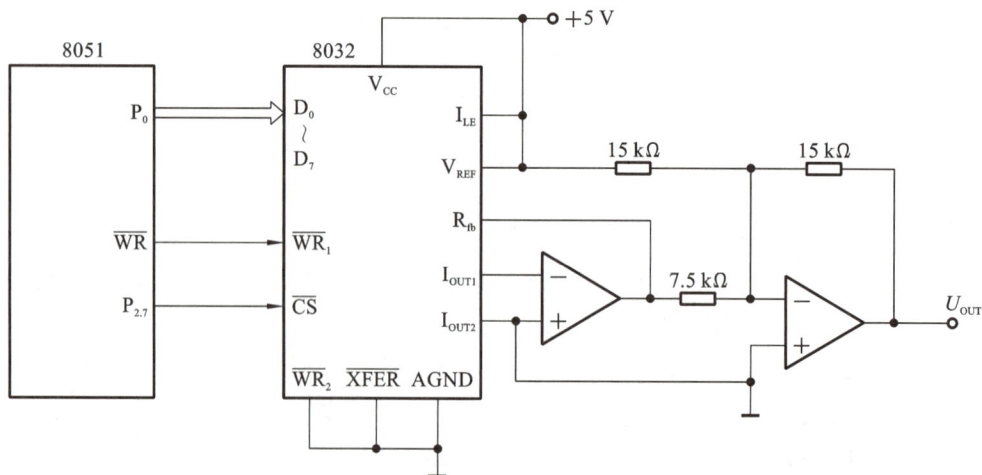

图 2-16　DAC0832 双极性输出形式的接口电路

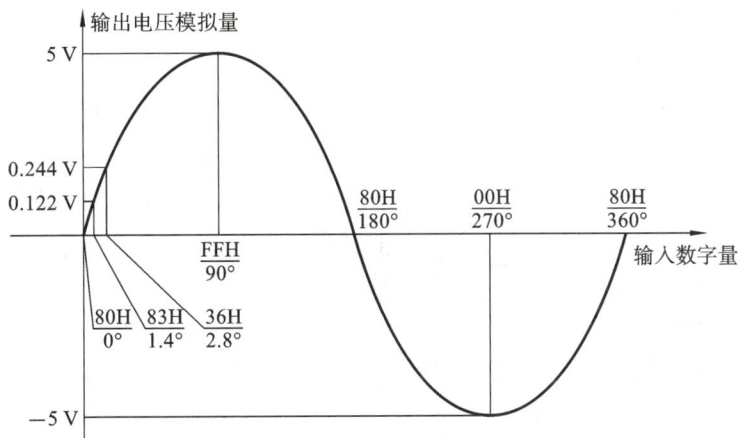

图 2-17　计算正弦波表的示意图

2.4　数据采集系统

数据采集系统,简称 DAS(Data Acquisition System),目前已有不少厂家专门生产与各种微型计算机系统配合使用的 DAS 插件板。随着集成技术的进步,数据采集系统已缩小到一块芯片内,甚至可将其中一部分置于微处理器中。

DAS 的基本结构图如图 2-18 所示,图中上半部分为数据输入通道,多路模拟输入信号经多路开关顺序输入,经放大及滤波后被采样/保持(S/H)器采样、保持,A/D 转换器转换后的数字量经过三态门送入总线,由微型计算机对采集的数据进行处理。图中下半部分为数据输出通道,其过程刚好相反,经处理后的数据通过锁存器送到 D/A 转换器,在多路分配器的作用下依次输出。为了保持输出量的连续性,各路也要接入采样/保持电路。

2.4.1　高速数据采集与传输

数据采集中高速数据采集与数据传输速率之间的协调,不仅与 A/D 转换器的转换速率有关,还与 A/D 转换器的控制方式及数据传输方式相关。数据传输主要有程序控制的数据传输、DMA 传输、基于数据缓存技术的高速数据传输等多种方式。

FIFO(First In First Out)采用先进先出的数据存储方式。同一个存储器配备两个数据端口,输入端口只负责数据的写入,输出端口只负责数据的输出。对这种存储器进行读/写操作时,不需要地址线参与寻址,数据的读取遵从先进先出的规则,并且读取某个数据后,这个数据就不能再被读取。FIFO 内部的存储单元是一个双口 RAM,还有两个读/写地址指针和一个标志逻辑控制单元。读/写地址指针在读/写时钟的控制下按照环形结构顺序地从存储单元读/写数据。标志逻辑控制单元根据读/写指针的状态,指示 RAM 的空、满等内部状态。

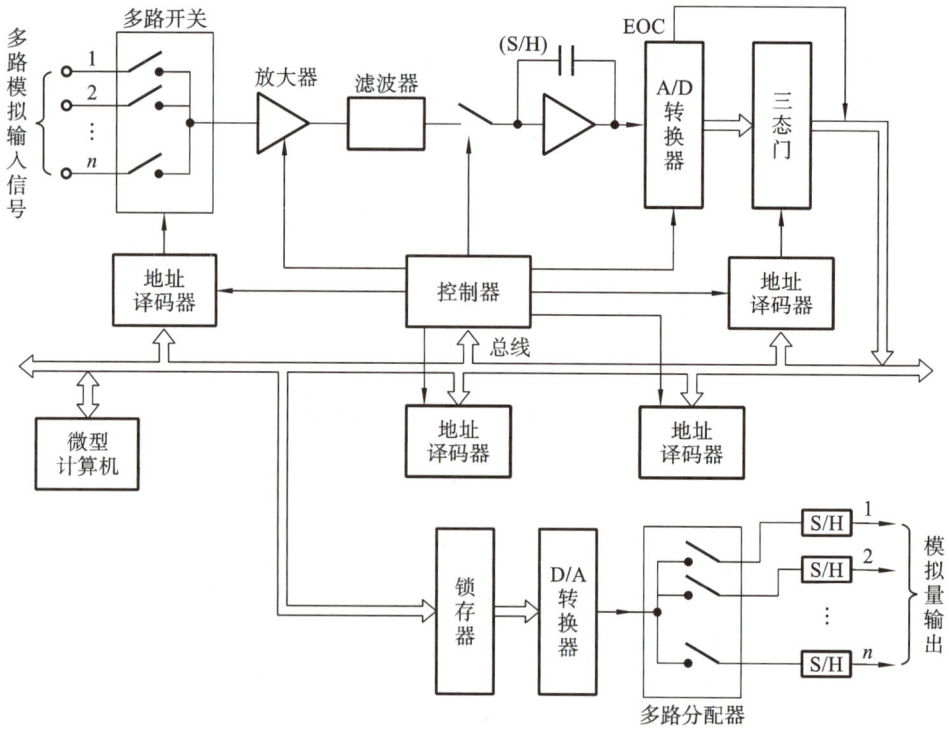

图 2-18　DAS 的基本结构图

　　以单片机为控制器的基于 FIFO 的数据采集与传输系统电路如图 2-19 所示,该电路没有使用 $\overline{PAE}$ 和 $\overline{PAF}$ 标志,并且采用先写满之后再读数据的简单处理方法。在写操作过程中,通过加在 WCLK 端的时钟信号控制,对应每个时钟信号的上升沿,采集的数据从 $D_0 \sim D_8$ 端顺序写入存储器阵列中。当数据写满后,$\overline{FF}$ 变为低电平,通过单片机关闭时钟门 74HC00 而中止写操作,然后便可以进入读数过程。当数据被读空后,$\overline{EF}$ 变为低电平,打开时钟门,于是电路就进入新的一轮写数据操作。

2.4.2　模拟信号的采样与保存

　　为了保证 A/D 转换的精度,在转换时间 τ 内模拟信号应保持采样时的幅度值不变。因此,转换器的前端应加入采样/保持电路。

　　采样/保持电路有采样和保持两种运行状态,如图 2-20 所示。电容 C 为保持电容,运放 A_1 和 A_2 为跟随器,其运行状态由方式控制输入端决定。在采样状态下,采样命令通过方式控制输入端控制 S 闭合,由于跟随器的隔离作用,输入模拟电压以很快的速度给 C 充电,输出随输入变化。在保持状态下,控制 S 打开,此时由于跟随器 A_2 的隔离作用,电容 C 两端的电压(即输出电压)将保持输入电压不变,直到新的采样命令到来。

　　LF198/298/398 是由场效应管构成的采样保持电路,它具有采样速度快、保持电压下降速度慢及精度高等特点。当保持电容为 $1~\mu F$ 时,其下降速度为 $5~mV/min$,电压增益精度可达 0.01%。

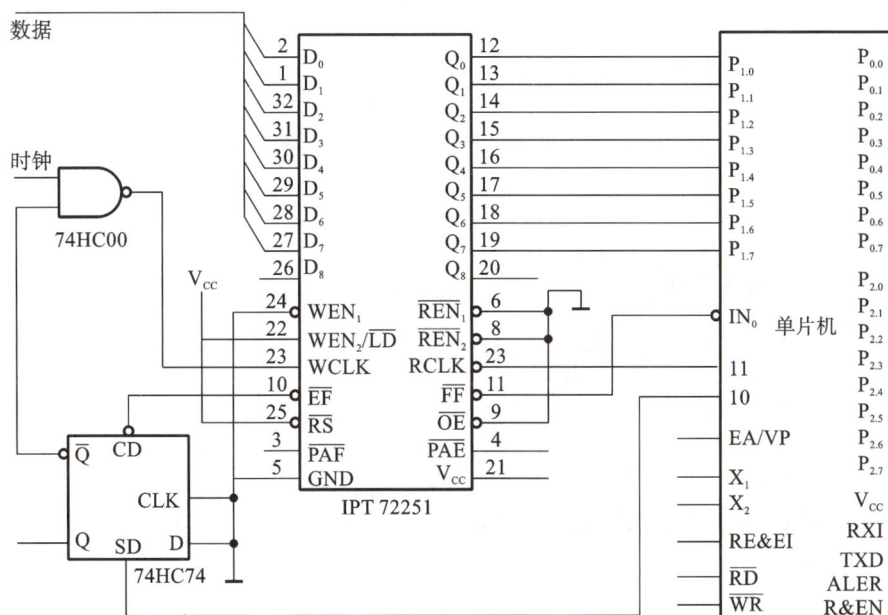

图 2-19 基于 FIFO 的数据采集与传输系统电路

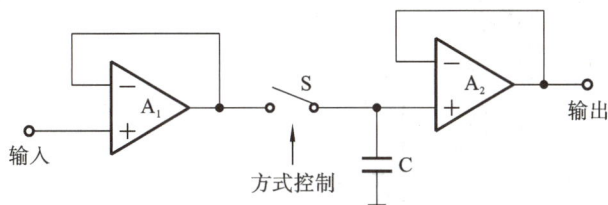

图 2-20 采样/保持(S/H)电路

为了解决采样速度与电压下降速度之间的矛盾,可以采用图 2-21 所示的两级采样/保持电路。两级采样/保持电路是串联的,第一级采样/保持电路的电容比较小($0.002\ \mu F$),所以采样速度快,能够很快跟踪输入模拟信号的变化。第二级采样/保持电路电容比较大($1\ \mu F$),所以下降速度慢,能够保持输出电压较长时间不变。将这两个电路结合,构成一个采样速度快而下降速度慢的高精度采样/保持电路。图中 LM3805 用于将采样控制信号展宽为 12 ms,以便控制两个采样/保持器同步工作。

2.4.3 项目化案例

自动巡回检测是对科学实验装置或生产过程中的某些参数以一定的周期自动地进行检查和测量的过程,该系统是一种数据采集系统。例如,发电机组各部件的运转及卫星发射前各部位的状态,都需要长时间不间断地监测。在组成巡回检测系统时,需要注意被测信号变化的快慢,测量的精度及采样周期等方面的要求。如果被测信号参数变化较快,则应在系统中加入采样/保持器。

现要求设计一个能对八路模拟信号(变化频率<100 Hz)进行自动巡回检测的系统,要

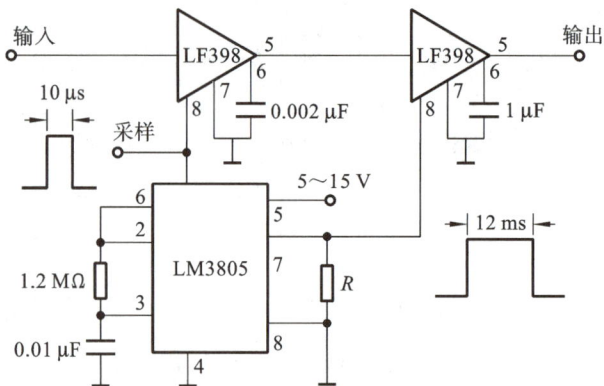

图 2-21 两级采样/保持电路原理

求电压范围为 0～10 V,分辨率为 5 mV(0.05%),通道误差小于 0.1%,采样间隔为 1 s,同时,为了增强抗干扰能力,还要求能对采样信号进行数字滤波处理,如图 2-22 所示。

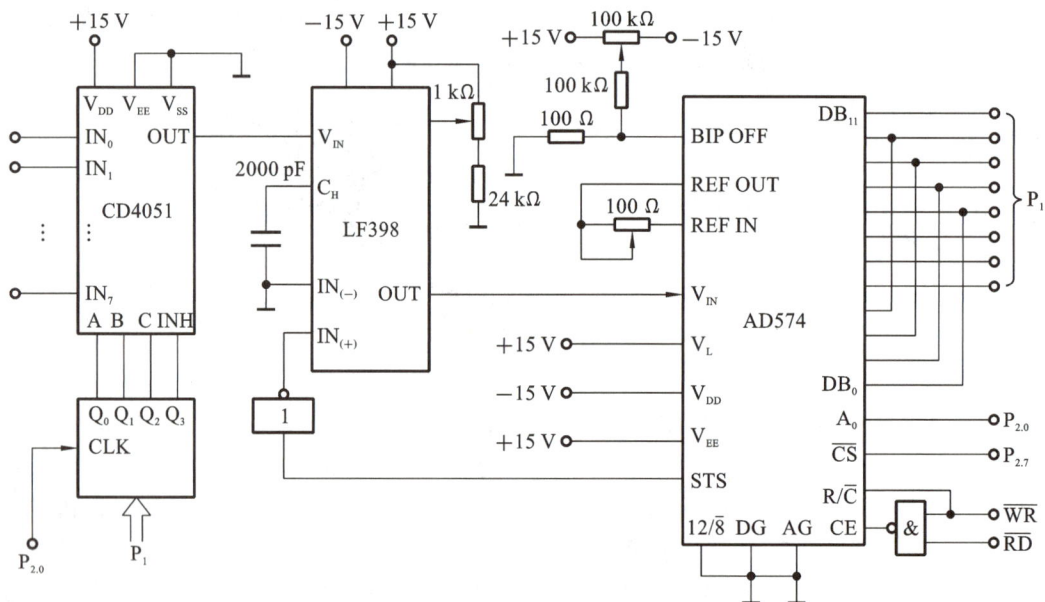

图 2-22 八路自动巡回检测系统的电路图

巡回检测周期允许为 1 s,但为了对采样的数据进行滤波处理,必须对每路信号进行多次采集。因此,A/D 转换器选用转换速度较快的 AD574。多路模拟开关 CD4051 的导通电阻为 200 Ω,采样/保持器的输入电阻一般在 10 MΩ 以上,所以输入电压在 CD4051 上的压降仅为被测电压的 0.002% 左右,同时开关漏电电流仅为 0.08 nA,当信号源内阻为 10 kΩ 时,误差电压约为 0.08 μV,可以忽略不计,因此多路模拟开关选用 CD4051。由于 LF398 采样速度快,保持性能好,非线性度为 ±0.01%,因此采样/保持器选用 LF398。

该系统检测周期的定时采用了软、硬结合的方法。设主频为 6 MHz,所以定时器每次加 1 时计数的时间间隔为 2 μs。如果定时器工作于方式 1,定时时间为 100 ms,则 T_0 定时器初值为 3CB0H。为了实现 1 s 的检测周期,再用内部 RAM 区的 7FH 作为定时器溢出次数计数器,并设初值为 10;编程使 T_0 每一次溢出中断,7FH 的内容就减 1,当减到 0 时,置位到标志位,进行定时采样。

在系统中,被测参数经多路开关 CD4051 选通后,送到 LF398 的输入端。LF398 的工作状态由 A/D 转换器的转换结束标志 STS 控制:当 A/D 转换正在进行时,STS 为高电平,经反相后使 S/H 呈保持状态,以保证 A/D 转换器输入信号的稳定;当 A/D 转换结束时,STS 变为低电平,经反相后使 S/H 呈采样状态。这种控制方法不必由微型计算机传输 S/H 控制信号,所以可以使系统速度加快。数据采集的顺序是:先把 8 个通道各采样 1 次,然后再循环 10 次,这样就相当于在 1 次中断处理中对每 1 通道采样 10 次,最后再对每通道采集的 10 个数据进行平均处理。采样子程序框图如图 2-23(a)所示,采样后有效数据的格式如图 2-23(b)所示。

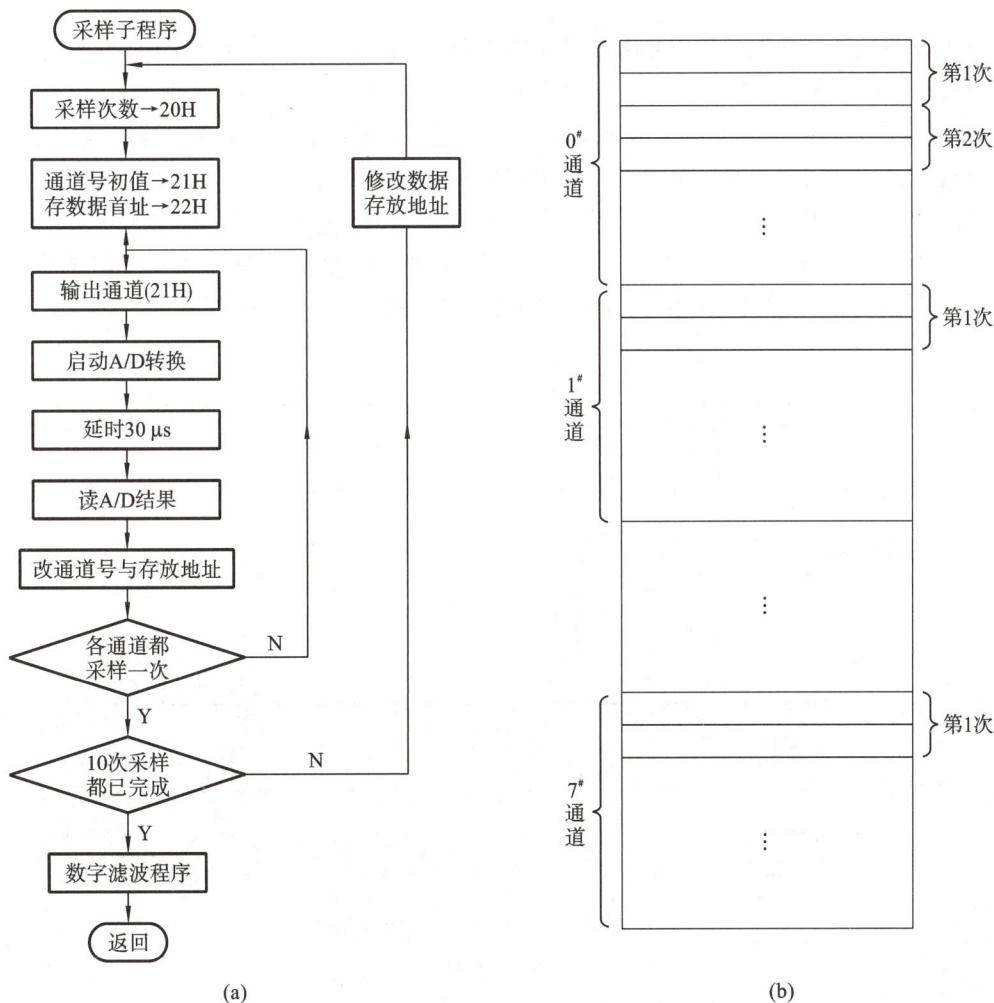

(a)　　　　　　　　　　　　　　(b)

图 2-23　自动巡回检测采样子程序框图

2.5 键盘/LED 显示器接口设计

利用软件扫描键盘和 LED 显示器的接口需要占用 CPU 很多时间,并且接口电路也较繁杂。为了减少这些开销,一些公司设计开发了许多通用型的可编程键盘和 LED 显示器专用控制芯片。这些芯片内部一般都含有接口、数据保持、译码和扫描电路等,只要单个芯片就能完成键盘和显示器接口的全部功能。

2.5.1 HD7279A 的功能及结构特点

HD7279A 是一种能同时管理 8 位共阴极 LED 显示器(或 64 个单个 LED 发光管)和多达 64 键键盘的专用智能控制芯片。该芯片可以直接驱动 1 英寸及以下的 LED 数码管,还具有两种译码方式的译码电路。由于 HD7279A 与微处理器之间采用 4 根接口线的串行接口,因此,在智能仪器、微型控制器等领域中获得较广泛的应用。

HD7279A 采用串行方式与微处理器通信,串行数据从 DATA 引脚送入芯片,并与 CLK 端同步。当片选信号变为低电平后,DATA 引脚上的数据(控制指令)在 CLK 引脚的上升沿被写入芯片的缓冲寄存器。HD7279A 控制指令的工作时序图如图 2-24 所示。

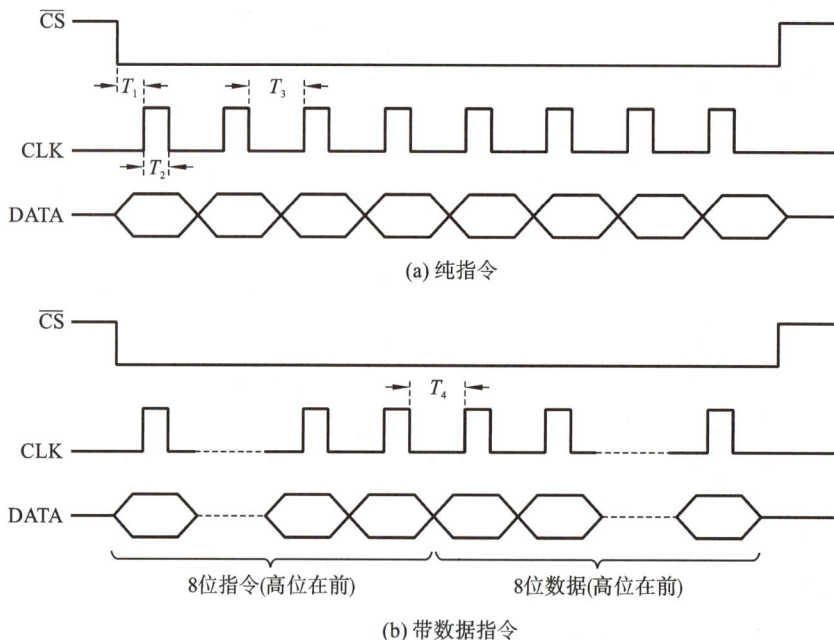

(a) 纯指令

(b) 带数据指令

图 2-24 HD7279A 控制指令的工作时序图

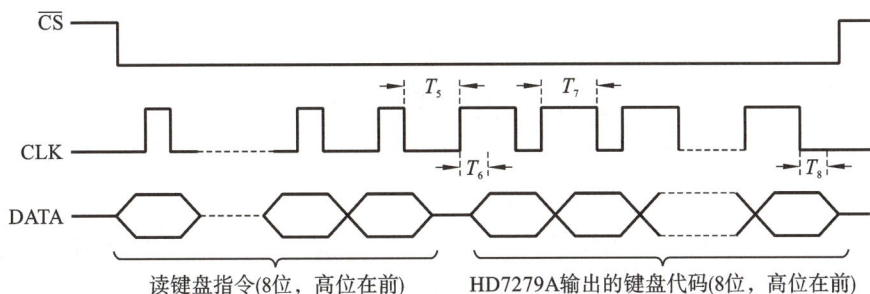

(c) 读键盘代码指令

续图 2-24

2.5.2　项目化案例

现要求设计键盘/LED 显示器的接口电路。当使用 HD7279A 与微处理器连接时,仅需 4 根接口线,其中 $\overline{\text{CS}}$ 为片选信号(低电平有效)。微处理器访问 HD7279A(读键码或写指令)时应将片选端置为低电平。DATA 为串行数据端,当向 HD7279A 发送数据时,DATA 为输入端;当 HD7279A 输出键盘代码时,DATA 为输出端。CLK 为数据串行传输的同步时钟输入端,时钟的上升沿表示数据有效。KEY 为按键信号输出端,无键按下时为高电平,有键按下时此引脚变为低电平,并且一直保持到键释放为止。在 8×8 阵列中,每个键的键码用十六进制表示,用读键盘代码指令读出,键盘代码的范围是 00H～3FH,如图 2-25 所示。

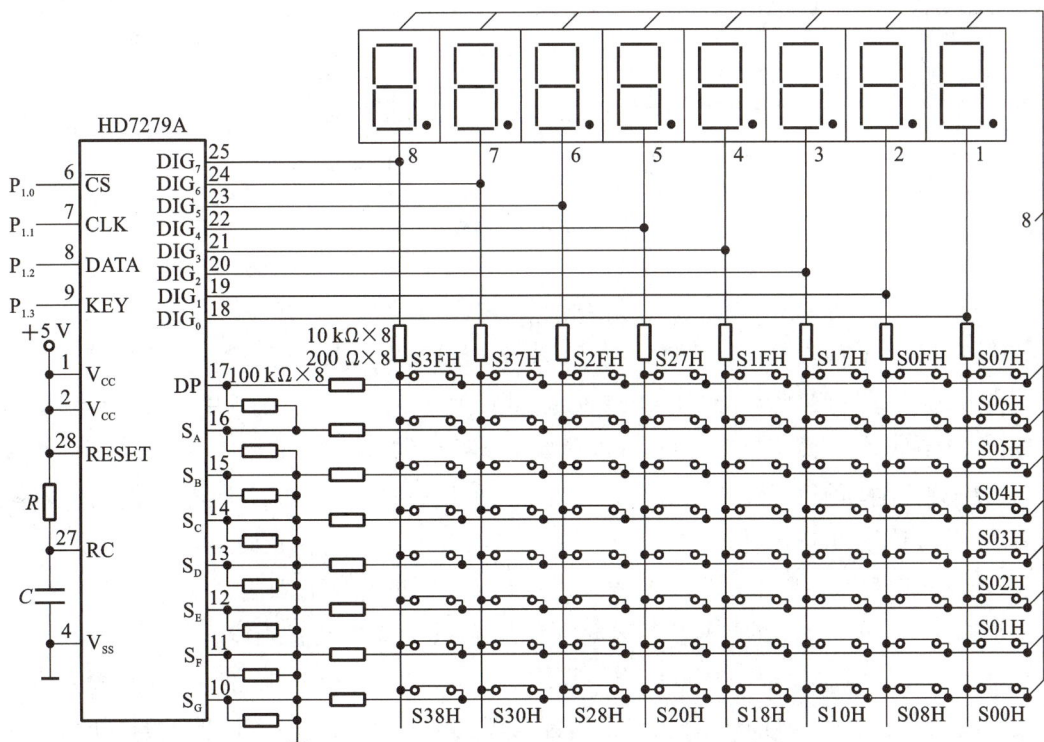

图 2-25　HD7279A 的典型应用电路

2.6　通用接口总线

GP-IB(General Purpose Interface Bus,通用接口总线)是国际通用的仪器接口标准。目前生产的智能仪器几乎无例外地都配有 GP-IB 标准接口。

GP-IB 系统包括接口与总线两部分。其中,接口部分由各种逻辑电路组成,与各仪器装置安装在一起,用于对传输的信息进行发送、接收、编码和译码;总线部分是一条无源的多芯电缆,用于传输各种消息,如图 2-26 所示。

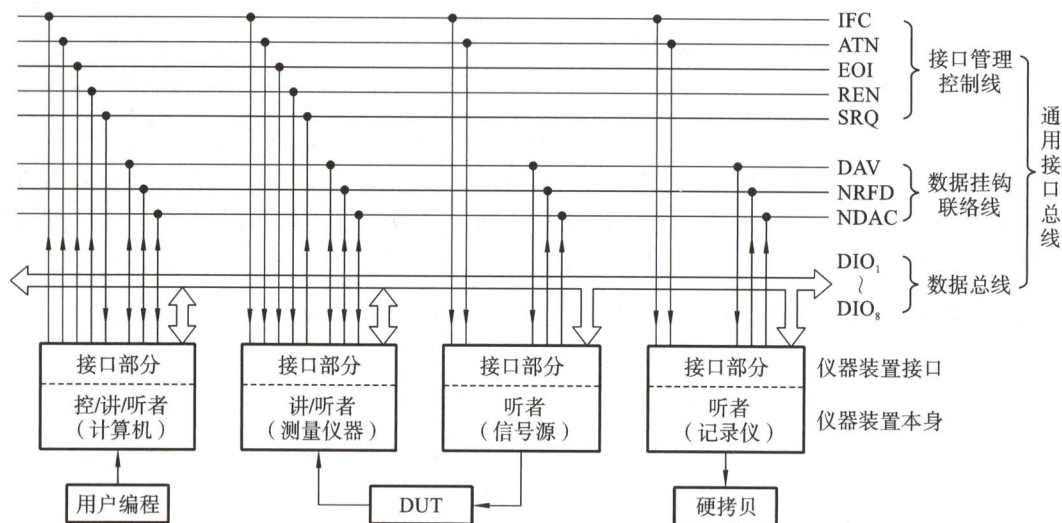

图 2-26　GP-IB 系统

在一个 GP-IB 系统中,要进行有效的通信联络,至少有"讲者""听者""控者"三类仪器装置。讲者是通过总线发送仪器消息的装置(如测量仪器、数据采集器、计算机等),可以设置多个讲者,但在某一时刻,只能有一个讲者起作用;听者是通过总线接收由讲者发出消息的装置(如打印机、信号源、记录仪等),可以设置多个听者,并且允许多个听者同时工作;控者是数据传输过程中的组织者和控制者,例如,对其他设备进行寻址或允许讲者使用总线等,控者通常由计算机担任,GP-IB 系统不允许有两个或两个以上的控者同时起作用。讲者、听者、控者被称为系统功能的三要素,对于系统中的某一台装置,可以具有三要素中的一个、两个或全部。GP-IB 系统中的计算机一般同时兼有讲者、听者、控者的功能。

总线是一条 24 芯电缆,其中,16 条为信号线,其余为地线及屏蔽线。电缆两端是双列24 芯叠式结构插头。因为带标准接口的智能仪器按功能可分为仪器功能和接口功能两部分,所以消息也有接口消息和仪器消息之分。所谓接口消息,是指用于管理接口部分完成各种接口功能的信息,它由控者发出,只被接口部分所接收和使用,如图 2-27 所示。

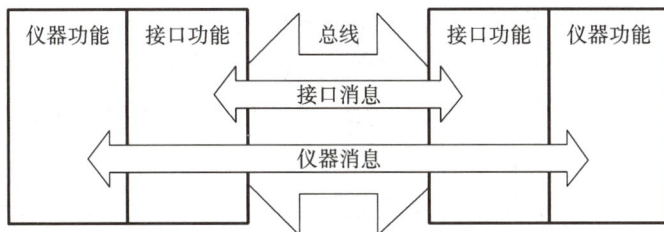

图 2-27 接口消息和仪器消息

GP-IB 系统中的 16 条信号线按功能可分为三组,如下。

(1)8 条双向数据总线($DIO_1 \sim DIO_8$),其作用是传递仪器消息和大部分接口消息,包括数据、命令和地址。由于这一标准没有专门的地址总线和控制总线,因此,必须用其余两组信号线区分数据总线上信息的类型。

(2)3 条数据挂钩联络线(DAV、NRFD 和 NDAC),其作用是控制数据总线的时序,以保证数据总线能正确、有节奏地传输信息,这种传输技术称为三线挂钩技术。

(3)5 条接口管理控制线(ATN、IFC、REN、EOI 和 SRQ),其作用是控制 GP-IB 接口的状态。

在 GP-IB 系统中,每传递一个数据字节信息,不管是仪器消息,还是接口消息,源方(讲者、控者)与受方(听者)之间都要进行一次三线挂钩过程,如图 2-28 所示为一个讲者与数个听者之间传递数据的三线挂钩简单时序。

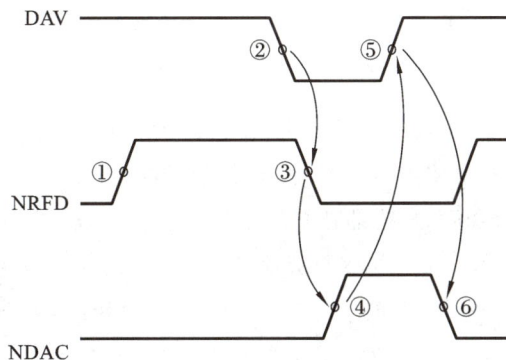

图 2-28 三线挂钩简单时序

假定地址已发送,听者和讲者均已受命。三线挂钩过程如下。

(1)听者使 NRFD 呈高电平,表示已作好接收数据的准备,由于总线上所有的听者是"线或"连接至 NRFD 线上的,因此,只要有一个听者未作好准备,NRFD 就呈低电平。

(2)讲者发现 NRFD 呈高电平后,就把数据放在 DIO 线上,并令 DAV 为低电平,表示 DIO 线上的数据已经稳定且有效。

（3）听者发现 DAV 线呈低电平后,就令 NRFD 也呈低电平,表示准备接收数据。

（4）在接收数据的过程中,NDAC 线一直保持低电平,直至每个听者都接收完数据,才上升为高电平。所有听者也是"线或"接到 NDAC 线上的。

（5）当讲者检出 NDAC 为高电平后,就令 DAV 为高电平,表示总线上的数据不再有效。

（6）听者检出 DAV 为高电平后,就令 NDAC 再次变为低电平,以准备进行下一个循环过程。

显然,三线挂钩技术可以协调快慢不同的设备可靠地在总线上进行信息传递。

2.6.1 GP-IB 标准接口的运行

测试火箭若干部位的压力数据采集测试系统中,数百个压力传感器被安置在被测火箭的各测试点上。在计算机的控制下,扫描器将按顺序采集传感器输出的信号,经过电桥后,再由智能数字电压表测量,计算机处理输出的数字量,最后由打印机打印结果。典型自动测试系统框图如图 2-29 所示。

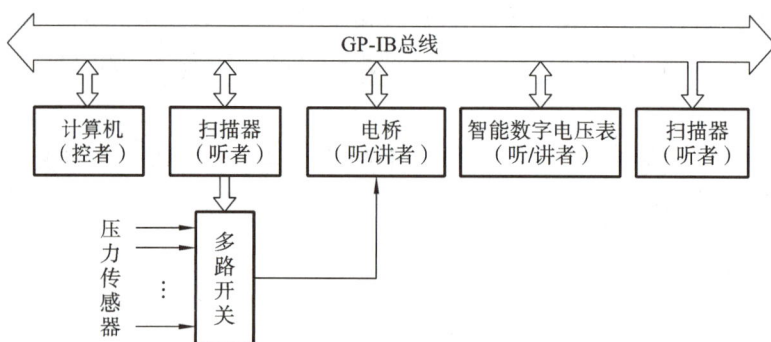

图 2-29　典型自动测试系统框图

控制器通过 C 功能发出 REN 和 IFC 消息,使系统中所有装置都处于控者的控制之下并处于初始状态;控制器发出扫描器的听地址,扫描器接收寻址后成为听者;控制器通过 T 功能向扫描器发出程控命令后,扫描器选择一个指定的传感器;控制器发出通令 UNL,取消扫描器的听受命状态;控制器发出电桥的听地址,电桥接收寻址成为听者,接收由选定传感器送来的数据;控制器发出通令 UNL,取消电桥的听受命状态;控制器发出电桥的讲地址,使电桥成为讲者;控制器发出智能数字电压表的听地址,使智能数字电压表成为听者;智能数字电压表测量电桥送来的信号;控制器发出通令 UNL,取消智能数字电压表听受命状态;控制器发出智能数字电压表的讲地址,电桥讲者资格被自动取消,智能数字电压表成为讲者;控制器使自己成为听者,将智能数字电压表的测量数据送至计算机;计算机处理完测量数据后,又作为控者清除接口,并发出打印机的听地址;打印机打印计算机送来的数据;数据打印结束,控制器选择下一个压力传感器,开始新的循环。

2.6.2   项目化案例

现要求设计 GP-IB 接口电路,仪器控制采用单片机 8051,接口电路选用 8291 接口芯片并与 4 片母线收/发器 MC3448 相连。由于 8291 的控制信号 $\overline{CS}$、$\overline{WR}$、$\overline{RD}$ 与 8051 相应的 $\overline{CS}$、$\overline{WR}$、$\overline{RD}$ 皆为低电平有效,因此它们之间可以直接连接。8291 的 RS_0、RS_1、RS_2 与 8051 的地址总线相连,因此可以通过使用不同的地址选择 8051 内部的 16 个寄存器。本系统中 8291 中断请求选择高电平有效方式,智能仪器 GP-IB 接口原理图如图 2-30 所示。

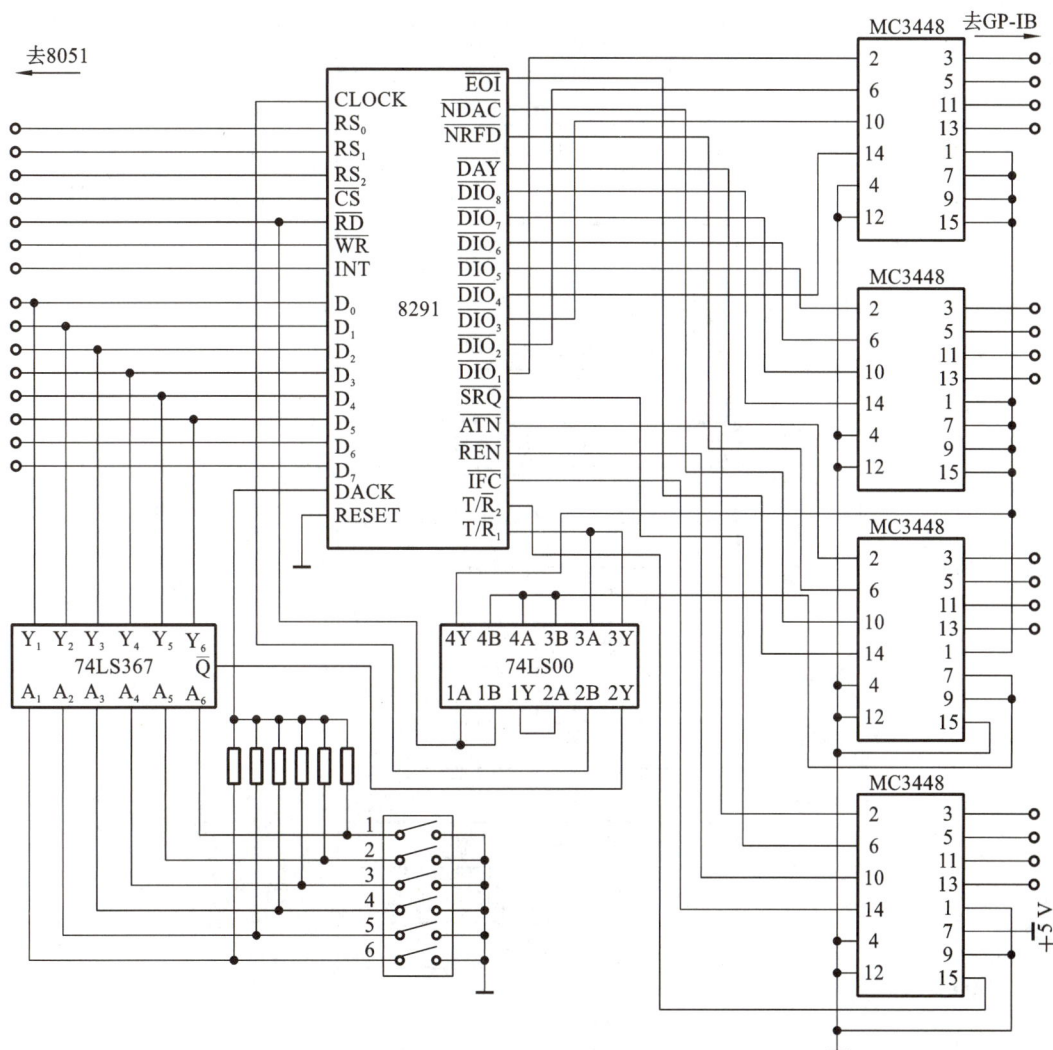

图 2-30   智能仪器 GP-IB 接口原理图

通常,在接口工作前,由仪器的微处理器对 8291 进行初始化,初始化程序除要完成对系统内存单元及一些标志位的初始化外,还要设定 8291 的工作方式。假定 8291 的 8 对寄存器的选通地址为 REG_1,REG_2,$\cdots$,REG_8,GP-IB 的开关选通地址为 GP-IBSW,则 GP-IB 部分初始化程序流程图如图 2-31 所示。

本系统初始化时开放 9 个中断,其中,BI 中断完成从控者发来的程控命令的接收、检验、查表,并转到相应的处理程序执行;BO 中断则完成所需输出的数据通过数据输出寄存器传输到接口母线上的功能。图 2-32 为部分中断程序流程图。

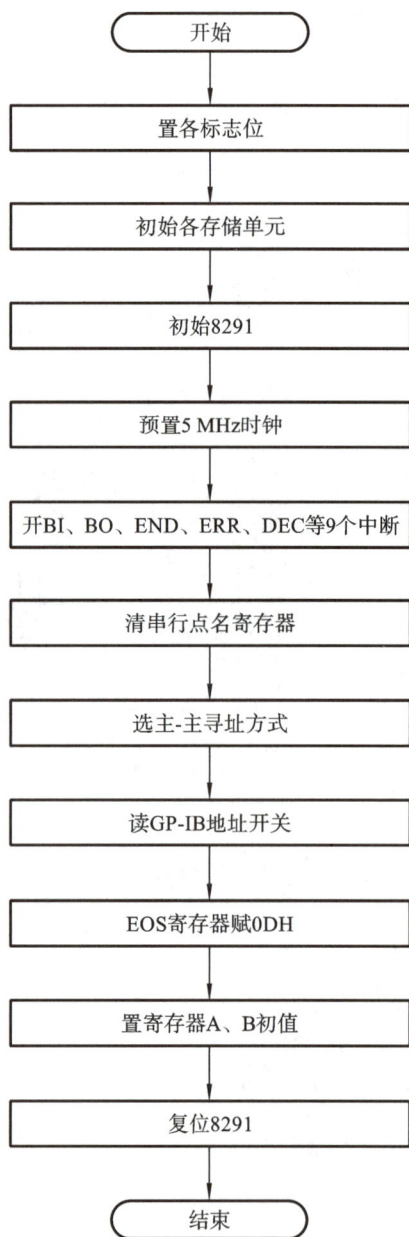

```
                      开始

                    置各标志位

                   初始各存储单元

                     初始8291

                   预置5 MHz时钟

           开BI、BO、END、ERR、DEC等9个中断

                  清串行点名寄存器

                   选主-主寻址方式

                  读GP-IB地址开关

                  EOS寄存器赋0DH

                  置寄存器A、B初值

                    复位8291

                      结束
```

图 2-31　GP-IB 部分初始化程序流程图

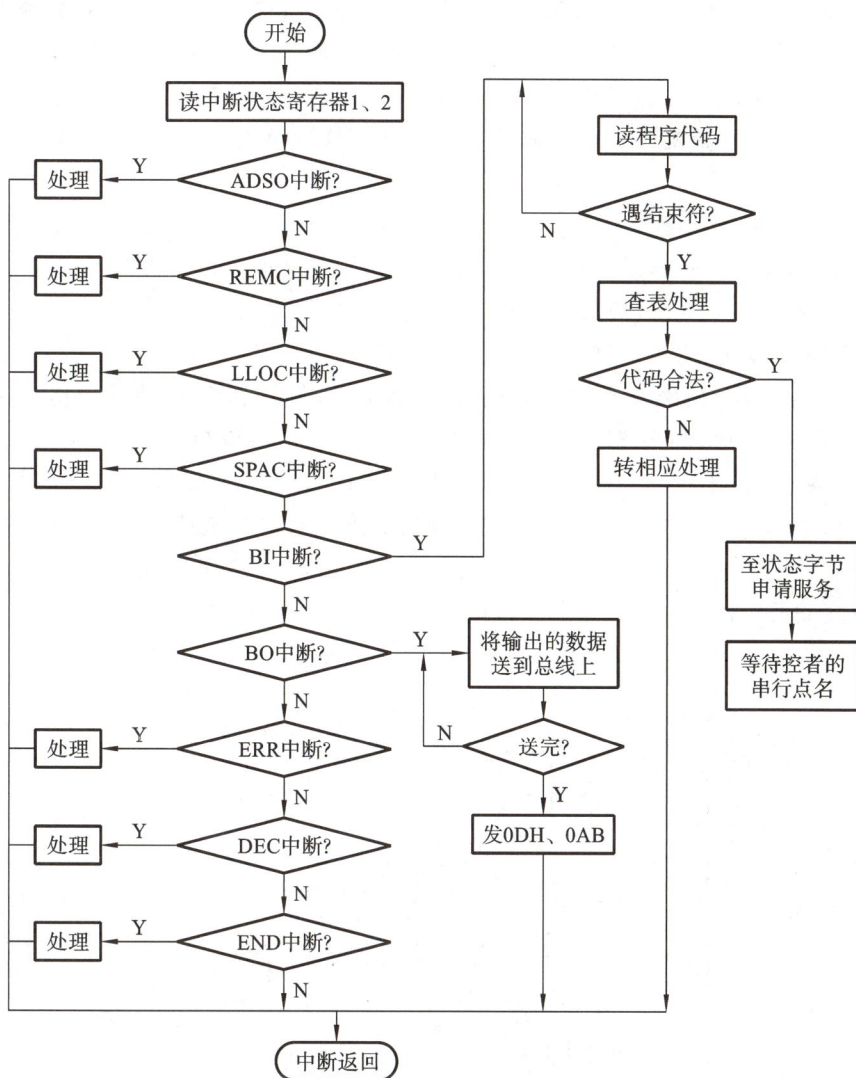

图 2-32   部分中断程序流程图

习 题 2

2.1   图 2-7 所示的双积分式 A/D 转换器的最大显示数为 19999（BCD 码），满刻度值为 2 V，时钟频率 $f_0 = 100$ kHz（$f_0 = \dfrac{1}{T_0}$），试求：

(1)该 A/D 转换器的基准电压 $+U_R$、$-U_R$ 应该为多少？

(2)该 A/D 转换器的分辨率为多少？转换速率大约为多少？

(3)积分时间 T_1 为多少毫秒？时钟频率是否可选择 80 kHz？为什么？

(4)当输入电压 $U_i = 0.25$ V 时，积分时间 T_2 为多少毫秒？显示器的数码指示为多少？

2.2 参考图 2-10,设计一个 MCS-51 单片机与 MC14433 双积分式 A/D 转换器的接口电路,要求采用查询方式控制 A/D 转换,画出接口电路图,并编写相应的控制程序。

2.3 在 MCS-51 单片机与 0832 D/A 转换器(单缓冲)的接口电路中,已知:单片机时钟频率为 12 MHz,D/A 转换器的地址为 7FFFH,当输入数字范围为 00H~FFH 时,其输出电压范围为 $0\sim-5$ V。

(1)画出接口的电路原理图。

(2)编写一段程序,使其运行后能在示波器上显示大约两个周期的锯齿波波形(设示波器显示屏 X 轴刻度为 10 格,扫描速度为 50 μs/格)。

2.4 时钟频率为 12 MHz 的 8051 系统中接有一片 ADC 0809(地址自定),以构成一个简单八路自动巡回检测系统。要求该系统每隔 100 ms 时间就对 8 个直流电压源(0~5 V)自动巡回检测一次,测量结果对应存储于 60H~67H 的 8 个存储单元中(定时采样可以用单片机内定时器的定时中断方法)。试画出该系统的电路原理图,并编写相应的控制程序。

2.5 图 2-33 是一个能支持中断工作方式的矩阵键盘接口电路,键盘中的按键都是单义键,其中 0~9 为数字键,A~F 为功能键。试运用直接分析法编写完整的键盘管理程序(功能键对应的动作自拟),分析图中二极管的作用。

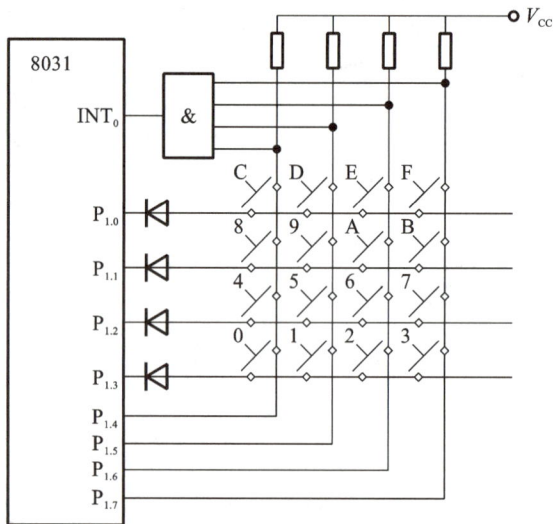

图 2-33　题 2.5 的图

2.6 图 2-34 为一个简化的智能电压/频率计面板示意图,各键定义如下:若顺序按动 [功能] [数字] 键,则表示选择仪器的功能,其中数字键 0,1,2,…分别表示电压、频率、周期等测量功能;若顺序按动 [GATE] [数字] 键,则输入对应功能的测量量程、闸门时间、时标等参数;若顺序按动 [SET] [数字] 键,则输入一个偏移量到指定单元;若按奇数次 [OFS] 键,则进入偏移显示方式,即把测量结果加上偏移量再显示;若按偶数次 [OFS] 键,则进入正常显示方式。试运用状态分析法编写键盘分析程序(要求给出解题的全过程)。

2.7 为了节约端口,可采用串行口控制的键盘/LED 显示器接口电路。图 2-35 为一个利用串行口加外围芯片 74LS164 构成的一个典型接口电路,图中显示电路属静态显示,由于

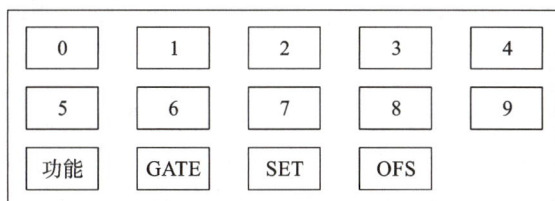

图 2-34   题 2.6 的图

74LS164 在低电平输出时允许通过的电流达 8 mA,因而不必加驱动电路;图中与门的作用是避免在进行键盘操作时对显示器产生影响。试分析该接口电路的工作原理,并编写其控制程序。

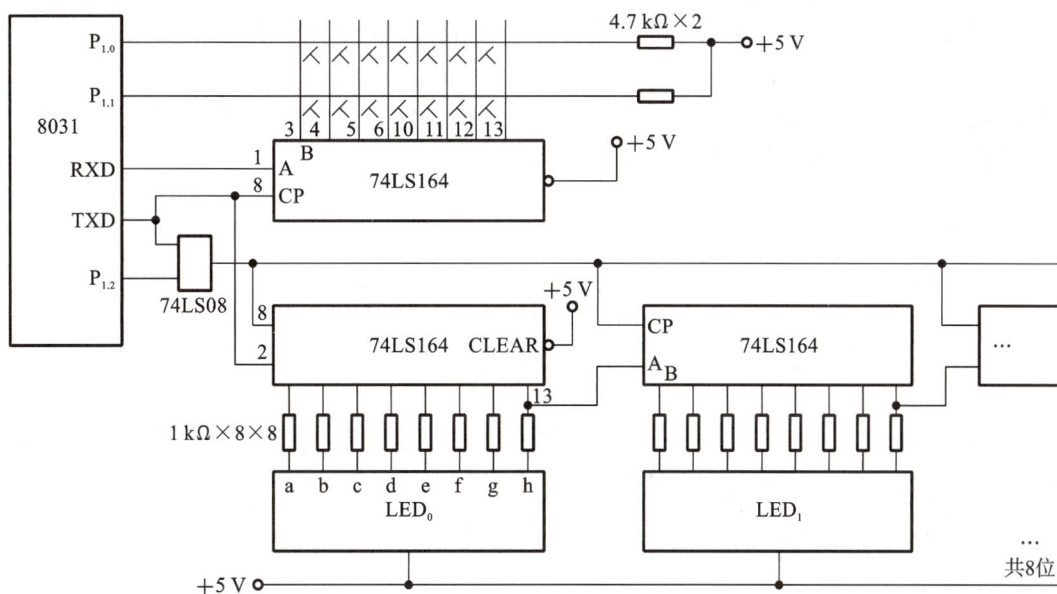

图 2-35   题 2.7 的图

2.8   若采用 HD7279A 实现 2.7 题的功能,试画出键盘/LED 显示器接口电路,并说明采用 HD7279A 组成键盘/LED 显示器接口电路有何优点。

2.9   画出 GP-IB 接口系统中的三线挂钩时序图,并分析挂钩过程。

2.10   试述 8291A 接口芯片的数据输入/输出操作方式及其特点。

项目**3**
智能仪器典型处理功能

　　智能仪器的主要特征是以微处理器为核心实现其功能,因而智能仪器具有强大的控制和数据处理功能。这些处理功能是通过执行某种专门程序所规定的测量算法实现的。测量算法是直接与测量技术有关的算法。本章将通过讨论自检、自动测量、克服系统误差的校正和克服随机误差的滤波处理等有关的测量算法,介绍使用微处理器对仪器进行自动控制及对测量数据进行处理的一般方法。

<hr/>

3.1　硬件故障的自检

<hr/>

　　所谓自检,就是利用事先编制好的检测程序对仪器的主要部件进行自动检测,并对故障进行定位。自检功能给智能仪器的使用和维修带来很大的方便。

3.1.1　自检方式

　　智能仪器的自检方式有 3 种类型。

　　(1)开机自检。仪器电源接通或复位之后进行开机自检。自检中如果没发现问题,就自动进入测量程序,以后的测量中不再进行自检;如果发现问题,则及时报警,以避免仪器带"病"工作。开机自检是对仪器正式投入运行之前所进行的全面检查。

　　(2)周期性自检。周期性自检是指在仪器运行过程中,间断插入的自检操作,这种自检方式可以保证仪器在使用过程中一直处于正常状态。周期性自检不会影响仪器的正常工作,只有当出现故障警报时,用户才会觉察。

　　(3)键控自检。有些仪器在面板上设有"自检"按键,当用户对仪器的可信度发出怀疑时,可通过该键启动一次自检过程。

　　在自检过程中,如果检测出仪器出现某些故障,则以适当的形式发出指示信号。智能仪器一般会借用本身的显示器,以文字或数字的形式显示出错代码,出错代码通常以"Error X"字样表示,其中"X"为故障代号,操作人员根据出错代码,查阅仪器手册便可确定故障内容。仪器除给出故障代号之外,往往还给出指示灯的闪烁或者音响警报信号,以提醒操作人员注意。

　　智能仪器的自检项目与仪器的功能、特性等因素有关。一般来说,自检内容包括 ROM、

RAM、总线、显示器、键盘及测量电路等部件的检测。仪器能够进行自检的项目越多,使用和维修就越方便,但相应的软、硬件也越复杂。

3.1.2 自检算法

1. ROM 的检测

由于 ROM 中存储着仪器的控制软件,因而对 ROM 的检测是至关重要的。ROM 故障的测量算法常采用"校验和"方法。在将程序机器码写入 ROM 时,保留一个单元(一般是最后一个单元),此单元不写程序机器码,而是写"校验字",校验字能满足 ROM 中所有单元的每一列都具有奇数个 1。自检程序对每一列的数进行异或运算,如果 ROM 无故障,则各列的运算结果都为"1",即校验和等于 FFH。实现校验和的程序很简单,关键是明确 ROM 的首址和尾址,另外,程序要规定一个寄存器记下错误标志,以备输出诊断报告时调用。

从理论上来讲,这种方法不能发现同一位上的偶数个错误,但是这种错误的概率很小,一般情况可以不予考虑。

2. RAM 的检测

检测数据存储器 RAM 是否正常的测量算法是通过检验其"读/写功能"的有效性。通常选用特征字 55H(01010101B)和 AAH(10101010B),分别对 RAM 每一个单元进行先写后读的操作,其自检流程图如图 3-1 所示。

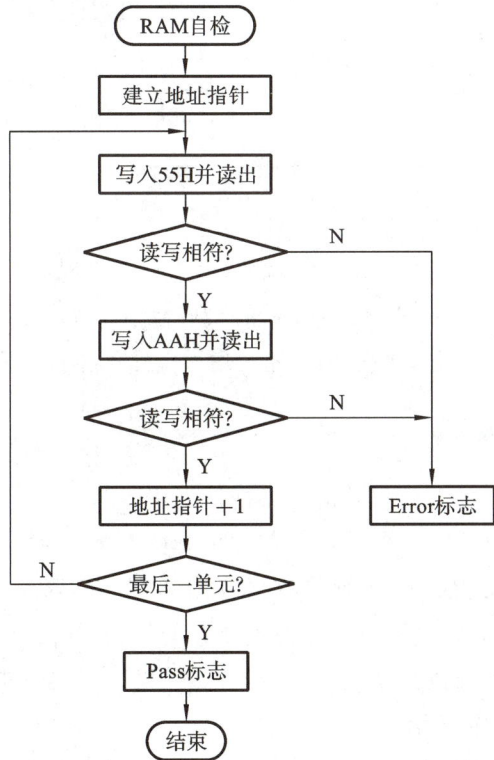

图 3-1 RAM 自检流程图

判别读/写内容是否相符的常用方法是"异或法",即把 RAM 单元的内容求反并与原码进行异或运算,如果结果为 FFH,则表明该 RAM 单元的读/写功能正常,否则,说明该单元有故障。最后再恢复原单元内容。上述检验属于破坏性检验,一般用于开机自检。若 RAM 中已存有数据,要求在不破坏 RAM 中原有内容的前提下进行检验相对麻烦一些。

3. 模拟量输入/输出通道的自检

模拟量输入通道自检的目的是判断 A/D 转换的准确性。自检系统需要单独占用一路模拟开关的通道,以便接入一个电压值已知的标准电压源,其输入通道自检电路如图 3-2 所示,该电路也包含了输出通道的自检电路。

当进行输入通道自检时,多路开关 IN$_3$ 接通,系统对一个已知的标准电压进行 A/D 转换,若显示结果与预置值相符,则认为模拟量输入通道工作正常;若偏差过大,则判断为故障。

模拟量输出通道自检的目的是确保 D/A 转换器模拟输出量的准确性。要判断模拟量是否准确,必须先将该输出转换为数字量,这样 CPU 才能进行判断,因此,模拟量输出通道的自检离不开输入通道数据采集环节,其输出通道自检电路如图 3-2 所示。

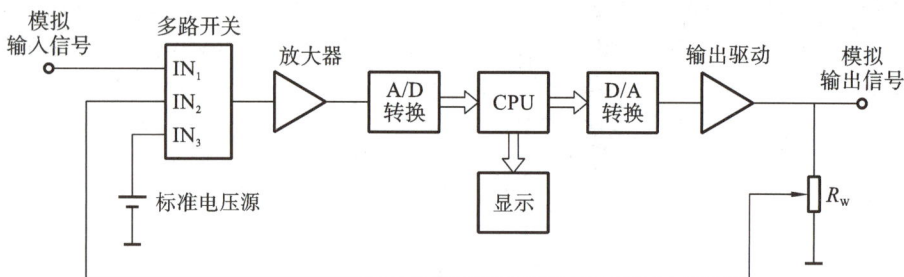

图 3-2　模拟量输入/输出通道自检电路

当进行输出通道自检时,多路开关 IN$_2$ 接通,电路处于模拟量输出通道自检状态。适当调整电位器 R_W 的分压比,使 D/A、A/D 环节的总增益为 1,即可达到满意的诊断效果。显然,这种模拟量输出通道自检方案的前提是输入通道电路工作正常。

4. 显示器与键盘的检测

智能仪器显示器、键盘等 I/O 设备的检测往往采用与操作者合作的方式进行。检测程序先进行一系列预定的 I/O 操作,然后操作者对这些 I/O 操作的结果进行验收,如果结果与预先设定的一致,就认为功能正常,否则,应对有关 I/O 设备和通道进行检修。

在进行键盘检测时,CPU 每取得一个按键闭合的信号,就反馈一个信息。如果按下某个菜单按键后无反馈信号,则往往是该键接触不良;如果按下某一排按键均无反馈信号,则一定与其对应的电路或扫描信号有关。

显示器的检测一般有两种方式,第一种是让显示器各发光段全部亮起,即显示出 888…,当显示器各发光段均能正常发光时,操作人员只要按任意键,显示器上各发光段应全部熄灭片刻,然后脱离自检方式进入其他操作;第二种方式是让显示器显示某些特征字,几秒钟后自动进入其他操作。

3.1.3   自检软件

上面介绍的各自检项目一般应该分别编成子程序,以便需要时调用。设各段子程序的入口地址为 $TSTi(i=0,1,2,\cdots)$,对应的故障代号为 $TNUM(0,1,2,\cdots)$。在编程时,由序号通过表 3-1 所示的测试指针表(TSTPT 表)寻找某一项自检子程序入口,若检测出有故障发生,则显示其故障代号 TNUM。对于周期性自检,由于它是在测量间隙进行的,为了不影响仪器的正常工作,有些项目不宜安排周期性自检,例如,显示器周期性自检、键盘周期性自检、破坏性 RAM 周期性自检等。对于开机自检和键盘自检,则不存在这个问题。

表 3-1   测试指针表

测试指针	入口地址	故障代号	偏移量
TSTPT	TST0	0	偏移=TNUM
	TST1	1	
	TST2	2	
	TST3	3	
	…	…	

一个典型的含自检的智能仪器操作流程图如图 3-3 所示。其中,开机自检被安排在仪器初始化之前进行,检测项目尽量多选。周期性自检 STEST 被安排在两次测量循环之间进行,由于允许两次测量循环之间的时间间隙有限,一般每次只插入一项自检内容,多次测量之后才能完成仪器的全部自检项目。图 3-4 给出了能完成上述任务的周期性自检子程序的操作流程图。根据指针 TNUM 进入 TSTPT 表取得子程序 TSTi 并执行。如果发现有故障,就进入故障显示操作。故障显示操作一般首先熄灭全部显示器各发光段,然后显示故障代号 TNUM,提醒操作人员仪器已有故障。当操作人员按下任意键后,仪器就退出故障显示(有些仪器设计在故障显示一定时间之后自动退出)。无论故障发生与否,每进行一项自检,就使 TNUM 加 1,以便在下一次测量间隙中进行另一项自检。

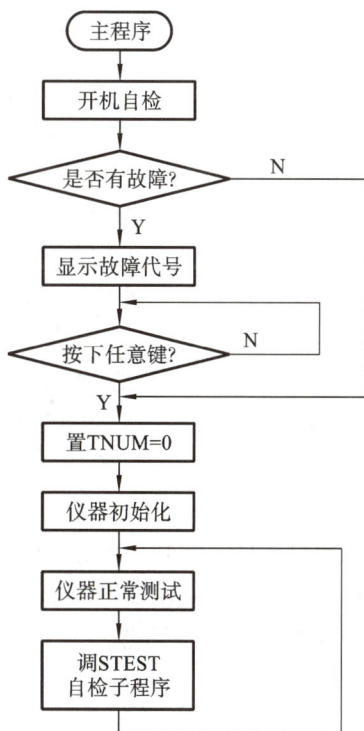

图 3-3   含自检的智能仪器
操作流程图

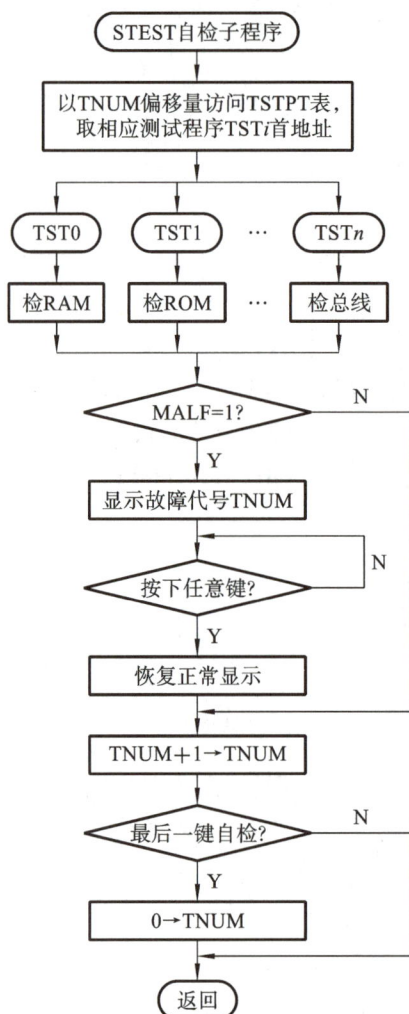

图 3-4　周期性自检子程序的操作流程图

3.2　自动测量功能

智能仪器通常含有自动量程转换、自动触发电平调节、零点自动调整、自动校准等功能，有的仪器还能进行自动触发电平调节。这样，仪器操作人员就节省了大量烦琐的人工调节时间，同时也提高了测量精度。

3.2.1　自动量程转换

自动量程转换可以使仪器在很短的时间内自动选定合理的量程，从而使仪器获得高精度的测量。许多智能仪器,如数字示波器、智能电桥、智能数字电压表等,都具有自动量程转换功能。下面以智能数字电压表的自动量程转换为例进行说明。

设某四位智能数字电压表有 0.1 V,1 V,10 V,400 V 这 4 个量程,这些量程的设定由 CPU 通过特定的输出端口送出量程控制代码实现。这些代码就是控制量程转换电路各开关(如继电器)的控制信号,送出不同的控制代码就可以决定开关不同的组态,使电压表处于某一量程上。

自动量程转换由最大量程开始,逐级比较,直至选出最合适的量程为止。继电器等开关从闭合转变为断开,或从断开转变为闭合有一个短暂的过程,所以在每次改变量程之后要安排一定的延迟时间,然后再进行正式的测量和判断。由于量程之间是十进制的关系,为了得到最大的测量精度,最佳的测量值 U_x 应落在 $U_m \geqslant U_x \geqslant \dfrac{U_m}{10}$ 之间(U_m 为该量程的满度值),若测量值 $U_x \leqslant \dfrac{U_m}{10}$,则判断为欠量程,应作降量程处理(例如原量程为 10 V 挡量程,应降到 1 V 挡量程);反之,应作升量程处理,如图 3-5 所示。

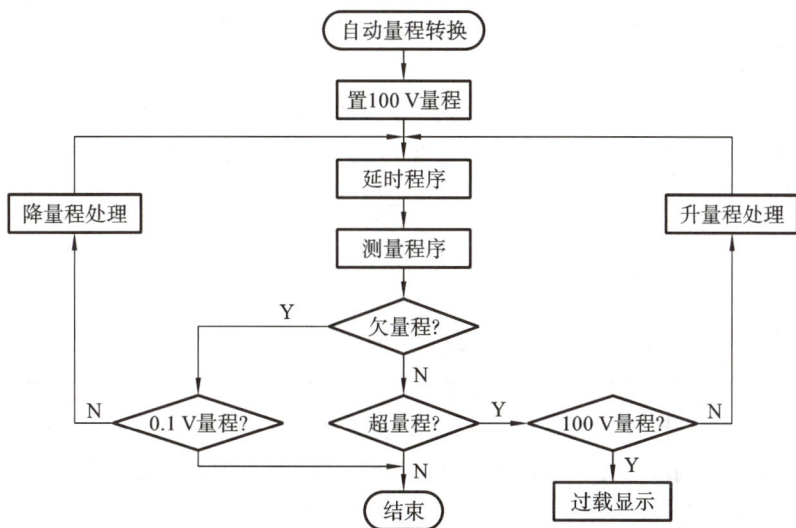

图 3-5　自动量程控制程序流程图

在实际设计时,还要依据实际情况作有关的处理,例如,为了避免被测电压恰好在两种量程的交叉点的附近变化,从而出现反复选择量程的情况,应考虑使低量程的超量程比较值和高量程的欠量程比较值之间有一定的重叠范围。

3.2.2　自动触发电平调节

示波器、通用计数器等仪器触发电平的设定是很重要的。在一般情况下,触发电平应设定在波形的中点。有时为了满足其他测量的要求,例如,测定波形上升时间或下降时间,需要将触发点设定在波形的 10% 或 90% 处。

自动触发电平调节的原理如图 3-6 所示。输入信号经过程控衰减器传输到比较器,而比较器的比较电平(即触发电平)由微处理器控制,经 D/A 转换器设定。当经过衰减器的输入信号的幅度达到某一比较电平时,比较器输出将改变状态。触发探测器将检测到的比较器输出的状态送到微处理器控制系统,测量触发电平。

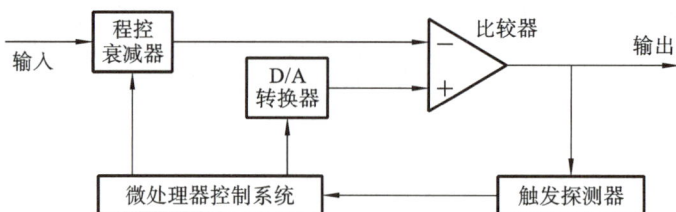

图 3-6   自动触发电平调节的原理

设仪器的输入电路有 100 V,10 V 和 1 V 这 3 挡量程。为了实现对触发电平的调节,首先通过编程使衰减器置于 ×0.01(100 V)挡,然后通过向 D/A 转换器输送不同的数逐渐调节触发电平,再通过触发探测器检测比较器输出是否翻转,以此检测输入波形幅度是否存在于 -100~-30 V 或 +30~+100 V 范围内。如果未检测出,则将衰减器置于 ×0.1(10 V)挡,重复上述过程,检测输入波形幅度是否存在于 -32.0~-3.0 V 或 +3.0~+32.0 V 范围内。如果还未检测出,则将衰减器降低到 ×1(1 V)挡,检测是否在 -3.19~+3.20 V 范围内。

上述过程实际上是自动量程转换的过程。一旦量程确定,即探测器第一次探测到触发信号时,此进程就立即停止,微处理器开始以该量程的 5% 为一步,步进扫描整个输入量程范围。当探测到触发信号时,就以量程的 1.25% 为一微步,再次进行步进扫描,以获得更好的分辨率。

3.2.3   零点自动调整

仪器零点漂移的大小以及零点是否稳定是造成零点误差的主要来源之一。消除这种影响最直接的方法是选择性能良好的输入放大器和 A/D 转换器,但这种方法代价高,而且也有限度。例如,目前高精度智能数字电压表在最低量程上的分辨率可达 10 nV,要从硬件上确保零点稳定比较困难,尤其在环境温度变化较大的场合。智能仪器的零点自动调整功能,可以较好地解决这个问题。

零点自动调整的原理如图 3-7 所示。首先微处理器通过输出口控制继电器吸合,使仪器输入端接地,启动测量并将其测量值存入 RAM 的某一确定单元中。此值是仪器衰减器、放大器、A/D 转换器等模拟部件所产生的零点偏移值 U_{os}。接着微处理器控制继电器释放,仪器输入端接被测信号,此时的测量值 U_{ox} 应是实际的测量值与 U_{os} 之和。最后微处理器做减法运算,使 $U_x = U_{ox} - U_{os}$,并将此差值作为本次测量结果加以显示。很显然,上述测量过

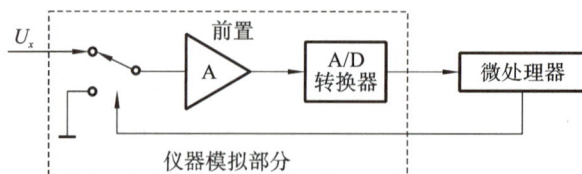

图 3-7   零点自动调整的原理

程能有效地消除硬件电路零点漂移对测量结果的影响。

3.2.4　自动校准

仪器工作一段时间之后,其测量误差将会超过标称值。为了保证仪器的测量精度,必须对仪器进行定期校准。

智能仪器为用户提供一种方便的自动校准方式。操作者按下自动校准的按键,按提示要求将相应标准电压加到输入端,并按下确认键,仪器即可对标准电压进行测量,并将标准量(或标准系数)存入"准存储器",然后再提示输入下一个标准电压值,重复上述测量、存储过程。当完成预定的校正测量后,校准程序自动计算每两个校准点之间的插值公式的系数,并把这些系数存入"校准存储器",这样就在仪器内部固存了一张校准表和一张内插公式系数表。在正式测量时,这些参数值将与测量值一起形成经过修正后的准确的测量值。"校准存储器"一般采用电可控 ROM(EEPROM)或采用电池供电的非易失性 RAM,以确保断电后数据不会被丢失。

目前,智能仪器较多采用自动校准系统的方式进行自动校准。自动校准系统由控制器、校准源和被校准仪器组成,通过 GP-IB 总线组成一个自动测试系统。校准源是一台精度比被校准仪器精度高一个量级以上的程控标准信号源,它的输出信号种类、量程和步进值都可以通过控制器发出的命令进行控制。

3.3　干扰与数字滤波

在实际测量过程中,被测信号中会不可避免地混杂一些干扰和噪声,在工业现场这种情况更为严重。为了抑制这些干扰和噪声,仪器仪表施加了多种屏蔽和滤波措施。

由于微处理器的引入,智能仪器可以采用不增加任何硬件设备的数字滤波方法。所谓数字滤波,即通过一定的计算程序,对采集的数据进行某种处理,从而消除或减弱干扰和噪声的影响,提高测量的可靠性和精度。数字滤波具有硬件滤波器的功效,却不需要硬件开销,从而降低了成本。不仅如此,由于软件算法的灵活性,还能产生硬件滤波器所达不到的功效。它的不足之处是需要占用机时。

3.3.1　中值滤波

中值滤波是对被测参数连续采样 N 次(N 一般选奇数),将这些采样值按大小进行排序后选中间值作为滤波结果。中值滤波对去掉脉冲性质的干扰比较有效,并且采样次数 N 越大,滤波效果越强,但采样次数 N 太大会影响速度,所以 N 一般取 3 或 5。对于变化很慢的参数,有时也可适当增加次数。而对于变化较为剧烈的参数,不宜采用此法。

中值滤波程序主要由数据排序和取中间值两部分组成。数据排序可采用常规的排序方法,如冒泡法、沉底法等。

3.3.2 平均滤波

最基本的平均滤波程序是算术平均滤波程序。算术平均滤波程序对滤除混杂在被测信号上的随机干扰非常有效。一般来说,采样次数 N 越大,滤除效果越好,但系统的灵敏度会下降。为了提高运算速度,程序中常用移位代替除法,因此 N 一般取 4、8、16 等 2 的整数幂。

为了进一步提高平均滤波的效果,适应各种不同场合的需要,在算术平均滤波程序的基础上又出现了许多改进型滤波,如去极值平均滤波、移动平均滤波、加权平均滤波等。

1. 去极值平均滤波

算术平均滤波对抑制随机干扰效果较好,但对脉冲干扰的抑制能力弱,明显的脉冲干扰会使平均值远离实际值,但中值滤波对脉冲干扰的抑制非常有效,因而可以将两者结合起来形成去极值平均滤波。去极值平均滤波连续采样 N 次,去掉一个最大值,去掉一个最小值,再求余下 $N-2$ 个采样值的平均值。去极值平均滤波程序框图如图 3-8 所示。

2. 移动平均滤波

算术平均滤波需要连续采样若干次,才能运算获得一个有效的数据,因而速度较慢。为了克服这一缺点,可采用移动平均滤波。即先在 RAM 中建立一个数据缓冲区,依顺序存放 N 次采样数据,然后每采进一个新数据,就将最早采集的数据去掉,最后求出当前 RAM 缓冲区中的 N 个数据的算术平均值或加权平均值。这样,每进行一次采样,就可计算出一个新的平均值,即测量数据取一丢一。测量一次便计算一次平均值,大大加快了数据处理的能力。移动平均滤波程序框图如图 3-9 所示。

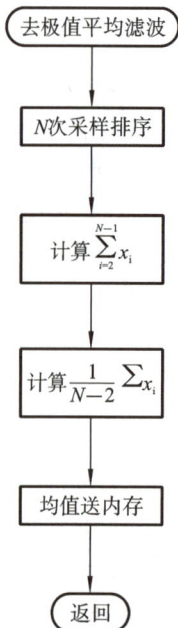

图 3-8　去极值平均滤波程序框图

图 3-9　移动平均滤波程序框图

3. 加权平均滤波

在上述各种平均滤波算法中,每次采样在结果中的比重是均等的。为了增加最后一次采样数据在平均结果中的比重,以提高系统对当前采样值的灵敏度,增强实时性,可以采用加权平均滤波。加权平均是指参加平均运算的各采样值按不同的比例进行相加求平均。加权系数一般先小后大,以突出后面若干次采样的作用,加强系统对参数变化趋势的辨识。N 项加权平均滤波的算法为

$$\overline{Y_n} = \sum_{i=0}^{N-1} C_i Y_{N-i} \tag{3-1}$$

式中,$C_0, C_1, \cdots, C_{N-1}$ 为常数,它们的选取有多种方法,但应满足 $C_0 + C_1 + \cdots + C_{N-1} = 1$。

3.3.3　低通数字滤波

将描述普通硬件 RC 低通滤波器特性的微分方程用差分方程表示,便可以用软件算法模拟硬件滤波器的功能。简单的 RC 低通滤波器的传递函数可以写为

$$G(s) = \frac{Y(s)}{X(s)} = \frac{1}{\tau s + 1} \tag{3-2}$$

式中,$\tau = RC$ 为滤波器的时间常数。由式(3-2)可以看出,RC 低通滤波器实际上是一个一阶滞后滤波系统。将式(3-2)离散可得其差分方程的表达式,如下

$$Y(n) = (1-\alpha)Y(n-1) + \alpha X(n) \tag{3-3}$$

式中,$X(n)$ 为本次采样值;$Y(n)$ 为本次滤波的输出值;$Y(n-1)$ 为上次滤波的输出值;$\alpha = 1 - e^{-T/\tau}$ 为滤波平滑系数,其中 T 为采样时间。

采样时间 T 应远小于 τ,因此 α 远小于 1。结合式(3-3)可以看出,本次滤波的输出值 $Y(n)$ 主要取决于上次滤波的输出值 $Y(n-1)$。本次采样值对滤波的输出值贡献比较小,这就模拟了具有较大惯性的低通滤波功能。低通数字滤波对滤除变化非常缓慢的被测信号中的干扰是很有效的。硬件模拟滤波器在处理低频时,电路实现很困难,而数字滤波器不存在这个问题。RC 低通数字滤波的流程图如图 3-10 所示。

式(3-3)所表达的低通滤波的算法与加权平均滤波有一定的相似之处,低通滤波算法只有两个系数,即 α 和 $1-\alpha$,并且式(3-3)的基本意图是加重上次滤波器输出的值,因而在输出过程中,任何快速的脉冲干扰都将被滤掉,仅保留缓慢的信号变化,故称之为低通滤波。

假如将式(3-3)变化为

$$Y(K) = \alpha x(K) - (1-\alpha)Y(K-1) \tag{3-4}$$

则可实现高通数字滤波。

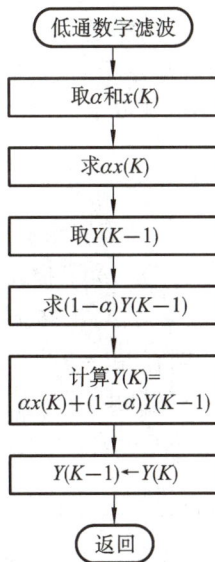

图 3-10　RC 低通数字滤波的流程图

3.4 测量数据的标度变换

不同被测对象的参数具有不同的量纲和数值,例如,温度的单位为 ℃,压力的单位为 Pa,流量的单位为 m^3/h。智能仪器在检测这些参数时,仪器直接采集的数据并不等于原来带有量纲的参数值,它仅仅能代表被测参数值的相对大小,因而必须把它转换成带有量纲的对应数值后才能显示。这种转换就是工程量变换,又称标度变换。

例如,在某个温度测量系统中,首先采用热电偶把现场 0~1200 ℃ 的温度转换成电压为 0~48 mV 的电信号,然后经通道放大器放大到 0~5 V,再由 8 位 A/D 转换器转换成 00H ~FFH 的数字量。微处理器读入该数据后,必须把这个数据再转换成量纲为 ℃ 的温度值(例如,数据 FFH 转换为 1200,单位为 ℃),才能进行显示。

标度变换一般分为线性参数标度变换和非线性参数标度变换。智能仪器中的标度变换可以由软件完成。

3.4.1 线性参数标度变换

线性参数标度变换的前提是传感器输出的数值与被测参数间呈线性关系。线性参数标度变换的一般公式为

$$A_x = (A_m - A_0) \frac{N_x - N_0}{N - N_0} + A_0 \tag{3-5}$$

式中,A_0 为测量下限;A_m 为测量上限;A_x 为实际测量值(工程值);N_0 为 A_0 对应的数字量;N_m 为 A_m 对应的数字量;N_x 为实际测量值 A_x 对应的数字量。

一般情况下,测量下限 A_0 对应的数字量 N_0 为 0,即 $N_0 = 0$,这样,式(3-5)可简化为

$$A_x = \frac{A_m - A_0}{N_m} N_x + A_0 \tag{3-6}$$

例如,某温度测量仪器的测量范围为 10~100 ℃,温度传感器是线性的,A/D 转换器的位数为 8 位。为了提高测量分辨率,当 A/D 转换器输出的数据为 00H 时,显示的温度值应为 10 ℃;当 A/D 转换器输出的数据为 FFH 时,显示的温度值应该为 100 ℃。对应式 (3-6),则有 $A_0 = 10$ ℃,$A_m = 100$ ℃,$N_m = $ FFH $= 255$。当 A/D 转换器输出的数据为 N_x 时,显示的温度值 A_x 应该为

$$A_x = \frac{A_m - A_0}{N_m} N_x + A_0 = \left(\frac{6}{17}\right) N_x + 10 \approx 0.35 N_x + 10 \tag{3-7}$$

式中,比例系数 0.35 表示每个数据相当于 0.35 ℃。例如,当 A/D 转换器输出的数据 $N_x =$ 28H($=40$)时,该温度测量仪器应显示 24 ℃。

3.4.2 智能仪器中采用的线性参数标度变换公式

在实际的智能型仪器仪表设计中,为了便于使用,线性参数标度变换公式常简化为

$$R = Ax + B \tag{3-8}$$

式中,R 为实际显示值,相当于式(3-7)中的 A_x;x 为数字仪表中 A/D 转换器输出的数据,对应式中的 N_x;A 为比例系数,对应式中的 $(A_m - A_0)/N_m$;B 为测量下限,对应式中的 A_0。这样,只需作一次乘法和一次加法就可以完成标度变换。

现代智能数字多用表一般都设置有"$Ax + B$"功能,即线性参数标度变换功能,这样,配合不同类型的传感器,便可实现对多种被测参数的测量。当使用智能数字多用表测量某传感器输出的电压值时,只要按照智能仪表的提示,输入对应该传感器的参数 A 和 B,智能数字多用表便可直接显示带有被测参数的测量结果。

3.4.3　非线性参数标度变换

如果传感器输出的数值与被测参数间呈非线性关系,上述线性参数标度变换公式不再适用,而必须根据具体情况确定标度变换公式。

例如,利用节流装置测量流量时,流量与节流装置两边的压差之间的关系为

$$G = K\sqrt{\Delta P} \tag{3-9}$$

式中,G 为流量;K 为刻度系数,与流量的性质及节流装置的尺寸有关;ΔP 为节流装置前后的压力差。式(3-9)表明,流体的流量与节流装置前后的压力差的平方根成正比,因此,不能采用上述线性参数标度变换公式。为了得到测量流量时的标度变换公式,可根据两点建立下列直线方程

$$\frac{G_x - G_0}{G_m - G_0} = \frac{K\sqrt{N_x} - K\sqrt{N_0}}{K\sqrt{N_m} - K\sqrt{N_0}} \tag{3-10}$$

于是,得到测量流量时的非线性参数标度变换公式

$$G_x = \frac{\sqrt{N_x} - \sqrt{N_0}}{\sqrt{N_m} - \sqrt{N_0}}(G_m - G_0) + G_0 M \tag{3-11}$$

习　题　3

3.1　为什么智能仪器要具备自检功能?自检方式有哪几种?常见的自检内容有哪些?

3.2　自拟一个具有外扩 RAM 的单片机系统,然后编写 ROM 和 RAM 的自检程序。

3.3　为什么仪器要进行自动量程转换?智能仪器怎样实现自动量程转换?

3.4　以智能数字电压表为例,简述其零点自动调整功能的原理。

3.5　采用数字滤波算法克服随机误差具有哪些优点?

3.6　与硬件滤波器相比,数字滤波器具有哪些优点?

3.7　常用的数字滤波方法有哪些?说明各种滤波算法的特点和使用场合。

3.8　平均滤波算法、中值滤波算法和去极值平均滤波算法的基本思想是什么?

3.9　加权平均滤波算法的基本思想是什么?

3.10　移动平均滤波算法最显著的特点是什么?如何实现?

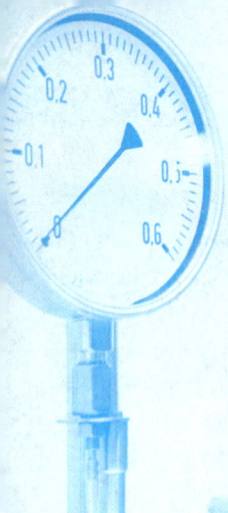

项目4

信号发生器的设计

在研制、生产、使用、测试和维修各种电子元器件、整机设备的过程中,需要由信号发生器产生不同频率、不同波形的电压、电流信号并加到被测器件、设备上,然后由其他的测试仪器观测被测者的输出响应,以分析并确定它们的性能参数。这种能够提供测试用电信号的装置,统称为信号发生器,简称信号源。信号发生器是最基本且应用最为广泛的电子测量仪器之一。

4.1 概 述

4.1.1 信号发生器的分类

信号发生器的用途广泛,种类繁多,性能各异,常见的分类方法有以下几种。

1. 按频率范围分类

按照输出信号的频率范围划分,信号发生器可分为超低频信号发生器、低频信号发生器、视频信号发生器、高频信号发生器、甚高频信号发生器、超高频信号发生器。各种信号发生器的频率范围与应用领域如表 4-1 所示。

表 4-1 各种信号发生器的频率范围与应用领域

名称	频率范围	应用领域
超低频信号发生器	30 kHz 以下	电声学、声呐
低频信号发生器	30 kHz～300 kHz	电报通讯
视频信号发生器	300 kHz～6 MHz	无线电广播
高频信号发生器	6 MHz～30 MHz	广播、电视
甚高频信号发生器	30 MHz～300 MHz	电视、调频广播、导航
超高频信号发生器	300 MHz～3000 MHz	雷达、导航、气象

表 4-1 中的频段划分并不是绝对的,各种信号发生器的频率范围存在重叠的情况,这与

它们不同的应用领域有关。例如，"低频信号发生器"是指 1 Hz～1 MHz 频段，输出波形以正弦波为主，兼有方波及其他波形的信号发生器。

2. 按输出波形分类

按照输出信号的波形特性划分，信号发生器可分为正弦信号发生器和非正弦信号发生器。其中，非正弦信号发生器又包括脉冲信号发生器、函数信号发生器、扫频信号发生器、数字序列信号发生器、图形信号发生器、噪声信号发生器等。

3. 按性能指标分类

按照输出信号的性能指标划分，信号发生器可分为一般信号发生器和标准信号发生器。前者指对其输出信号的频率、幅度的准确度和稳定度及波形失真等要求不高的信号发生器；后者指输出信号的频率、幅度、调制系数等在一定范围内连续可调，并且读数准确、稳定，屏蔽良好的中、高档信号发生器。

4.1.2　信号发生器的性能指标

信号发生器作为测量系统的激励源，被测器件、设备等各项性能参数的测量质量，将直接依赖于信号发生器的性能。通常用频率特性、输出特性和调制特性评价信号发生器的性能。

1. 频率特性

信号发生器的频率特性包括频率范围、频率准确度和频率稳定度。

1）频率范围

频率范围是指信号发生器所产生的信号频率范围，该范围内既可由连续频率覆盖，又可由若干频段或一系列离散频率覆盖，在此范围内应满足全部误差要求。例如，XFE-6 型高频信号发生器，其频率范围为 4 MHz～300 MHz，分为 8 个连续可调波段。

2）频率准确度

频率准确度是指信号频率的实际值 f_x 与其标称值 f_0 的相对偏差，其表达式为

$$\alpha = \frac{f_x - f_0}{f_0} = \frac{\Delta f}{f_0} \qquad (4\text{-}1)$$

频率准确度实际上表示了输出信号频率的误差，一般用刻度盘读数的信号发生器，其频率准确度在 $\pm(1\% \sim 10\%)$ 之间，而一些用频率合成技术带有数字显示的信号发生器，机内采用高稳定度的石英晶体振荡器（简称晶振）作为基准源，其输出频率的准确度可高达 $10^{-8} \sim 10^{-9}$。

3）频率稳定度

频率稳定度指标与频率准确度相关。频率稳定度是指当其他外界条件恒定不变的情况下，在规定的时间内，信号发生器输出频率相对于预调值变化的大小。

按照国家标准，频率稳定度又分为频率短期稳定度和频率长期稳定度。

频率短期稳定度定义为信号发生器经过规定的预热时间后,信号频率在任意的 15 min 内所发生的最大变化,表达式为

$$\delta = \frac{f_{\max} - f_{\min}}{f_0} \times 100\%$$

(4-2)

式中,$f_{\max}$、$f_{\min}$ 分别为任意 15 min 内信号频率的最大值和最小值。

频率长期稳定度定义为信号发生器经过规定的预热时间后,信号频率在任意 3 h 内所发生的最大变化。通常情况下,通用信号发生器的频率稳定度为 $10^{-2} \sim 10^{-4}$,而用于精密测量的高精度、高稳定度信号发生器的频率稳定度应高于 $10^{-6} \sim 10^{-7}$,且一般要求频率稳定度应比频率准确度高 $1 \sim 2$ 个数量级。

2. 输出特性

1)输出形式

信号发生器的输出形式有平衡输出和不平衡输出两种。

2)输出阻抗

输出阻抗的高低因信号发生器类型而异。低频信号发生器的电压输出阻抗一般有 $600\ \Omega$(或 $1\ \text{k}\Omega$),功率输出端一般安装有相匹配的变换器,所以有 $50\ \Omega$、$150\ \Omega$、$600\ \Omega$、$5\ \text{k}\Omega$ 等几种不同的输出阻抗。而高频信号发生器一般只有 $50\ \Omega$ 或 $75\ \Omega$ 的不平衡输出阻抗,在使用高频信号发生器时,应注意输出阻抗与负载相匹配。

3)电平特性

电平特性包括输出电平及其平坦度。

输出电平是指输出信号幅度的有效范围,也就是信号发生器的最大和最小输出电平的可调范围,通常采用有效值度量。

输出电平平坦度是指在有效的频率范围内,输出电平随频率变化的程度。现代的信号发生器一般都使用自动电平控制电路,可使其输出电平平坦度保持在 $\pm 1\ \text{dB}$ 以内。

4)非线性失真系数(失真度)

在理想情况下,正弦信号发生器的输出应为单一频率的正弦波,由于信号发生器内部放大单元、器件的非线性,会使输出信号产生非线性失真,除所需要的正弦波频率外,还有其他谐波分量。通常用信号频谱纯度说明输出信号波形所接近正弦波的程度,并用非线性失真系数 γ 表示,表达式为

$$\gamma = \frac{\sqrt{U_2^2 + U_3^2 + \cdots + U_n^2}}{U_1} \times 100\%$$

(4-3)

式中,$U_n (n = 1, 2, \cdots, n)$ 为输出信号基波和各次谐波的有效值。

一般低频信号发生器的失真度为 $0.1\% \sim 1\%$,高档正弦信号发生器失真度可低于 0.005%。通常只用非线性失真系数评价低频信号发生器,而用频谱纯度评价高频信号发生器。

3. 调制特性

对高频信号发生器来说,一般都能输出调幅波和调频波,有的还带有调相和脉冲调制等

功能。当调制信号由信号发生器内部产生时,称为内调制;当调制信号由外部电路或低频信号发生器提供时,称为外调制。高频信号发生器的调制特性包括调制方式、调制频率、调制系数及调制线性等。

4.2　通用信号发生器

4.2.1　低频信号发生器

低频信号发生器的输出频率范围通常为 20 Hz～20 kHz,所以又称为音频信号发生器。由于电路测试的需要,频率向上、向下分别延伸至超低频和高频段。现代低频信号发生器的输出频率范围已经延伸到 1 Hz～1 MHz,输出波形以正弦波为主,也可产生方波或其他波形。例如,LW-1641 信号发生器的频率范围为 0.1 Hz～2 MHz,能够输出正弦波、三角波、方波等波形,输出幅度不小于 20 $V_{p\text{-}p}$,直流 0～±10 V 连续可调,作为频率计使用时可以测量 1 Hz～30 MHz 的信号频率。LW-1641 操作灵活,能够满足实验、科研中一般的测量需求。

低频信号发生器包括振荡器、电压放大器、输出衰减器、功率放大器、阻抗变换器、稳压电源和指示电压表等,如图 4-1 所示。

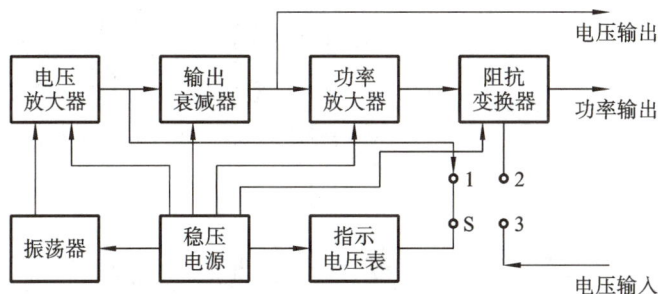

图 4-1　低频信号发生器的组成框图

振荡器是低频信号发生器的核心部分,可产生频率可调的正弦信号,应用最多的是 RC 文氏桥振荡器,如图 4-2 所示。当 $f_0=\dfrac{1}{2\pi RC}(R_1=R_2=R,C_1=C_2=C)$,RC 选频网络 $\varphi_F=0°$,同时,同相比例放大电路 $\varphi_A=0°$ 时,满足了起振的相位条件 $\varphi_A+\varphi_F=\pm 2n\pi$,振荡电路可能起振。反馈系数 $F=1/3$,只要放大电路的增益 $A_V=1+\dfrac{R_t}{R_1}>3$,即可满足幅度条件 $|A_V F|>1$,产生频率为 f_0 的正弦信号。

电压放大器实现输出一定电压幅度的要求。电压放大器的作用是对振荡器产生的微弱信号进行放大,并把功率放大器、输出衰减器、振荡器等隔离起来,防止对振荡信号的频率产生影响,所以又把电压放大器称为缓冲放大器。

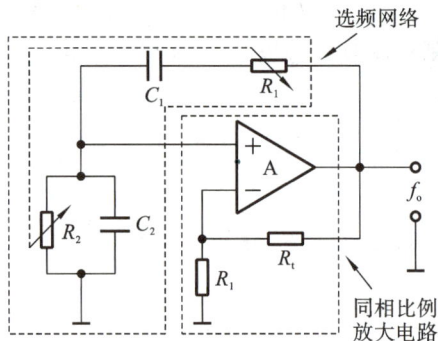

图 4-2 RC 文氏桥振荡器

输出衰减器用于改变信号发生器的输出电压或功率,由连续调节器和步进调节器组成。常用的输出衰减器原理如图 4-3 所示。图中电位器 R 为连续调节器(电压幅度细调),电阻 $R_1 \sim R_8$ 与开关构成了步进衰减器,开关就是步进调节器(电压幅度粗调)。调节 R 或变换开关的挡位,均可使衰减器输出不同的电压幅度。步进调节器一般以分贝(dB)值标注刻度,即 $20 \lg(U_o/U_i)$。

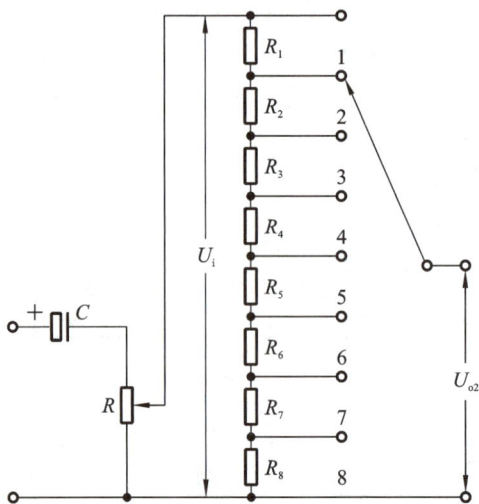

图 4-3 输出衰减器原理

一般要求衰减器的负载阻抗很大,这样在负载变化时对衰减系数的影响较小,从而保证了衰减器的精度。衰减器每级的衰减量根据输入电压、输出电压的比值取对数求出。现以波段开关置于第二挡为例,根据式(4-4)计算衰减量为

$$\frac{U_{o2}}{U_i} = \frac{R_2 + R_3 + R_4 + R_5 + R_6 + R_7 + R_8}{R_1 + R_2 + R_3 + R_4 + R_5 + R_6 + R_7 + R_8} \tag{4-4}$$

输出级包括功率放大器、阻抗变换器和指示电压表。功率放大器对衰减器输出的电压信号进行功率放大,使信号发生器达到额定的功率输出。信号经过阻抗变换器可以得到失真较小的波形,并且实现与不同的输出负载相匹配,以便达到最大功率输出,阻抗变换器只在信号发生器进行功率输出时使用,进行电压输出时只需要衰减器。指示电压表用于监测

信号发生器的输出电压或对外来的输入电压进行测量。

LW-1641 信号发生器操作灵活,能够满足实验、科研中一般的测量需求。其频率范围为 0.1 Hz～2 MHz;输出波形可为正弦波、三角波、方波、斜波、正向或负向脉冲波、锯齿波等;输出幅度不小于 20 V_{p-p},直流 0～$\pm$10 V 连续可调;频率响应在 0.1 Hz～100 kHz 范围内波动不大于$\pm$0.5 dB,在 100 kHZ～2 MHz 范围内波动不大于$\pm$1 dB;失真度小于 1%(10 Hz～100 kHz);频率计 1 Hz～30 MHz。

4.2.2　高频信号发生器

高频信号发生器主要包括主振器、缓冲级、调制级、输出级、内调制振荡器、监视器和电源等部分,如图 4-4 所示。

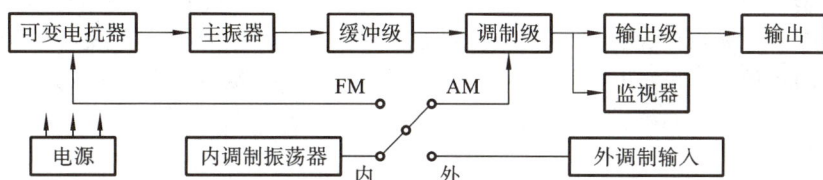

图 4-4　高频信号发生器组成框图

主振器就是载波发生器,也叫高频振荡器,其作用是产生高频等幅信号。振荡电路通常采用 LC 振荡器。根据反馈方式的不同,可以分为变压器反馈式、电感反馈式(又称为电感三点式)及电容反馈式(又称为电容三点式)等 3 种振荡器形式。而高频信号发生器的主振器一般采用变压器反馈式振荡电路和电感反馈式振荡电路,如图 4-5、图 4-6 所示。通常通过切换振荡电路中不同的电感 L 来改变频段,通过改变振荡回路中的电容 C 来改变振荡频率。

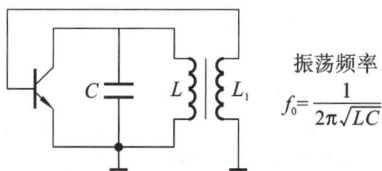

振荡频率

$$f_0 = \frac{1}{2\pi\sqrt{LC}}$$

图 4-5　变压器反馈式振荡电路

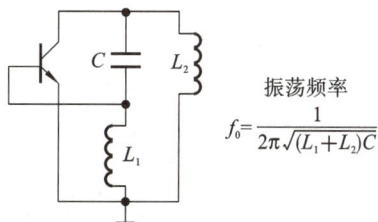

振荡频率

$$f_0 = \frac{1}{2\pi\sqrt{(L_1+L_2)C}}$$

图 4-6　电感反馈式振荡电路

频率的稳定度是高频信号发生器的主要指标,因此必须采取措施提高频率的稳定度。主振频率的不稳定原因一般有两个方面:一是外界条件(如温度、电源电压、负载、湿度等)的变化,直接影响 LC 振荡器回路参数的变化;二是电路和元件内部的噪声、衰老等产生的寄生相移,引起的间接频率变化。

可变电抗器与主振器的谐振回路耦合,在调制信号作用下,控制谐振回路电抗的变化而实现调频功能。为了使高频信号发生器有较宽的工作频率范围,主振器必须工作在较窄的频率范围,以提高输出频率的稳定度和准确度,必要时可在主振器之后加入倍频器、分频器和混频器等。

内调制振荡器用于为调制级提供频率为 400 Hz 或 1 kHz 的内调制正弦信号,该方式称为内调制。当调制信号由外部电路提供时,称为外调制。

尽管正弦信号是最基本的测试信号,但有些参量用单纯的正弦信号是不能测试的,例如,各种接收机的灵敏度、失真度和选择性等,所以必须采用与之相应的、已调制的正弦信号作为测试信号。

高频信号发生器主要采用正弦幅度调制(AM)、正弦频率调制(FM)、脉冲调制(PM)、视频幅度调制(VM)等调制方式。其中,内调制振荡器供给调制级调幅时所需的音频正弦信号。其调频技术因具有较强的抗干扰能力而得到了广泛的应用,但调频后信号占据的频带较宽,故此调频技术主要应用在甚高频以上的频段(一般频率在 30 MHz 以上的信号发生器才具有调频功能)。

输出级包括功率放大、输出衰减和阻抗匹配等部分电路。高频信号发生器的功率放大、输出衰减电路与低频信号发生器的这两部分电路的功能和作用相同。高频信号源必须工作在阻抗匹配的条件下(其输出阻抗一般为 50 Ω 或 75 Ω),否则将影响衰减系数、前一级电路的正常工作,降低输出功率或在输出电缆中出现驻波等。

4.2.3 函数信号发生器

函数信号发生器实际上是一种能产生正弦波、方波、三角波等多波形的信号源(频率范围约几赫兹至几十兆赫兹),由于其输出波形均为数学函数,故称为函数信号发生器。现代函数信号发生器一般具有调频、调幅等调制功能和压控频率(VCF)特性,被广泛应用于生产测试、仪器维修和实验室的工作中,是一种不可缺少的通用信号发生器。函数信号发生器的构成方式主要有脉冲式和正弦式两种。

1. 方波-三角波-正弦波方式(脉冲式)

脉冲式函数信号发生器由双稳态触发器、电压比较器和积分器构成方波及三角波振荡电路,然后由正弦波形成电路(二极管整形网络)将三角波整形成正弦波,其组成如图 4-7 所示。

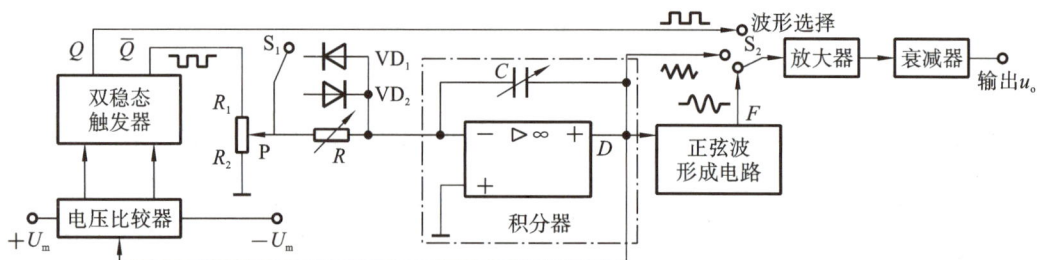

图 4-7 脉冲式函数信号发生器的组成

设开始工作时双稳态触发器的其中一个输出端 $\overline{Q}$ 的输出电压为 $-E$,经过电位器 P 分压,设分压系数 $\alpha = \dfrac{R_2}{R_1 + R_2}$,积分器输出端 D 点电位随时间 t 正比例上升 $u_D = \dfrac{\alpha \cdot E}{RC} \cdot t$,当

经过时间 T_1 且 u_D 上升到 $+U_m$ 时,电压比较器输出脉冲使双稳态触发器状态翻转,$\overline{Q}$ 端输出电压为 E 并输入给积分器,积分器输出端 D 点电位为 $u_D = -\dfrac{\alpha \cdot E}{RC} \cdot t$,再经过 T_2,当 u_D 下降到 $-U_m$ 时,比较器输出脉冲使双稳态触发器状态再次翻转,$\overline{Q}$ 端重新输出 $-E$,如此循环,在 $Q(\overline{Q})$ 端产生周期性方波,在积分器输出端产生三角波。如果比较器改变积分器正反向积分的时间常数,例如,用二极管代替电阻 R,通过以上的推导可以看出 u_D 达到 $+U_m$ 和 $-U_m$ 各自所需的时间 T_1 将不等于 T_2,从而可以产生锯齿波和不对称方波,上述情况下函数发生器波形图如图 4-8 所示。

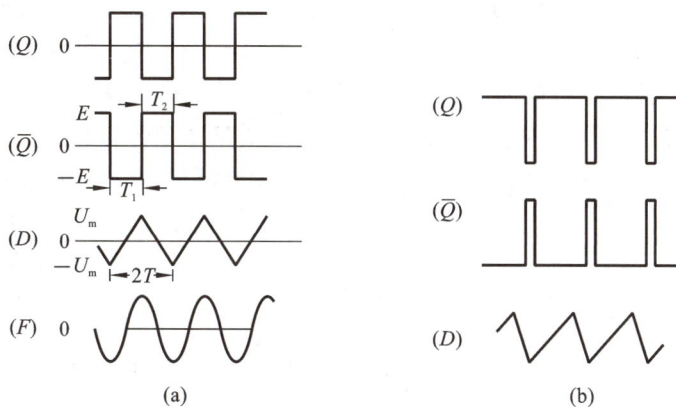

图 4-8 函数发生器波形图

2. 正弦波-方波-三角波方式(正弦式)

正弦式函数信号发生器先振荡产生正弦波,然后经变换得到方波和三角波,其组成如图 4-9 所示。正弦式函数信号发生器包括正弦振荡器、缓冲器、方波形成器、放大器、积分器和输出级等部分。其工作过程为:正弦振荡器输出正弦波,经过缓冲隔离后分为两路信号,一路进入放大器输出正弦波;另一路输入方波形成器。方波形成器通常是施密特触发器,它也输出两路信号,一路经过放大器放大后输出方波;另一路作为积分器的输入信号,信号整形为三角波经放大后输出。积分器通常是密勒积分器。三种波形的输出选择由开关进行控制。

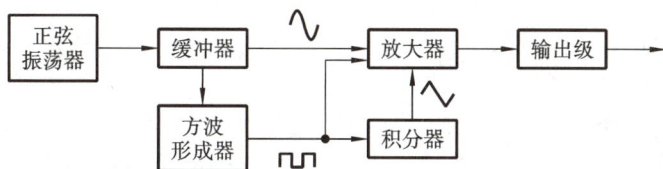

图 4-9 正弦式函数信号发生器组成

4.3　合成信号发生器

为了产生单一的正弦振荡频率,RC、LC 振荡器必须具有选频特性,即通过改变电感、电容或电阻进行频段、频率的调节。通常将这种由调谐振荡器构成的信号发生器称为调谐信号发生器。以 RC 或 LC 为主振器的调谐信号发生器,其频率准确度约为 10^{-2},稳定度为 $10^{-3}\sim10^{-4}$,远不能满足现代电子测量和无线通信的要求。以石英晶体构成的信号发生器,其频率稳定度好,能优于每日 10^{-8},但是它只能产生少数特定频率,仍不能满足产生系列性很多个精确频率的要求。因此需要一种频率合成信号发生器,可从少数高精度频率得出很多个系列性同等精度的频率,以满足现代电子测量和通信系统的要求。

合成信号发生器使用一个或多个晶体作为频率标准,利用电路的加、减、乘、除而产生一系列的离散频率,因此产生的信号具有很强的频率精度和长期稳定度。合成信号发生器输出频率的改变基于环路分频比,一般采用微处理器系统作为控制器,其组成如图 4-10 所示。

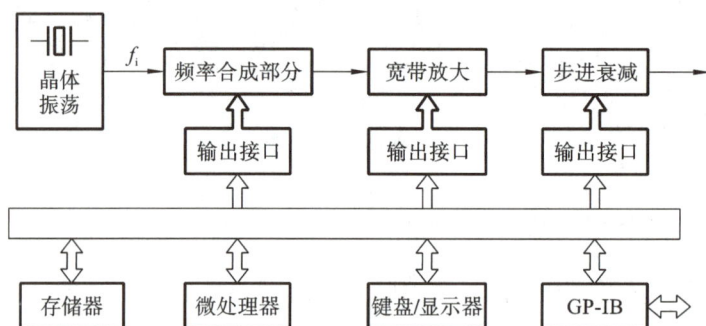

图 4-10　合成信号发生器组成

合成信号发生器的核心部件可大致分为频率合成部分和输出部分(含宽带放大、步进衰减及 ALC 电路等),频率合成部分用于产生用户设定的频率;输出部分用于控制用户设定的输出幅度。在使用时,用户只要通过仪器面板的按键设定合成的频率和输出幅度值(并予以显示),就能输出所需信号。这种合成信号发生器操作简便、准确,信号频率和幅度的分辨率高。当信号发生器具有 GP-IB 接口时,还可以进行远程通信和自动测试。

4.3.1　锁相频率合成信号发生器

锁相频率合成法利用锁相环(PLL)把压控振荡器(VCO)的输出频率锁定在基准频率上,同时,利用一个基准频率,通过不同形式的锁相环合成所需的各种频率。由于锁相频率合成的输出频率间接取自 VCO,所以该方式也称间接频率合成法。锁相环相当于一个窄带跟踪滤波器,它节省了大量滤波器,且易于集成化、计算机控制,但是它的频率切换时间相对较长。

1. 锁相环的基本形式

1) 基本锁相环

锁相环是间接合成法的基本电路,它是完成两个电信号相位同步的自动控制系统,主要由基准频率源、鉴相器(PD)、低通滤波器(LPF)和压控振荡器(VCO)构成,如图 4-11 所示。其中,PD 的输出端直流电压随其两个输入信号的相位差改变;LPF 滤除高频成分,留下随相位差变化的直流电压;VCO 的振荡频率可由偏置电压改变。例如,如果改变变容二极管两端的直流电压,就可改变其等效电容,从而改变由它构成的振荡器的频率。由于锁相环是一个闭环负反馈系统,因此又称为锁相环路。

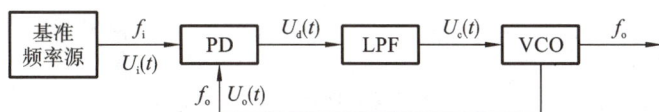

图 4-11　基本锁相环电路框图

输入信号 $U_i(t)$ 和输出信号 $U_o(t)$ 在 PD 上进行相位比较,两者的相位差为 $\Delta\varphi$,其输出端的电压 $U_d(t)$ 与 $\Delta\varphi$ 成正比。$U_d(t)$ 经过 LPF 滤除其中的高频分量和噪声后,改变 VCO 的固有振荡频率 f_o,使其向输入频率 f_i 靠拢,这个过程称为频率牵引。当 $f_o = f_i$ 时,环路在此频率上很快稳定下来,此时两信号的相位差保持某一恒定值,即 $\Delta\varphi = C$(C 为常量),这种状态称为环路的相位锁定状态。因而 PD 的输出电压自然也成为一个直流电压。

由此可见,当环路锁定时,其输出频率 f_o 具有与 f_i 相同的频率特性,即锁相环能够使 VCO 输出频率的指标与基准频率的指标相同。

2) 倍频锁相环

倍频锁相环可对输入信号频率进行乘法运算,有两种基本形式,如图 4-12 所示。

图 4-12(a)所示是数字式倍频锁相环。首先将 f_o 进行 N 次分频,然后在 PD 中与输入频率 f_i 进行比较,当环路锁定时,PD 两输入信号的频率相等,即 $f_o/N = f_i$。因此倍频环的输出频率为 $f_o = Nf_i$。

图 4-12(b)所示是脉冲式倍频锁相环。首先将基准频率为 f_i 的信号形成含有丰富谐波分量的窄脉冲,然后让其中的第 N 次谐波与 f_o 信号在 PD 中进行比较。当环路锁定时,$f_o = Nf_i$,达到了倍频的目的。脉冲式倍频锁相环可获得高达上千次的倍频。

倍频锁相环的作用是实现宽频范围内的点频覆盖,扩展合成器的高端频率,特别适用于制作频率间隙较大的高频及其甚高频合成器。

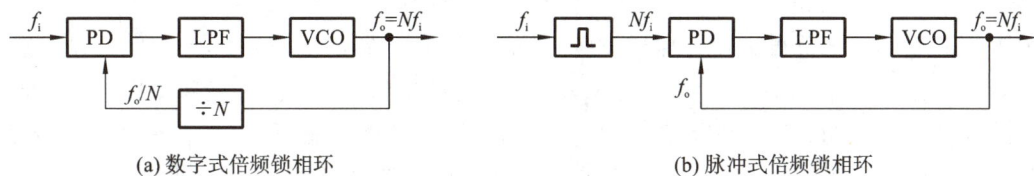

(a) 数字式倍频锁相环　　　　　　　　　　(b) 脉冲式倍频锁相环

图 4-12　倍频锁相环

3）分频锁相环

分频锁相环可对输入信号频率进行除法运算，分频锁相环可用于向低端扩展合成器的频率范围。与倍频锁相环类似，它也有两种形式，如图 4-13 所示。当环路锁定时，输出频率为 $f_o = f_i / N$。

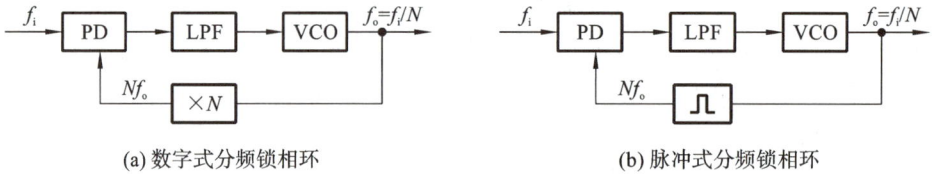

(a) 数字式分频锁相环　　　　　　(b) 脉冲式分频锁相环

图 4-13　分频锁相环

4）混频锁相环

混频锁相环由混频器(M)、带通滤波器(BPF)和基本锁相环组成，可以实现频率的加、减运算，如图 4-14 所示。

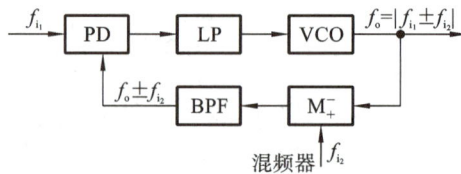

图 4-14　混频锁相环

当混频器为差频(—)时，$f_{i_1} = f_o - f_{i_2}$，则 $f_o = f_{i_1} + f_{i_2}$；当混频器为差频(+)时，$f_{i_1} = f_o + f_{i_2}$，则 $f_o = f_{i_1} - f_{i_2}$。例如，设晶振 $f_{i_1} = 10000$ kHz，频率稳定度每日为 1×10^{-6}，f_{i_2} 为内插振荡器的输出频率，$f_{i_2} = 100 \sim 110$ kHz，且连续可调，频率稳定度每日为 1×10^{-4}。按差频式混频器合成有 $f_o = f_{i_1} + f_{i_2}$，则 $f_o = 10100 \sim 10110$ kHz，且 $\Delta f_o = \Delta f_{i_1} + \Delta f_{i_2} = 10 + (10 \sim 11) = 20 \sim 21$ Hz，当 Δf_o 取最大值时，则频率稳定度每日为 $\Delta f_o / f_o \approx 2.1 \times 10^{-6}$。可见，利用混频锁相环，不仅可实现 10 kHz 范围内的频率连续调节，而且使 f_o 的频率稳定度达到晶体振荡器频率稳定度的数量级。

5）组合式锁相环

将上述几种锁相环组合形成多环频率合成单元，可以解决单个锁相环频率覆盖范围小和频段调节小等问题。组合式锁相环是一个由混频锁相环和倍频锁相环组成的双环合成单元，如图 4-15 所示。

由倍频锁相环原理可得 $f_{o_1} = N f_{i_1}$；由混频锁相环原理可得 $f_{o_2} = f_{o_1} + f_{i_2}$，则 $f_{o_2} = N f_{i_1} + f_{i_2}$。由以上分析可知，调谐 VCO2 使倍频环锁定在 $N f_{i_1}$ 上，能够实现在很宽范围内的点频覆盖；调谐内插振荡器的输出频率，可以实现相邻两个点频之间频率的连续可调。例如，若 $f_{i_1} = 10$ kHz，$N = 300 \sim 500$，则倍频锁相环输出的频率范围为 $3000 \sim 5000$ kHz，间隔为 10 kHz，共 170 个点频。若要实现在该频率范围内连续可调，只需将混频环中的内插振荡器输出频率 f_{i_2} 设计在 $100 \sim 110$ kHz 之间连续可调，就可以把 f_{i_2} 的 10 kHz 连续可调范围"插入" $N f_{i_1}$ 的每两个相邻锁定点的间隔频率之间，实现 f_{o_2} 在 $3400 \sim 51000$ kHz 的连

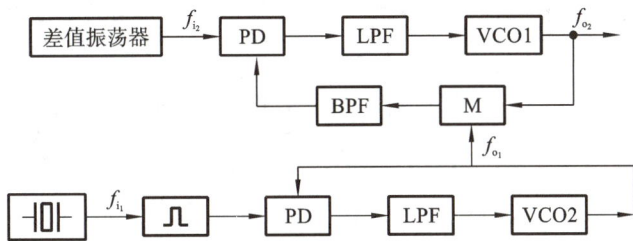

图 4-15　组合式锁相环

续可调。例如,若要求 $f_{o_2}=4235.5$ kHz,则可按以下步骤:第一步,调节 VCO2,使之锁定在 4130 kHz($N=413$);第二步,调节内插振荡器,使其输出频率 $f_{i_2}=105.5$ kHz,通过混频锁相环最后可合成 $f_{o_2}=4130+105.5=4235.5$ kHz。

混频锁相环和倍频锁相环中的 VCO 的可变电容应是同轴的,这样,当调节 VCO2 的频率从一个锁相点到另一个锁相点时,可使 VCO1 的输出频率作相应的变化,进入混频环的捕捉带内。

6)小数分频锁相环

从前面讨论的倍频锁相环中得知,倍频锁相环的输出频率 $f_o=Nf_i$,即分辨力由 f_i 决定。如果要提高锁相环的分辨力,就需要降低 f_i 并同时降低 LPF 的截止频率,但过分降低 LPF 的截止频率将影响环路的动态特性,因此,倍频锁相环的分辨力通常不低于 10 kHz。采用多环频率合成单元可以使分辨力得以提高,但是会增加电路复杂度且存在理论极限。例如,若要求得到 1 μHz 的分辨力的电路设计实际上是不具备可行性的。

近年发展起来的基于计算机技术的小数分频锁相环,可显著提高分辨力,并已在高档合成信号发生器中得到了应用。所谓的小数分频只是一种平均效果,实际上每次分频的分频系数都是整数,但每次分频的分频系数总是不一样。若倍频锁相环的分频器平时按÷N 模式工作,但每 P 个 f_i 的周期,就能使分频器按÷($N+1$)的模式工作一次,则该分频器的等效分频系数应为($N+\dfrac{1}{P}$),这说明它具有小数分频能力。显然,这时锁相环的输出频率为

$$f_o=\left(N+\frac{1}{P}\right)f_i \tag{4-5}$$

设 $N=18$,$P=10$,则等效的分频系数为 18.1。若 f_i 为 10 kHz,则 $f_o=181$ kHz。使分辨力由 10 kHz 提高到 1 kHz。分频系数中小数点后面的位数越多,分辨力就越高。

图 4-16 是 HP3325A 信号发生器的小数分频锁相环原理框图。图中虚线框内的电路是为实现小数分频而加入的,其他部分与普通的锁相环基本相同。平时,脉冲消除电路不起作用,环路按÷N 模式工作。小数寄存器用于存放分频系数的小数部分,由微处理器送入。在输入信号 u_i 的作用下,相位累加器将逐周期地对存入的小数部分进行累加,当累加器计满时,则输出一个溢出信号控制脉冲消除电路,扣除输出信号 u_o 中的一个脉冲,使环路按÷($N+1$)的模式工作。然后,环路又恢复到÷N 模式,直到累加器的下一次溢出。

环路平时按÷N 模式工作,当环路变为按÷($N+1$)的模式工作时,u_N 的相位将会突然滞后 u_i 一个相位,所以 PD 的输出电压 u_φ 将呈锯齿波,其周期等于 PT_i。由于 P 值较大,这个锯齿波很难被环路滤波器平滑,从而会对 VCO 产生寄生调频。为了改善输出信号的频

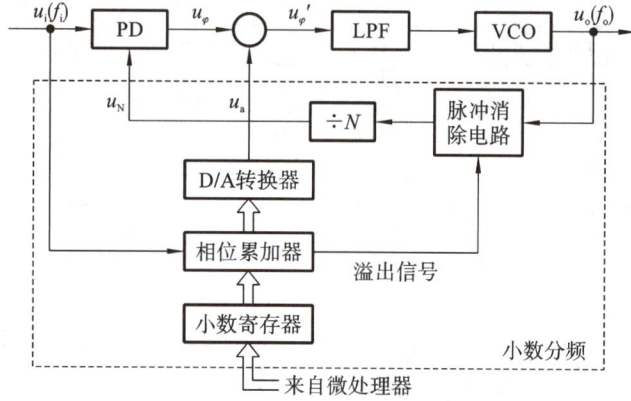

图 4-16 　HP3325A 信号发生器的小数分频锁相环原理框图

谱纯度,需要对 u_φ 的锯齿波进行补偿,为此,在电路中加入了一个 D/A 转换器,用于对累加器的存数进行 D/A 转换。由于累加器的存数随 u_N 相位的递增而递增,因此 D/A 转换器的输出电压 u_a 也呈锯齿波,其周期为 PT_i。让 u_a 与 u_φ 在环路滤波器前反向叠加,则可期望叠加电压 u_φ' 在环路锁定的时候是平滑的。

小数分频法的频率分辨力主要取决于累加器的容量,而累加器的容量可以很大,因此小数合成环的频率分辨力是很高的。HP3325A 信号发生器采用了小数合成环,其频率分辨力高达 10^{-6} Hz(环路的参考频率 $f_i = 100$ kHz)。

2. 典型合成信号发生器

QF1480 合成信号发生器的电路分为合成信号源电路、输出电路与控制电路 3 部分。

1)合成信号源电路

合成信号源电路由主锁相环、800/40 MHz 锁相环、子合成器、FM 功能电路、10 MHz 基准功能电路等组成,如图 4-17 所示。

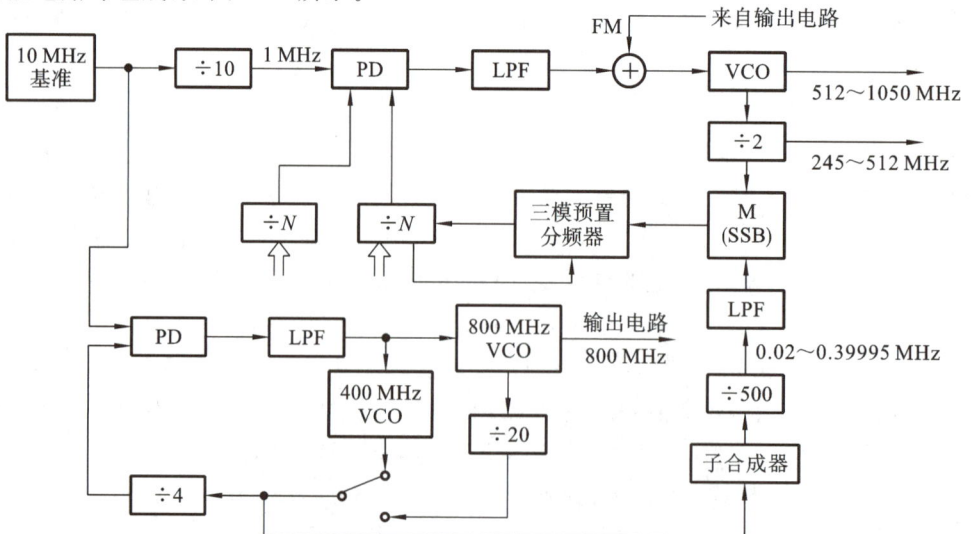

图 4-17 　QF1480 合成信号发生器的电路框图

合成信号发生器输出的频率范围为 10 kHz～1050 MHz,内部电路将其分为 3 个频段,即低频段 0.01～245 MHz;中频段 245～512 MHz;高频段 512～1050 MHz。高频段和中频段由主锁相环产生。低频段由固定的 800 MHz 信号与 800.01～1045 MHz 频率差频产生。其中固定的 800 MHz 信号由 800/40 MHz 锁相环产生,其余部分在输出部分电路中实现。

主锁相环由环路 VCO、除 2 分频器、单边带混频器(SSB)、三模预置分频器、N 分频器、鉴相器和环路放大器组成。其中,三模预置分频器和 N 分频器一起组成小数分频器。主锁相环主要产生高频段(512～1050 MHz)的信号和除 2 后产生中频段(245～512 MHz)的信号,此外,主锁相环还负责实现 FM 调制。

主锁相环采用了电流型的鉴相器,输入的参考频率为 1 MHz。VCO 是主锁相环的核心,它的控制电压范围为 +2～+18 V,输出为高频段(512～1050 MHz)信号。然后经 2 分频得到中频段(245～512 MHz)信号,其中一路经耦合电路直接送至输出电路,另一路和来自子合成器的 20～39.995 kHz(步进值为 5 Hz)信号在单边带混频器中混频,得到抑制上边带的输出信号。设中频段的频率为 f_1,子合成器的信号为 f_s,则经过单边带混频器后,输出信号为 f_1-f_s。由三模预置分频器和 N 分频器组成的小数分频器能提供 $\left(N+\dfrac{2m}{100}\right)$ 的分频比。这样,当环路锁定时,有

$$\frac{(f_1-f_s)}{N}+\frac{2m}{100}=1 \text{ MHz} \tag{4-6}$$

整理得

$$f_1=\left(N+\frac{2m}{100}\right)\times 1 \text{ MHz}+f_s \tag{4-7}$$

虽然鉴相器的参考频率为 1 MHz,但由于采用小数分频技术,环路能获得的最小分辨率为 $\dfrac{2\times 1}{100}\times 1 \text{ MHz}=20 \text{ kHz}$。

2)输出电路

如图 4-18 所示,QF1480 输出电路接受来自合成电路 VCO 的射频信号及来自控制电路的指令,完成如下功能:降低射频信号的谐波失真;产生 0.01～1050 MHz 的射频信号;控制射频信号的幅度;实现幅度调制及通过混频产生 0.01～245 MHz 低频段信号。此外,产生 AM、FM 所需调制信号的振荡器也在输出级电路。

合成信号源产生的信号通过 7 dB 增益放大器缓冲放大后,经过多个低通滤波器送至调制器。调制器除完成 AM 的任务之外,还与 ALC 环路共同完成自动电平控制。输出部分还能产生 10 kHz～245 MHz 的低频信号,从而把输出信号的频率扩展至 10 kHz～1050 MHz。10 kHz～245 MHz 频段信号由基本频段的 800.01～1045 MHz 信号与 800 MHz 信号进行差频得到。输出部分之后是一个程控的 7 节衰减器(1 个 6 dB,1 个 12 dB,5 个 24 dB),负责把输出信号的电平衰减到最小 -127 dBm。输出部分还包括本机的内调制振荡器,产生 400 Hz 和 1000 Hz 两种调制频率。

3)控制电路

QF1480 的控制电路采用准 16 位微处理器 TMS9995。该系统软件中设置了具有独立

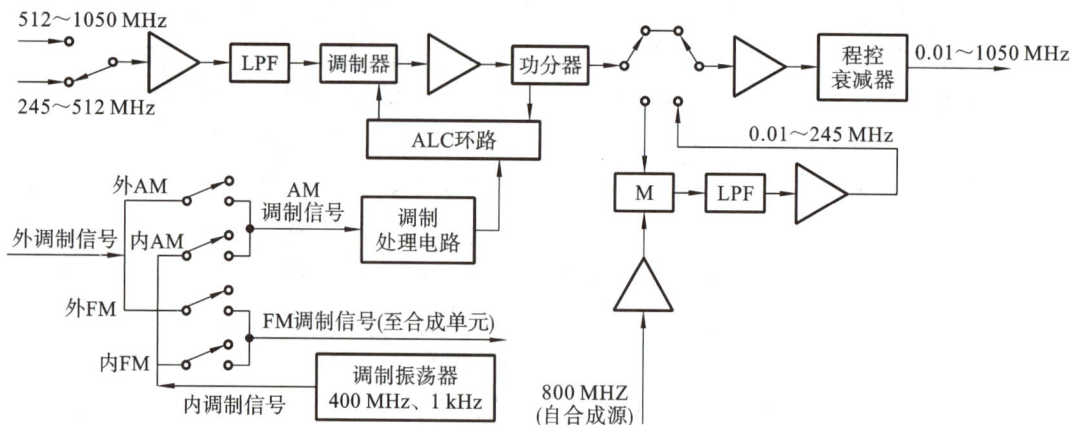

图 4-18　QF1480 输出电路框图

功能,彼此又有一定联系的任务模块,如图 4-19 所示。

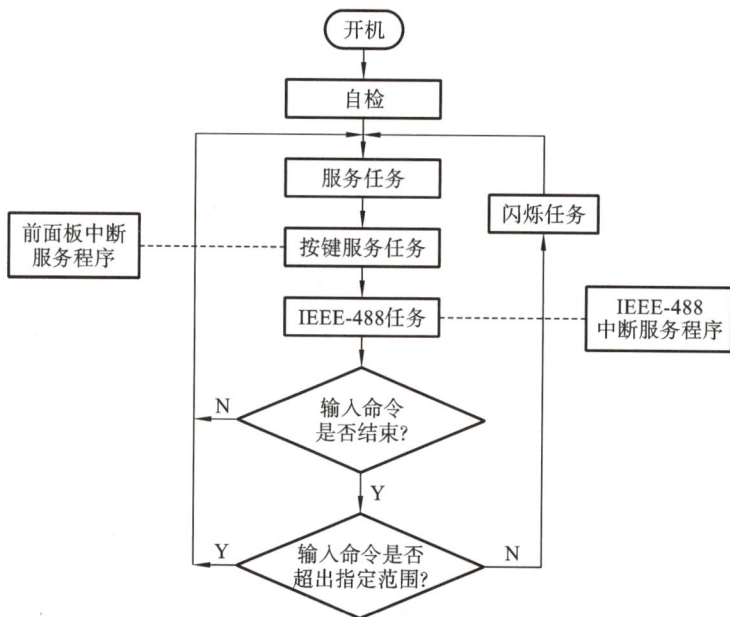

图 4-19　QF1480 系统软件总体框图

QF1480 的控制单元具有自诊断、自修正功能。所谓自诊断,就是仪器对自身工作状态的检查。模拟电路的自诊断首先应能找到电路工作不正常的特征,然后使这个特征转换成微处理器能够识别的高低电平信号。

锁相环工作是否正常取决于锁相环是否锁定,最终反映在鉴相器的输出上。当锁相环锁定时,鉴相器输出稳定的窄脉冲;当锁相环失锁时,鉴相器输出一个宽度变化的脉冲。由图 4-20(a)可以看出,如果 B 脚、CD 脚保持高电平,只要 A 脚输入一个负脉冲,那么 Q 端就会产生一个正跳变。锁相环失锁判别电路如图 4-20 (b)所示。当锁相环锁定时,鉴相器输出的窄脉冲被 RC 低通滤波器滤除,而在 A 端保持高电平,即 Q 端无脉冲输出;当锁相环失锁时,其输出的是一个宽度变化的脉冲,RC 低通滤波器无法滤波,于是在 Q 端输出一个脉冲。微机检测到这个信号后,即可判断锁相环处于失锁状态。由于 74LS123 是可重复触发的,所以只要触发脉冲周期小于某一个与 RC 相关的时间常数,Q 端将继续输出高电平。

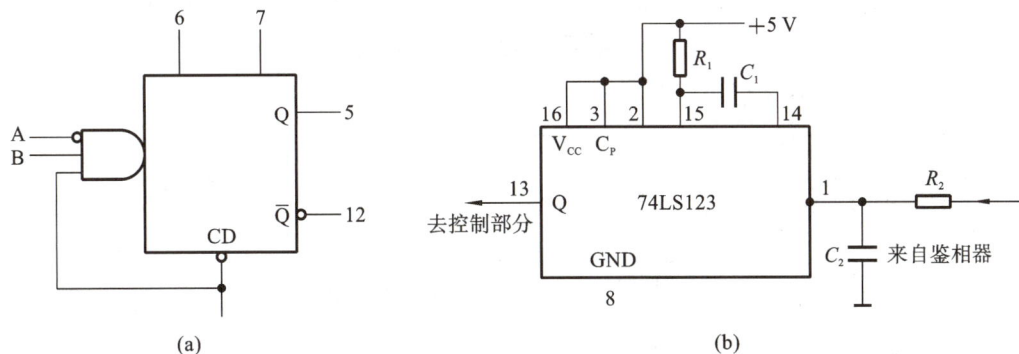

图 4-20　74LS123 构成的锁相环自诊断电路

锁相环路带宽补偿是 QF1480 的特色之一。锁相环带宽可近似表示为

$$f_c = k_v \cdot k_\varphi / N \tag{4-8}$$

式中,k_v 为 VCO 调谐系数;k_φ 为鉴相器增益;N 为分频比;k_φ 可视为常数,但 k_v 和 N 值都会随着 VCO 输出频率变化,因此使得锁相环带宽 f_c 随频率的变化而变化。补偿的基本思路是:设计一个电路,使 k_φ 随频率的变化而变化,且与 k_v/N 的变化成反比。这样,就能使其变化相互抵消,使 f_c 保持恒定。自修正首先利用 k_v/N 变化规律,计算出 k_φ 的补偿数据,再通过 D/A 转换成模拟信号施加到 VCO 的控制端,从而能对锁相环路带宽进行补偿修正。

4.3.2　直接数字频率合成信号发生器

直接数字频率合成(Direct Digital Frequency Synthesis,DDS 或 DDFS),是一种从相位概念出发直接合成所需波形的全数字式的频率合成技术,由 J. Tierney 等人于 1971 年首次提出。由于当时技术和器件的限制,它的性能指标尚不能与已有的技术相比,故未受到重视。近年来,随着微电子技术的迅速发展,直接数字频率合成器得到了飞速发展,它以突出的优越性能和特点成为现代频率合成技术中的佼佼者。SDG6000 系列脉冲/任意波形发生器可以产生 6 种标准波形及 190 多种内置任意波形,可输出最高频率为 500 MHz 的连续信号和 150 MHz 的脉冲信号。该发生器 DDS 方法输出方波/脉冲时脉宽精细可调,最小可达 3.2 ns,占空比低至 0.001%,使用 TrueArb 新技术采用逐点输出,可输出 20 Mpts 的波形长度,使波形细节更精细。

1. DDS 的基本组成原理

任何频率的正弦波形都可以看作由一系列的取样点组成。因此,可以把要输出的正弦波形取样数据按预先顺序存放在一段存储器单元中,然后在时钟的控制下,按顺序从这些 ROM 单元中读出,再经过 D/A 转换,就可以得到一定频率的正弦信号。

设取样时钟频率为 f_c,一个正弦波由 2^N 个取样点构成,则输出的合成正弦波信号的频率为

$$f_\circ = \frac{f_c}{2^N} \tag{4-9}$$

简单 DDS 电路的组成原理如图 4-21 所示。设波形存储器有 2^N 个存储单元（相应有 N 位地址），并存储了一个周期正弦波形的数据；地址计数器为一个 N 位二进制加法计数器，用以生成并查找波形存储器的地址信号。

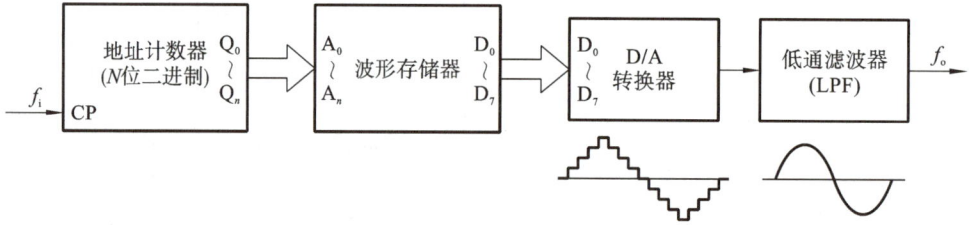

图 4-21　简单 DDS 电路的组成原理

当地址计数器在时钟的作用下加 1 计数时，就能从波形存储器中按由大到小的地址顺序逐单元读出预存的数据，这些数据再经过 D/A 转换及滤波，就可以得到连续的正弦波信号。显然，改变时钟频率 f_c 或波形存储器中每周期波形的采样点数，均能改变输出信号的频率 $f_\circ$，可以通过在时钟之后加分频器的方法改变时钟频率 f_c。这种方法不够灵活，在合成信号发生器中很少采用。

如果能每隔一个地址读一次数据，则其频率为 $2 \times f_c/2^N$，频率提高了一倍；如果每隔 K 个地址读一次数据，则其频率为 $K \times f_c/2^N$，频率增加 K 倍。这样，改变 K 的大小，相当于改变 ROM 中每周期波形的采样点数，就可以调节 DDS 的输出频率 $f_\circ$，K 与输出频率的关系式为

$$f_\circ = \frac{K f_c}{2^N} \tag{4-10}$$

通常，将上式称为 DDS 方程，将 K 称为频率控制字（或称为频率建立字）。K 值反映从 ROM 中读出两个取样数据之间相位的大小，因此 DDS 是从相位概念出发的一种频率合成技术。

上述简单 DDS 电路中的地址计数器只能实现加 $K = 1$ 次计数。为了完成 K 为任意数的地址计数，需要采用相位累加器，如图 4-22 所示。典型 DDS 主要由相位累加器、波形存储器、D/A 转换器和低通滤波器等部件组成。为了实现相位调制，可以在波形存储器前面加一个相位调制器。为了防止频率控制字、相位控制字改变时干扰相位累加器和相位调制器的正常工作，可分别在这两个模块前面加入了两组寄存器，从而可以灵活且稳定地输入频率字和相位字。

1）相位累加器

相位累加器由频率寄存器、二进制全加器与相位寄存器组成。频率寄存器用于寄存频率控制字 K；二进制全加器用于累加计算，即将频率控制字 K 与相位寄存器输出数据相加；相位寄存器用于寄存全加器的计算结果，作为波形存储器的取样地址。这样，在时钟作用下，相位累加器能不断对频率控制字 K 进行线性相位累加，即每一个时钟，相位累加器输出的数值就增加 K。相位累加器的输出即波形存储器的地址，这样就可以把存储器中的波形

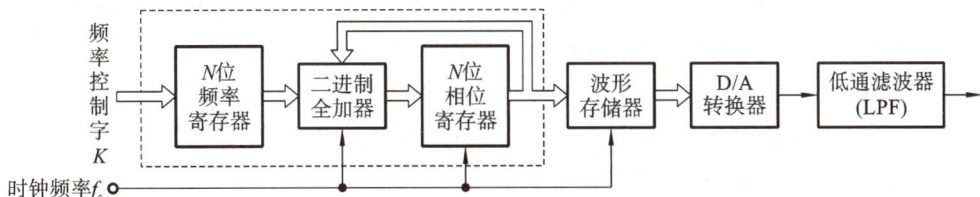

图 4-22　典型 DDS 的组成原理框图

数据送出,完成相位到幅值的转换。当相位累加器加满时,就会产生一次溢出,完成一个周期,从而连续输出周期性的信号。

设相位累加器的长度为 N bit 二进制,则累加器的满偏值为 2^N。可定义相位累加器 0 状态时为 0 相位,相位累加器满偏状态(输出为 2^N)时为 2π 相位。即相位累加器的输出可以表示输出正弦信号的相位。

2)波形存储器

波形存储器将正弦信号相位值转换成对应的幅度值。在实际的 DDS 设计中,为了节省波形存储器的空间,在不过多引入杂波干扰的前提下,尽可能多地截去相位累加器的低有效位,只取相位累加器的高 M 位(并非全部 N 位)作为存储器的地址值,即实际的波形存储器只有 2^M 个存储单元。波形存储器的全部单元预存了一个周期的波形数据,设预先把一个周期正弦信号按照 0°～360°顺序均匀存储在存储器中,且每个存储单元的数据有 D 位数据位,即 2^M 个波形数据以 D 位二进制数值存储在存储器中,则其存储器地址与所存波形的相位一一对应,所存数据与幅值对应,因而波形存储器可理解为相位与幅度之间的转换器。

合成信号的波形取决于波形存储器存放的幅值码,因此 DDS 原则上可以产生任意波形。

3)D/A 转换器

D/A 转换器的作用是把合成的正弦波幅值的序列值转换成包络为正弦波的阶梯波。D/A 转换器的分辨率越高,合成正弦波形的台阶就越多,输出波形的精度就越高。D/A 转换器的位数应该与波形存储器的数据位一致。

4)低通滤波器

通过对 D/A 转换器输出的包络为正弦波的阶梯波进行频谱分析可知,输出信号中除主频 f_{o} 外,还存在许多非谐波分量。因此,为了取出主频 f_{o},必须在 D/A 转换器的输出端接入低通滤波器,从而将包络为正弦波的阶梯波变为光滑的正弦波。

5)相位调制器

当需要实现信号相位调制(如 PSK)或需要控制输出信号的初始相位时,可以在相位累加器和波形存储器之间加一个相位调制器(图中未画出)。

相位调制器由相位控制字寄存器和加法器组成。加法器的作用是把相位累加器的相位输出与相位控制字相加,当相位控制字为 P 时,输出至波形存储器的幅度码的相位会增加 $P/2^N$,从而使输出的信号产生相移。

6)波形控制加法器

在函数信号发生器等应用中,波形存储器中不仅存储着一个周期的正弦波的幅度码,还存储着三角波、矩形波等的幅度码。这些不同波形的幅度码群在存储器中是分块存储的。为了选择不同波形的幅度码存放区,可在相位累加器和波形存储器之间再加一个波形控制加法器及相应的波形控制字 W 寄存器(图中未画出)。

当写入代表不同波形的波形控制字 W 之后,存储器的地址就会变为原地址与波形控制字 W 之和,从而使最后输出的为选中的信号。

2. DDS 的技术指标及特点

DDS 的主要技术指标有分辨率、输出带宽和无杂散动态范围等。

1)分辨率

分辨率包含频率分辨率、相位分辨率及幅度分辨率等。

频率分辨率是 DDS 的最小频率步进量,其值等于 DDS 的最低合成频率(频率控制字为 1 时),可表示为

$$\Delta f_。 = \frac{f_c}{2^N} \qquad (4-11)$$

在时钟频率 f_c 不变的情况下,频率分辨率由相位累加器位数 N 决定。只要增加相位累加器的位数 N,即可提高 DDS 的频率分辨率。目前,大多数 DDS 的分辨率可达 1 Hz 数量级,许多已经小于 1 mHz,甚至更小。

相位分辨率是 DDS 的最小相位步进量。其值等于存储在波形存储器中两个相邻波形数据间的相位增量。若预存的一个周期的波形数据量为 2^M,则 DDS 的相位分辨率为

$$\Delta P = \frac{360°}{2^M} \qquad (4-12)$$

DDS 的相位分辨率与一个周期的波形数据量成反比。

幅度分辨率取决于 DDS 中 D/A 转换器的位数。若 D/A 转换器的位数为 N,参考电压为 V_{REF},则 DDS 的幅度分辨率可表示为

$$\Delta V = \frac{V_{REF}}{2^N} \qquad (4-13)$$

2)输出带宽

DDS 输出的频率可以很低,因而输出带宽主要取 DDS 输出的最高频率。DDS 输出的最高频率的理论值为系统时钟频率 f_c 的 50%。考虑到低通滤波器的特性和设计难度,以及其对输出信号杂散的影响,DDS 能输出的最高频率(即输出带宽)一般按 40% f_c 计算。例如,DDS 芯片 AD9851 允许系统时钟使用的最高频率 f_c 为 180 MHz,则 AD9851 输出的最高频率(即输出带宽)为 72 MHz。

3)无杂散动态范围

DDS 用无杂散动态范围(SFDR)表示输出信号的纯度。SFDR 指输出的最大信号成分幅度(主频部分)与次最大信号成分幅度(噪声部分)之比,常以 dBc 表示。

DDS 杂散的来源主要有相位截断误差、幅度量化误差、D/A 转换器的有限分辨率、非线性特征及转换速率等,这些非理想转换特性会影响 DDS 输出频谱的纯度,产生杂散分量。

相对传统频率合成技术,DDS 具有频率分辨率高、转换时间短和输出波形灵活等特点,

但是它也有输出频带范围有限、杂散大的局限性。

3. 基于 DDS 芯片的频率合成信号发生器的设计

目前，实现 DDS 主要采用可编程器件和集成 DDS 单片芯片两种方法。可编程器件利用 FPGA 构成 DDS 可以根据需要方便地实现各种比较复杂的功能，具有良好的实用性。而集成 DDS 单片芯片输出的信号质量高，输出的频率也较高。

AD9851 是高集成度 DDS 器件，可作为全数字编程控制的频率合成器和时钟发生器，其内部结构图如图 4-23 所示。

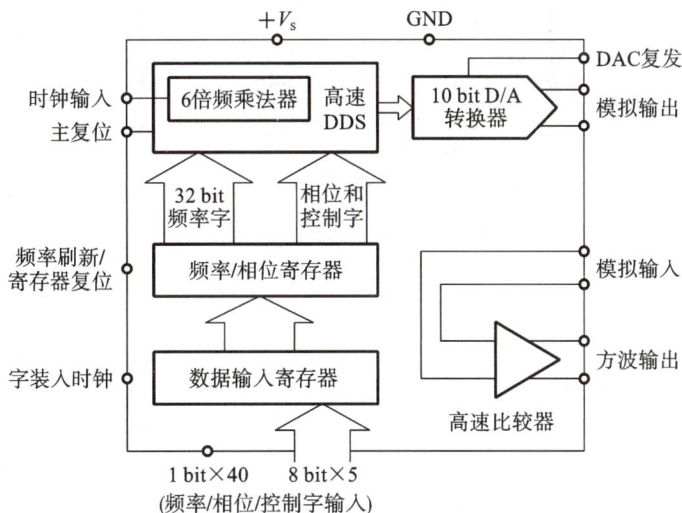

图 4-23   AD9851 内部结构图

AD9851 工作电压范围为 2.7～5.25 V，系统时钟 180 MHz 时功率为 555 mW；电源设置在休眠状态时，功率为 4 mW。该芯片具有较高的频谱纯度，理论上相位截断而引入的噪声与主频幅度比为 −84 dB，由幅度量化和 D/A 转换器造成的背景噪声的信噪比为 62 dB。它由数据输入寄存器、频率/相位寄存器、高速 DDS、10 bit D/A 转换器、高速 DDS 等部分组成。其中高速 DDS 又由 6 倍频乘法器、32 bit 相位累加器、正弦函数功能查找表等部分组成。高速 DDS 的系统时钟频率可达 180 MHz，输出信号的最高频率达到 70 MHz，分辨率为 0.04 Hz。

AD9851 使用 32 bit 频率字、相位和控制字，内部的频率累加器和相位累加器相互独立。由 5 个内部数据输入寄存器储存来自外部数据总线的 40 位频率/相位/控制字。该控制字送入高速 DDS 后，即可生成相应频率和相位的数据流，经内部的 D/A 转换器后，得到最终的合成信号。

设需要合成的频率为 f_0，则 AD9851 的频率字 K 表示为

$$K = \frac{f_0}{f_c} \times 2^{32} \qquad (4\text{-}14)$$

若需要合成的信号位为 θ，则 AD9851 相位控制字为

$$F_\theta = \frac{\theta}{2\pi} \times 2^5 \qquad (4\text{-}15)$$

为了能够完成频率和相位的控制,要向 AD9851 输入频率/相位控制字,这需要通过 AD9851 和微处理器连接实现,如图 4-24 所示。

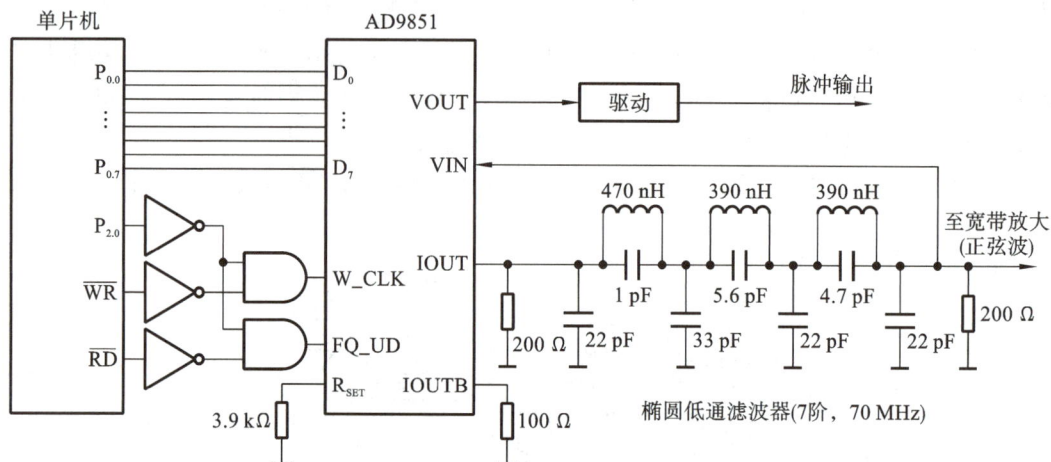

图 4-24　基于 AD9851 的 DDS 信号源

采用单片机控制 DDS 信号源。AD9851 的外部参考时钟选用 30 MHz 的晶振(图中未画出),选择内部 6 倍频乘法器,使 DDS 的系统时钟频率为 180 MHz,因而其输出信号的最小分辨率能达到 0.04 Hz,最高频率能达到 70 MHz。

AD9851 与单片机的接口采用了总线方式。由于 AD9851 的 W_CLK 和 FQ_UD 信号对应上升沿有效,因而单片机 $\overline{WR}$ 和 $\overline{RD}$ 控制信号及地址信号要先经过非门,然后再经与门接至 AD9851 的 W_CLK 和 FQ_UD 端。

在并行工作模式下,向 AD9851 写入频率/相位/控制字是把 40 位控制数据通过 8 位数据总线分 5 次装入,顺序为 W0—W1—W2—W3—W4。

图 4-24 中 AD9851 的地址为 0FFFEH。由于 AD9851 的 W_CLK 和 FQ_UD 信号都是上升沿有效,当用 MOVX @DPTR,A 指令向 AD9851 传送控制字时,其输出经反相并与反相后的信号相与得到一个上升沿送至 AD9851 的 W_CLK 脚,此时已送到总线上的数据将被 AD9851 接收。连续 5 次将 40 位的控制字全部发送以后,再用 MOVX A,@DPTR 指令产生 FQ_UD 信号,使 AD9851 更改输出频率和相位,此时,该指令读入单片机内的数据无实际意义。

AD9851 生成的模拟信号由 I_{OUT}、I_{OUTB} 端送出,该两端对应 AD9851 内 D/A 转换器的差分电流输出端,其满度电流的大小由接在 R_{SET} 端的电阻值大小决定,其公式为

$$I_{OUT} = 39.92/R_{SET} \tag{4-16}$$

I_{OUT}、I_{OUTB} 端允许送出的最大满度电流值为 20 mA,本设计取 $I_{OUT} = 10$ mA(对应 $R_{SET} = 3.9$ kΩ)。为了将输出电流转换成电压,I_{OUT}、I_{OUTB} 端应各接一个电阻,同时为了得到较好的 SFDR 性能,这两个电阻的阻值应该相等。除此之外,AD9851 对最大满度输出电压范围也有一定的限制($\leqslant 1.5$ V_{P-P}),因而,取接在 I_{OUT}、I_{OUTB} 端的电阻值为 100 Ω,这样,AD9851 送出的满度输出电压约为 1 V_{P-P}。

4.3.3　项目化案例

设计并制作一台信号发生器,系统框图如图 4-25 所示,要求如下。

(1)信号发生器能产生正弦波、方波和三角波 3 种周期性信号。

(2)在 1 kΩ 负载条件下,输出正弦波信号的电压峰-峰值 U_{P-P} 在 0~5 V 范围内可调。

(3)输出信号频率在 100 Hz~100 kHz 范围内可调,输出信号频率稳定度优于 10^{-3}。

(4)输出信号波形无明显失真。

(5)自制稳压电源。

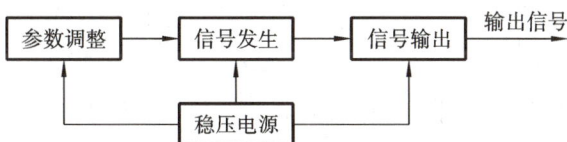

图 4-25　系统框图

依据系统要求的指标,设计的系统实现框图如图 4-26 所示。首先通过键盘将需要输出的波形的参数送入单片机进行处理并显示,再送入 FPGA,根据 DDS 原理生成相应波形,经增益可控放大器调整输出波形的幅度,然后进行滤波、功率放大,示波器显示输出波形。

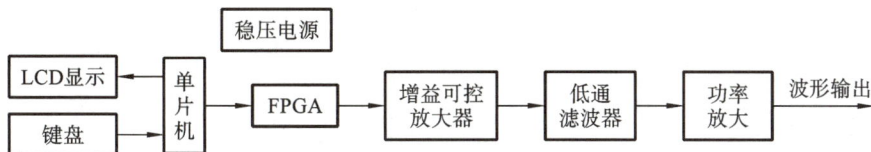

图 4-26　系统实现框图

1. 硬件设计

1)信号发生器

根据时钟脉冲 f_c,由 n 位相位累加器将频率控制字循环累加,把相加后的结果通过相位地址寄存器作为取样地址送入波形表,再根据这个地址值输出相应的波形数据,最后经 D/A 转换和滤波,将波形数据转换成所需的波形输出,如图 4-27 所示。

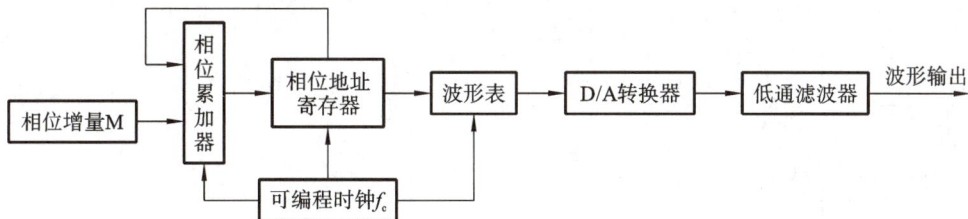

图 4-27　信号发生器原理框图

根据题目要求,设计输出频率为 1 Hz~1.2 MHz,最小步进为 1 Hz。由 DDS 计算公式 $f_{out} = K \dfrac{f_c}{2^n}$,得到相位累加器 n 为 30,K 最大为 225,波形表的深度为 4096。

2)稳压电源

根据需要自制一个稳压电源,其一般由变压器、整流桥、稳压器 3 部分组成。市电经变压、整流、滤波后,经稳压器 LM317、LM337 稳压输出。LM317 和 LM337 的输出电压分别为 $U_{o_1} \approx 1.25 \times (R_1/R_2 + 1)$,$U_{o_2} \approx 1.25 \times (R_2/R_5 + 1)$,通过设置电阻可以得到需要的电压输出,稳压电源电路如图 4-28 所示。

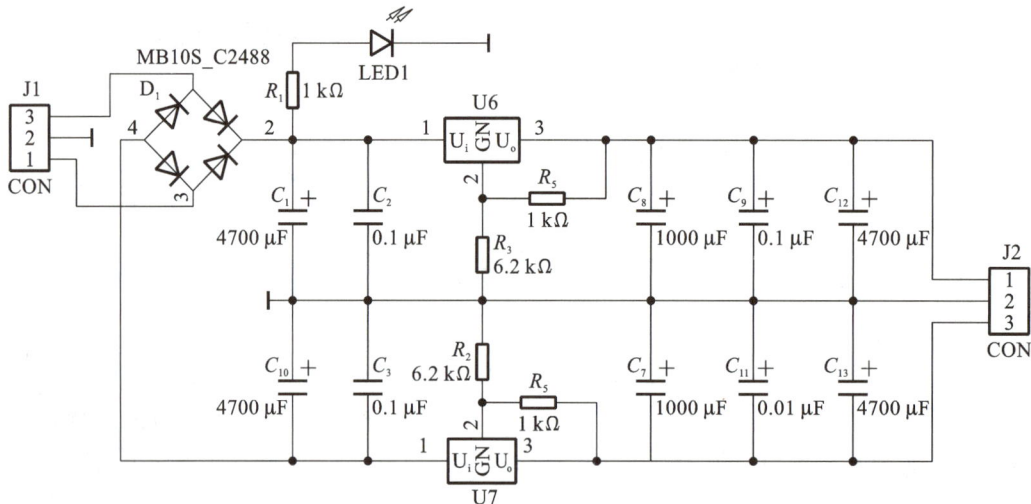

图 4-28　稳压电源电路

3)DAC 电路

DAC 电路如图 4-29 所示。综合考虑题中的指标,为了保证输出信号频率稳定度优于 10^{-3},D/A 转换芯片选用 MAX5181。MAX5181 是 10 位 40 MHz 电流输出型 DAC,双向输出。通过 REFR 和 REFO 接参考电阻时,REN 为低电平,使其内部产生 1.2 V 的参考电压,当时钟端 CLK 为低电平时,采样数据通过 D0~D9 引脚进行 D/A 转换,得到 OUTP 和 OUTN 信号输出,再经过 SN10502 运放组成的减法电路,将电流转换为电压,并且单端输出至后级电路。

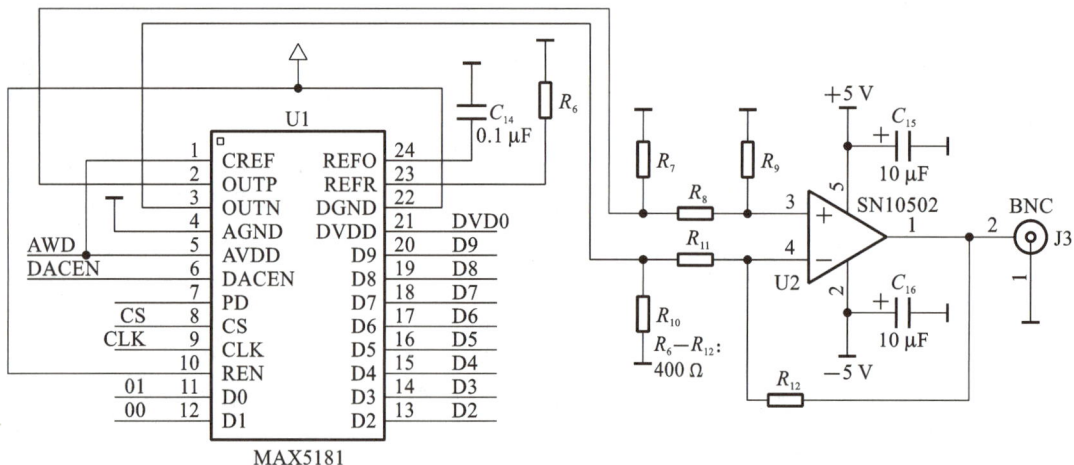

图 4-29　DAC 电路

4）可变增益放大及功率放大

可变增益放大及功率放大电路如图 4-30 所示。实验中发现频率越高，信号幅度衰减越严重，这样就不能实现输出正弦波信号的电压峰-峰值在 0～5 V 范围内，调节步进为 0.1 V 的指标。根据以上要求，计算放大倍数 $A_v = 5\ \text{V}/0.1\ \text{V} = 50$，选用增益可程控运放 AD603。通过合理设计控制电压，其放大倍数可以达到 100，满足要求。

考虑指标"在 1 kΩ 负载条件下，输出正弦波信号的电压峰-峰值在 $U_{\text{P-P}}$ 在 0～5 V 范围内可调"，计算输出最大电流为 5 V/50 Ω = 100 mA，输出电压为 0～5 V。由于需要输出方波和三角波（由高次谐波叠加而成），为了使所有输出波形无明显失真，最大考虑 9 次谐波。要求最大频率为 1 MHz，因此需要带宽至少为 10 MHz 的运放。总结以上对运放的要求，最终选用 THS3001 高速运放，它能够满足以上所有要求。

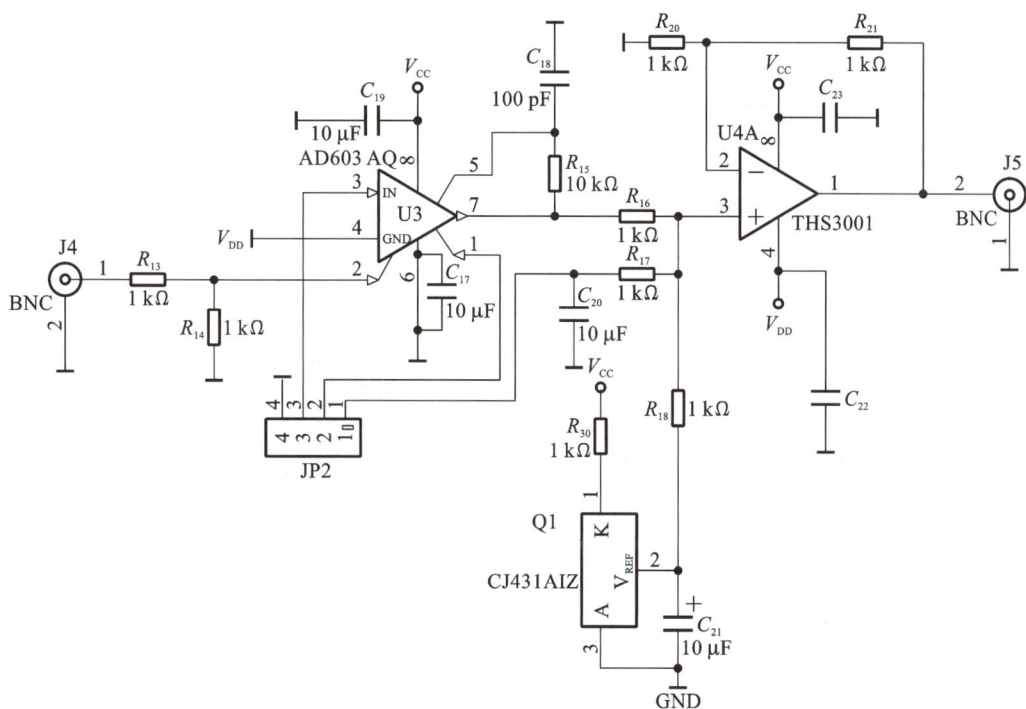

图 4-30　可变增益放大及功率放大电路

5）低通滤波器

为了使输出波形无失真，要求输出的方波及三角波必须包含波形的高次谐波，即最大谐波频率达到 7 MHz，所以滤波器的带宽要保证为 10 MHz。同时，DDS 不可避免地会将 FPGA 的时钟信号（DDS 的采样频率）夹杂到输出波形中，因此必须将该采样频率滤除。设计的三阶低通滤波器电路如图 4-31 所示。

2. 软件设计

软件设计部分主要完成控制和显示功能，各种波形可以通过键盘进行设置，并由 LCD 显示设置的数值。软件设计流程图如图 4-32 所示。

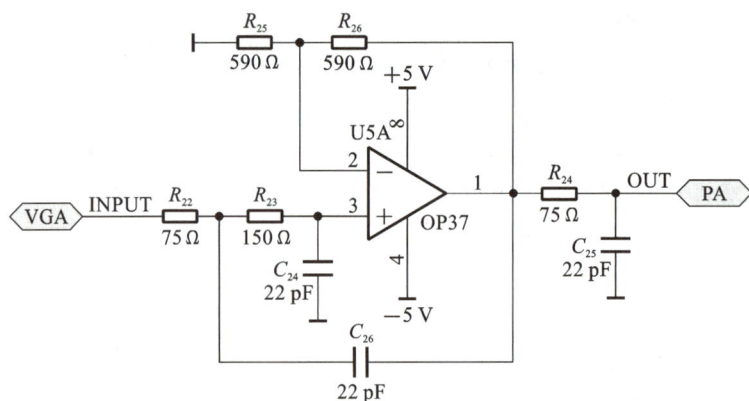

图 4-31　三阶低通滤波器电路

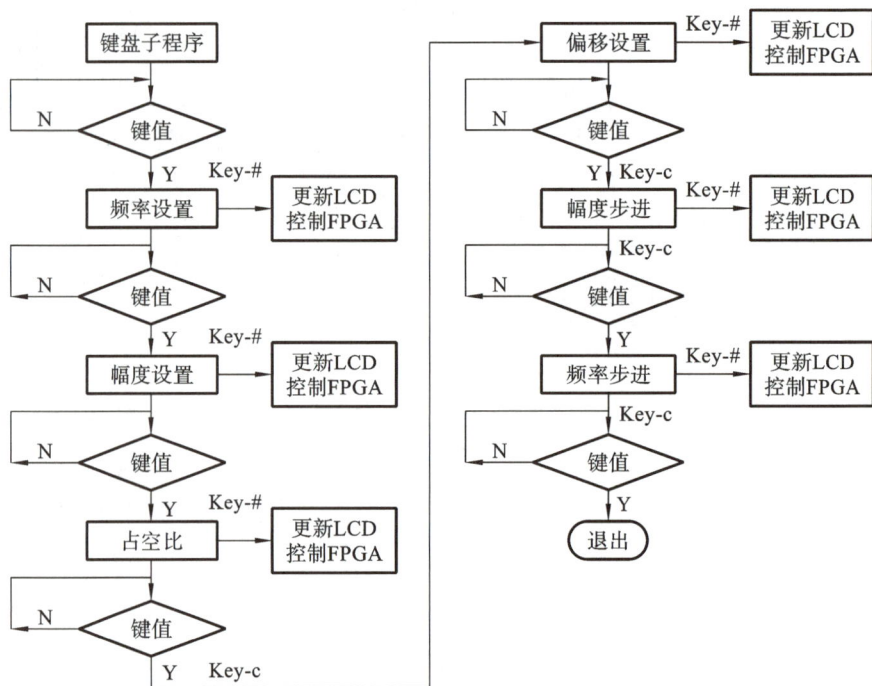

图 4-32　软件设计流程图

习　题　4

4.1　正弦信号发生器的主要技术指标有哪些？简述每个技术指标的含义。

4.2　简述低频信号发生器的组成结构，说明各组成部分的作用。

4.3　简述合成信号源的各种频率合成方法及其优缺点。

4.4　试设计一个利用 FPGA 构成的 DDS 信号发生器的方案。要求：输出频率 $f_o =$

1 Hz～1 MHz,最小步进频率 0.1 Hz;输出幅度 0.1～5 V,最小步进幅度 0.1 V;输出阻抗 600 Ω。

4.5　在 AD9851 构成的 DDS 信号发生器中,时钟频率 $f_c = 30$ MHz,选择内部 6 倍频乘法器,频率控制字 $K = 0100000$H,这时输出的频率为多少?

4.6　设 A、B 两台 DDS 信号发生器的波形存储器均为 14 位,并存储了一个周期的正弦波的数据,但 A 的频率字寄存器的位数 $N = 32$,B 的频率字寄存器的位数 $N = 14$,与存储器的位数相同。试分析这两台 DDS 的频率分辨力和最低的频率是否相同。

4.7　计算如图 4-33 所示锁相环的输出频率的表达式。

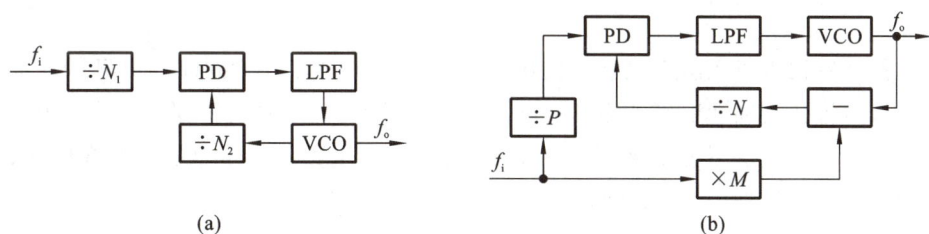

图 4-33　题 4.7 的图

项目 5

示波器的设计

示波器能够把人眼无法直接观察的电信号转换成人眼能够看到的波形显示在屏幕上，以便对电信号进行定性和定量观测。示波器可以测量电参量，如电压、电流、功率等，还可以在相应的传感器配合下测量温度、压力、振动、密度等非电参量。因此示波器在国防、医学、生物科学等多个学科中得到了广泛的应用。

5.1　概　　述

5.1.1　示波器的特点

示波器对电信号的分析是按时域进行的，主要研究信号的瞬时幅度与时间的函数关系，因此有捕获、显示及分析时域波形的功能。作为常用的电子测量仪器，它具有以下特点。

（1）能显示波形，能测信号瞬时值，具有良好的直观性。

（2）显示速度快，工作频带宽，可方便观察高速变化的波形细节。

（3）输入阻抗高（MΩ 级），对被测电路影响小。

（4）测量灵敏度高，并有较强的过载能力。

（5）可显示并分析任意两个量之间的函数关系，故可作为比较信号用的高速 X-Y 记录仪。

5.1.2　示波器的分类

根据示波器对信号的处理方式划分，可将示波器分为模拟和数字两类。

在示波器测量时间信号时，其屏幕上显示的波形是 Y 轴方向的被测信号与 X 轴方向锯齿波扫描电压共同作用的结果。Y 轴方向的信号反映被测信号的幅值，X 轴方向的锯齿波扫描电压代表时间 t。模拟示波器对时间信号的处理均由模拟电路完成，整个信号的处理采用模拟方式进行，即 X 通道提供连续的锯齿波电压，Y 通道提供连续的被测信号，而示波器屏幕上显示的波形也是光点连续运动的结果，即显示方式是模拟的。数字示波器对 X 轴和

Y 轴方向的信号进行数字化处理,即把 X 轴方向的时间离散化,Y 轴方向的幅值量化,从而获得被测信号离散的数据。

5.1.3　示波器的主要技术指标

1. 上升时间和频带宽度

上升时间是指当示波器输入理想阶跃信号时,显示器显示波形的前沿从稳定幅度的 10% 上升到 90% 所需的时间。它反映了示波器垂直系统的瞬态特性。

频带宽度是当示波器输入不同频率的等幅正弦信号时,屏幕上显示的信号幅度下降 3 dB 时所对应的输入信号上、下限频率之差,用 B_w 表示。带宽是一个比较宽泛的定义,在数值上近似等于上限频率。上升时间与示波器带宽有关,它们的关系为

$$t_r(\mu s) = \frac{0.35 \sim 0.45}{B_w(MHz)} \tag{5-1}$$

式中,t_r 为上升时间;B_w 为带宽;$0.35 \sim 0.45$ 是带宽上升时间转换系数。

数字示波器的带宽不仅取决于模拟通道的带宽,而且取决于采样速率的数字带宽。由于数字示波器有实时采样和非实时采样两类采样方式,因而数字带宽又有重复带宽和单次带宽之分。

重复带宽是指在等效采样方式下数字示波器测量周期信号时的频带宽度,也称等效带宽。等效采样的重复带宽主要取决于 y 通道的频带宽度,因而示波器带宽取决于模拟带宽。

单次带宽是指在实时采样方式下数字示波器的带宽,也称实时带宽。它主要取决于 A/D 转换器的采样速率 f_s 和每个信号周期的采样点数 k,它们的关系为

$$B_w = \frac{f_s}{k} \tag{5-2}$$

2. 垂直灵敏度、垂直分辨率

在单位输入信号电压的作用下,光点在屏幕上位移的距离称为垂直灵敏度,单位为 cm/V 或 div/V。显示屏的垂直刻度一般有 8 格(div),每个 div 又分为 5 个小格。为了扩大观测范围,示波器垂直灵敏度设置了多个挡位,其挡级的步进一般采用 1-2-5 进制。

垂直分辨率又称电压分辨率,是显示电压的基本单位,反映示波器对信号幅度细节识别的程度。垂直分辨率主要由 A/D 转换器的分辨率决定,常用 A/D 转换器的位数表示。例如,某数字示波器采用 8 位 A/D 转换器,则垂直分辨率为 8 bit,将被测信号在垂直方向上分成 256 个电平,故其对应的相对分辨率为 $1/256 \approx 0.39\%$。

3. 扫描速度、水平分辨率

扫描速度是光点水平位移的速度,单位为 cm/s 或 div/s。显示屏的水平刻度一般有 10 格(div),每个 div 又分为 5 个小格。为了扩大观测范围,示波器扫描速度设置了多个挡位,其挡级的步进一般采用 1-2-5 进制。

水平分辨率表示数字示波器在时间坐标上对输入信号的分辨能力,常用每格的取样点

数或相邻数据点的时间间隔(即采样间隔)表示。它与存储器容量和采样速率有关。如果要以较高的水平分辨率(即采样时间间隔尽量小)观测频率固定的信号,就需要采用较高的采样速率和较长的记录长度。

4. 采样速率

采样速率 f_s 是指单位时间内信号采样的次数,由数字示波器中的 A/D 转换速率决定,单位为 MSa/s 或 GSa/s。采样速率越高,表明仪器在时间轴上捕捉信号细节的能力越强。采样速率分为实时采样速率和等效采样速率,若未加说明,采样速率一般指实时采样速率。扫描速度与采样速率关系为

$$f_s = \frac{N}{(t/\text{div})} \tag{5-3}$$

上式表明,当每格采样点数 N 确定之后,实际采样速率与扫描速度成反比。其中,最快扫描速度挡位应该与其最高采样速率相对应。例如,某数字示波器最快扫描速度为 5 ns/div,按每格 50 个采样点计算,则最高采样速率是 10 GSa/s。

5. 扫描方式

扫描是为了获得线性时间基线。在一般示波器中,为了连续信号与脉冲信号的显示,一般采用单扫描方式,而单扫描方式又分为连续扫描与触发扫描两类。由于示波器功能的扩展,又有多种形式的双时基扫描等,一般在一台示波器中具有两套扫描系统。

1)连续扫描

该方式的扫描电压是周期性的锯齿波电压。在扫描电压的作用下,示波管光点将在屏幕上作连续重复周期的扫描,若没有 Y 通道的信号电压,则屏幕上只显示出一条时间基线。在时域测量中,在 Y 通道加入周期变化的信号电压,即可显示信号波形。连续扫描最主要的问题是如何保证在屏幕上显示出稳定的信号波形。为了得到稳定的波形显示,必须使扫描锯齿波电压周期 T 与被测信号周期 T_Y 保持整数倍的关系,即 $T = nT_Y$。

2)触发扫描

被测波形与扫描电压的同步问题在观测脉冲波形时尤为突出。图 5-1 是连续扫描和触发扫描观测脉冲波形的比较。其中,图(a)是被测脉冲波形,可看到脉冲的持续时间与重复周期比 (t_0/T_Y) 很小,t_0 为被测脉冲底宽。图(b)、(c)用连续扫描方式显示被测脉冲波形,扫描周期分别为 $T = T_Y$ 和 $T = t_0$。从图(b)上很难看清波形的细节,特别是脉冲波的上升沿。当增加扫描频率时,如图(c)所示,此时虽然可以观察被测脉冲的细节,但是光点在水平方向多次扫描中只有一次扫描出脉冲波形,因此显示的脉冲波形本身很黯淡,而时基线却很亮,这不仅使观察困难,而且使同步也较困难。图(d)所示是触发扫描的情形,扫描发生器平时处于等待工作状态,只有送入触发脉冲时才产生一次扫描电压,在屏幕上扫出一个展宽的脉冲波形,而不显示出时间基线。

6. 记录长度(存储深度)

记录长度 L 是数字示波器一次采集所能连续存入的最大样点数(字节数),单位为 Kpts

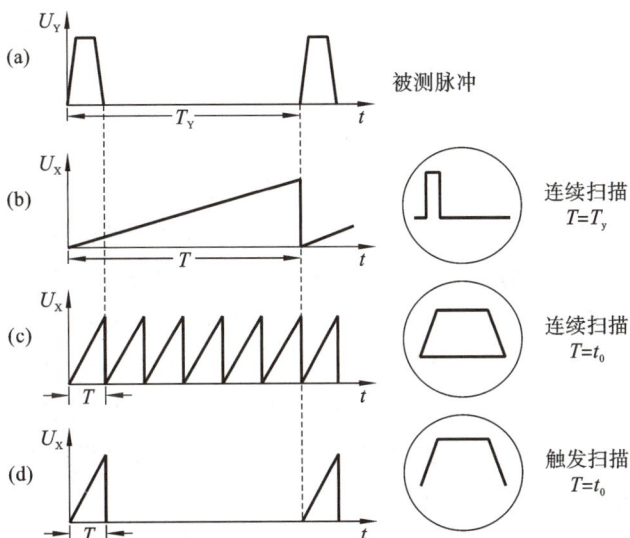

图 5-1 脉冲信号的连续扫描与触发扫描显示

或 Mpts 等,其中"pts"是"points"的缩写。记录长度又称存储深度,即记录 1 帧波形所对应的存储容量,所以记录长度的单位还可以为 KB 或 MB 等。

5.1.4 示波管

示波器的核心部件是示波管,它在很大程度上决定了整机的性能。示波管是一种被密封在玻璃壳内的大型真空电子器件,也称为阴极射线管。模拟电视机的彩色显像管和早期的计算机的显示器都是在电子示波器的基础上发展起来的,它们的组成结构与原理基本相同。

示波管由电子枪、偏转系统和荧光屏 3 部分组成,如图 5-2 所示,其用途是将电信号转变成光信号并在荧光屏上显示。电子枪的作用是发射电子并形成很细的高速电子束;偏转系统由 X 方向和 Y 方向两对偏转板组成,它的作用是决定电子束的偏转;荧光屏的作用则是显示偏转电信号的波形。

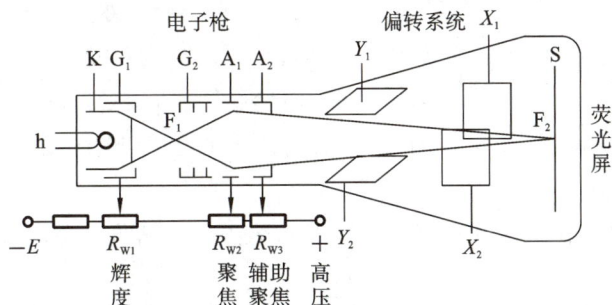

图 5-2 示波管组成

1. 电子枪

电子枪由灯丝(h)、阴极(K)、栅极(G_1)、前加速级(G_2)、第一阳极(A_1)和第二阳极(A_2)组成,如图 5-2 所示。

灯丝 h 用于对阴极 K 加热,加热后的阴极发射电子,栅极 G_1 电位比阴极 K 低,对电子形成排斥力,使电子朝轴向运动,形成交叉点 F_1,并且只有初速较高的电子能够穿过栅极奔向荧光屏,初速较低的电子则返回阴极,被阴极吸收。如果栅极 G_1 电位足够低,就可使发射出的电子全部返回阴极,因此调节栅极 G_1 的电位可控制射向荧光屏的电子流密度,从而改变荧光屏亮点的辉度。辉度调节旋钮控制电位器 R_{W1} 进行分压的调节,即调节栅极 G_1 的电位。控制辉度的另一种方法是外加电信号控制栅阴极间电压,使亮点辉度随电信号强弱而变化,这种工作方式称为"辉度调制"。这个外加电信号的控制形成了除 X 方向和 Y 方向之外的三维图形显示,称为 Z 轴控制。

G_2、A_1、A_2 构成一个对电子束的控制系统。这三个极板上都加有较高的正电位,并且 G_2 与 A_2 相连。穿过栅极交叉点 F_1 的电子束,由于电子间的相互排斥作用又散开,进入 G_2、A_1、A_2 构成的静电场后,一方面受到阳极正电压的作用加速向荧光屏运动,另一方面由于 A_1 与 G_2、A_1 与 A_2 形成的电子透镜的作用向轴线聚拢,形成很细的电子束。如果电压调节得适当,电子束恰好聚焦在荧光屏 S 的中心点 F_2 处。R_{W2} 和 R_{W3} 分别是"聚焦"和"辅助聚焦"旋钮所对应的电位器,调节这两个旋钮可使电子束具有较细的截面。电子束射到荧光屏上,以便在荧光屏上显示出清晰的聚焦好的波形曲线。

2. 偏转系统

从阴极发射的电子,可在荧光屏中心产生一个静止光点,如果在电子束到达荧光屏前受到电场的作用,就会使电子束偏离中心轴线,产生位移,称为静电偏转。示波管中的平行板偏转系统工作原理,如图 5-3 所示。

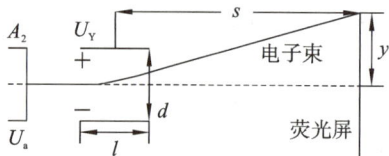

图 5-3　平行板偏转系统工作原理

示波管中的平行板偏转系统,包括垂直偏转板 Y_1、Y_2 和水平偏转板 X_1、X_2。在这两对偏转板上分别加电压信号,形成互相垂直的电场,电子束受到垂直偏转和水平偏转的共同作用,根据运动的合成法则,确定光点在荧光屏上的位置。如果在两对偏转板上各加一直流电压,则光点会停留在荧光屏上的某一位置;如果都加交流电压,则光点会随交流电压的控制,做上下左右运动。

以 Y 轴偏转为例,在偏转电压 U_Y 的作用下,光点在 Y 方向的偏转规律为

$$y = \frac{sl}{2dU_a}U_Y = H_Y U_Y \tag{5-4}$$

式中,y 为偏转距离;s 为偏转板中心到荧光屏中心的距离,y 与 s 成正比;l 为偏转板的长度,y 与 l 成正比;d 为偏转板 Y_1、Y_2 之间的距离,y 与 d 成反比;U_a 为第二阳极的电压;H_Y

为示波管的偏转因数，$H_Y = sl/(2dU_a)$。

由此可得出，当示波管的结构及第二阳极电压一定时，光点在荧光屏上的偏转距离与加在偏转板上的电压成正比，这是示波测量的理论基础。

H_Y 的倒数 $D_Y = 1/H_Y$，称为示波管的偏转灵敏度。它指光点在荧光屏上移动 1 cm 或 1 div 所需的电压，用 V/cm 或 V/div 表示。偏转灵敏度是示波管的重要参数，它越小，示波管越灵敏，观察微弱信号的能力越强。

由于 Y 偏转板靠近电子枪，X 偏转板靠近荧光屏，故 Y 偏转板的偏转灵敏度比 X 偏转板的灵敏度高，便于观测微弱信号。普通示波管 Y 偏转因数范围为 10～40 V/cm，X 偏转因数范围为 20～60 V/cm。要使示波器满偏转，需要几十到几百伏的偏转电压。

3. 荧光屏

在屏的玻壳内侧涂上荧光粉，就形成了荧光屏，它不是导电体。当电子束轰击荧光粉时，会激发其产生荧光并形成亮点。不同成分的荧光粉，发光的颜色不尽相同，一般示波器选用人眼最为敏感的黄绿色。荧光粉从电子激发停止时的瞬间亮度下降到该亮度的 10% 所经过的时间为余辉时间。荧光粉的成分不同，余辉时间也不同，为适应不同需要，将余辉时间分为长余辉（100 ms～1 s）、中余辉（10 ms～100 ms）和短余辉（10 ps～10 ms）的不同规格。普通示波器一般采用中余辉示波管，而慢扫描示波器采用长余辉示波管。

5.1.5　波形显示原理

1. 示波器显示

示波器显示是电子束受水平、垂直电压共同作用的结果。

电子束通过独立的垂直（或水平）偏转板后，在荧光屏上垂直（或水平）偏转板的距离正比于加在垂直（或水平）偏转上的电压，这是示波器可以用来观测被测信号波形的基础。

（1）当 X、Y 偏转板上不加任何信号电压时，电子束不受电场力的作用，亮点处于荧光屏的中心位置。

（2）当只在 Y 偏转板上加一个随时间作周期变化的被测电压时，电子束沿垂直方向运动，其轨迹为一条垂线，如图 5-4(a)所示。若只在 X 偏转板上加一个周期性电压，则电子束运动轨迹为一条水平线，如图 5-4(b)所示。

（3）当 X、Y 偏转板都加同一信号时，电子束同时受到两对偏转板的电场力的作用而向合成方向运动，其亮点是一条斜线，如图 5-4(c)所示。

（4）若在 Y 轴加被测信号电压 U_Y 的同时，在 X 偏转板上加一个随时间线性变化的锯齿波电压 U_X，则在 U_Y、U_X 的共同作用下，荧光屏上显示出真实的被测信号波形，如图 5-4 (d) 所示。

2. 扫描

由于锯齿波电压随时间线性变化，即沿水平方向的偏转距离与时间成正比，也就是使光

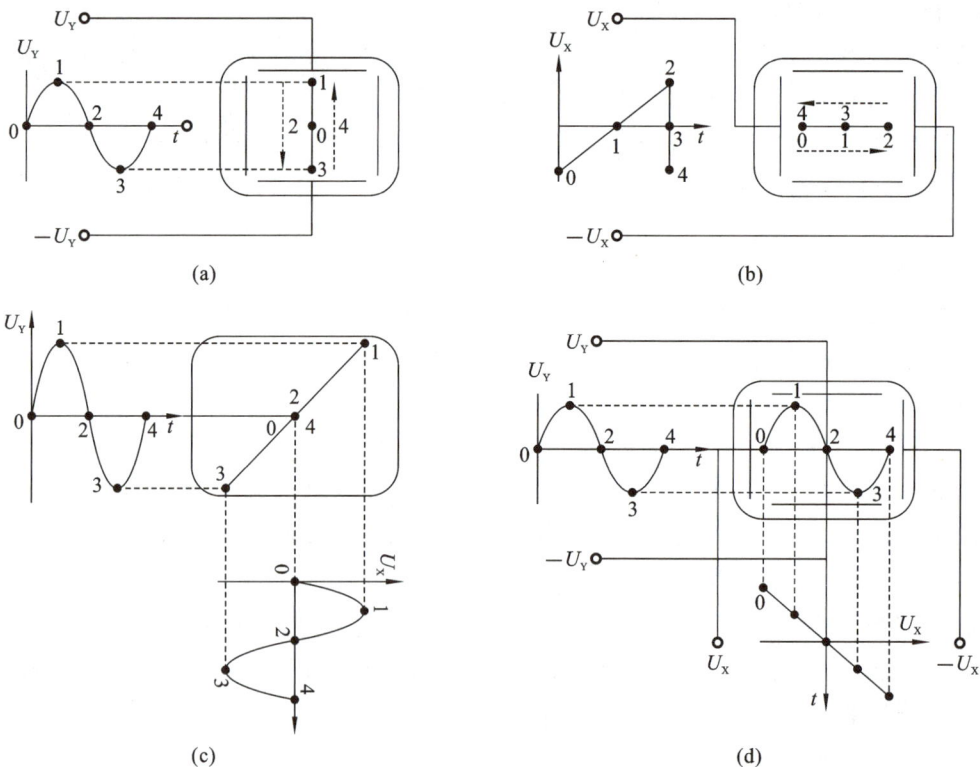

图 5-4　波形显示原理

点在水平方向做匀速运动,水平 X 轴即成为时间轴,将 U_Y 产生的竖直亮线按时间展开,这个展开过程叫作扫描。由锯齿波单独重复作用在荧光屏上显示一条水平的扫描线称为时间基线,锯齿波电压也称为扫描电压。

由于扫描电压为线性变化的锯齿波,当扫描电压达到最大值时,亮点即达到最大偏转,然后从该点返回到起点。亮点由左边起始点到达最右端的过程称为扫描正程,通常为了使显示信号曲线清晰、明亮,需要增辉;迅速返回扫描起始点的过程称为扫描回程或扫描逆程。理想锯齿波的回程时间是零。为了使显示波形更清晰,需将回程形成的光迹通过消隐电路隐去。

3. 同步

若被测信号电压的周期为 T_Y,而锯齿波扫描电压的周期 T_X 正好等于 T_Y,则在其作用下轨迹正好是一条与被测信号相同的曲线。

若 $T_X = 2T_Y$,则在荧光屏上显示两个周期的被测信号。由于波形重复出现,而且每次扫描起始点相同,因而可观察到两个周期稳定的图形,称为同步波形,如图 5-5 所示。

如果 $T_X \neq 2T_Y$,从图 5-6 可以看出,每次扫描起始点不同,则所显示的波形将向左或向右移动。

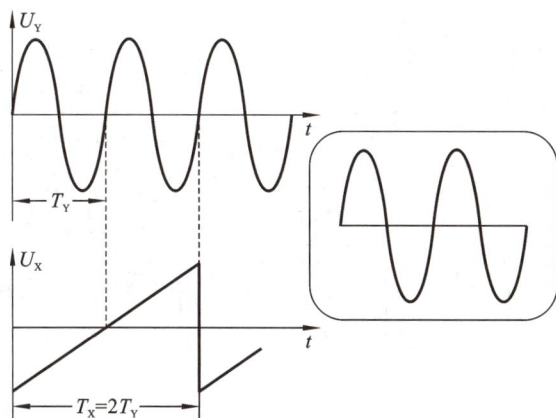

图 5-5　同步波形

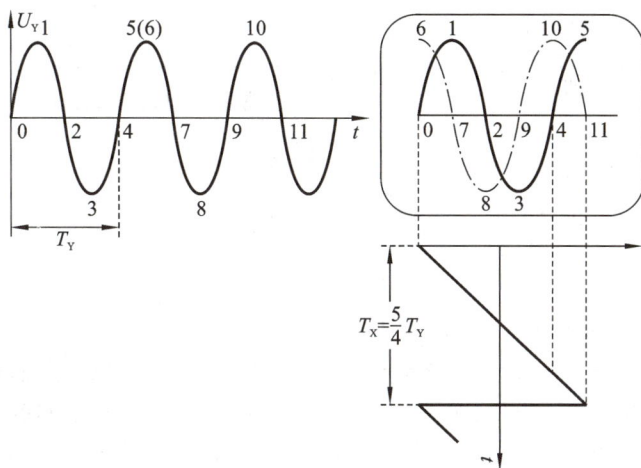

图 5-6　不同步波形

5.2　模拟示波器

5.2.1　模拟示波器的组成

模拟示波器主要由垂直系统、水平系统和主机系统组成,如图 5-7 所示。

1. 垂直系统

垂直系统(Y 轴系统,Y 通道)由衰减器、放大器和延迟线组成。示波器的主要任务是不失真地显示被测信号,由于示波器的偏转板只能接收一定幅度的信号,而且示波管的灵敏度

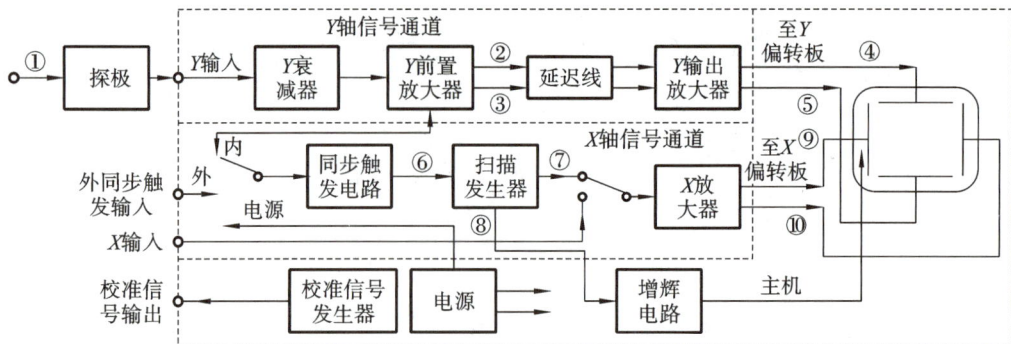

图 5-7　模拟示波器的组成

很低,因而采用垂直通道放大被测的微伏级信号或衰减大信号。此外,示波器还具有倒相及延时功能。垂直系统是信号的主要通道,它对示波器的测量质量起决定作用。如图 5-8 所示为 Y 通道基本组成。

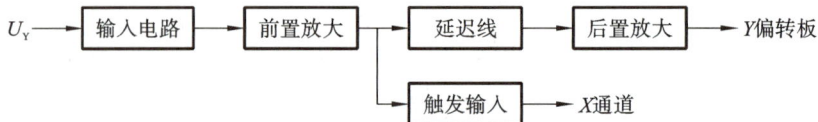

图 5-8　Y 通道基本组成

1)输入电路

Y 通道输入电路的基本作用是引入被测信号,为前置放大器提供良好的工作条件,并在输入信号和后置放大器之间起阻抗变换、电压变换作用。输入电路框图如图 5-9 所示。输入电路必须具有适当的输入阻抗,较高的灵敏度,较大的过载能力,适当的耦合方式,还要尽可能地靠近被测信号源。它一般采用平衡对称输出,可以为宽带放大抑制零漂提供差动信号。

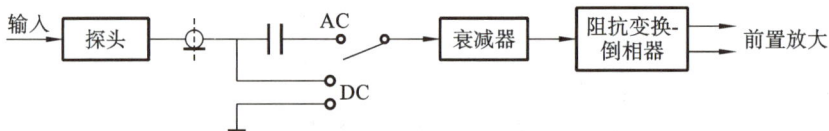

图 5-9　输入电路框图

(1)衰减器。

衰减器的作用是在测量幅度较大的信号时,用来衰减输入信号,以保证显示在荧光屏上的信号不至于因过大而失真。它常由具有频率补偿的 RC 电路组成,如图 5-10 所示。

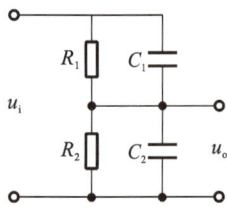

图 5-10　衰减器

设 $Z_1 = R_1 \cdot \dfrac{1}{\mathrm{j}\omega C_1} = \dfrac{R_1}{1+\mathrm{j}\omega C_1}$, $Z_2 = R_2 \cdot \dfrac{1}{\mathrm{j}\omega C_2} = \dfrac{R_2}{1+\mathrm{j}\omega C_2}$,

若满足 $R_1 C_1 = R_2 C_2$,则满足衰减比为 $\dfrac{u_o}{u_i} = \dfrac{Z_2}{Z_1 + Z_2} = \dfrac{R_2}{R_1 + R_2}$,

可见衰减比与被测信号无关,这种状态称为最佳补偿。在最佳补偿情况下,信号为线性传递,波形无失真。

示波器的衰减器实际上由一系列 RC 分压器组成,改变分压比即可改变示波器的偏转灵敏度。它为示波器面板上的偏转因数粗调开关,单位为 V/cm 或 V/div。

(2)阻抗变换-倒相器。

为了观察低频信号,现代示波器的下限频率一般会扩展到直流。为了克服直流放大器的零点漂移,放大器采用差动放大电路,因而要求 Y 通道输入电路具有变单端为平衡传输的功能,此功能由倒相电路完成。

(3)探头。

探头的作用是便于直接探测被测信号,提高示波器的输入阻抗,减少波形失真及展宽示波器的使用频带等,有的探头具有 10 倍的衰减比。探头常通过 1 m 长的专用电缆与机体相连。

探头分为有源和无源两种。无源探头由 RC 电路组成,在测量前要通过测试标准方波及调节可变电容达到最佳补偿,如图 5-11 所示。有源探头中装有场效应管或晶体管,或者二者都有,从而构成源(射)随器,因此其输入阻抗高,输出阻抗小,高频特性好,适合于测量小信号或高频、快脉冲信号。

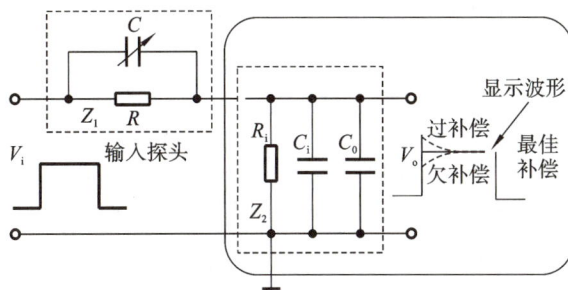

图 5-11　探头内部等效电路

2)延迟线

当采用内同步扫描时,扫描电路需要引入 Y 通道被测信号且要有一定的电平才能触发启动扫描,考虑到被测信号上升到一定的电平和接受触发信号到开始扫描都会有一段延迟时间,这样会造成启动扫描时间滞后于被测信号的起始时间,使荧光屏显示信号不完整,因而可通过 $60 \sim 200$ ns 的延迟线来保证被测信号的完整。

示波器对延迟时间的准确性没有严格要求,只要延迟时间稳定,没有产生图像在水平方向的漂移或晃动即可,并且延迟线要有足够的带宽和良好的频率特性,以便不失真地传送被测信号。

3)Y 轴放大器

它通常有前置放大器和后置放大器两部分。前置放大器的输出一方面引至触发电路,作为同步触发信号;另一方面经过延迟线引至后置放大器并加到 Y 偏转板,使表征被测信号的电子束得到足够的偏转。

2. 水平系统

水平系统（X 轴系统、X 通道）由触发同步电路、扫描电路及 X 轴放大电路组成，如图 5-12 所示。水平系统的主要任务是产生一个加到 X 偏转板的随时间呈线性变化的扫描电压，使电子束沿水平方向随时间线性偏移，形成时间基线，并能够选择适当的同步或触发信号而产生稳定的扫描电压，以确保显示波形的稳定。

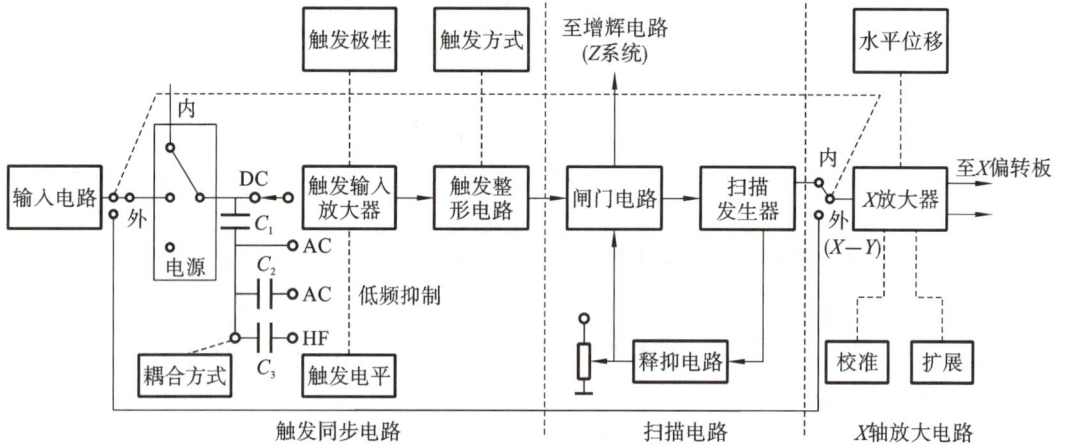

图 5-12　水平系统框图

1）触发同步电路

触发同步电路的主要功能是将各种被测取样信号变换成扫描发生器的时基电路所需的触发脉冲，而且要求此触发脉冲具有一定的幅度、宽度、陡度和极性，且与被测信号有严格的同步关系，以使显示的波形稳定。触发同步电路包括触发源选择、触发信号耦合方式选择、触发信号放大、触发整形电路。

触发源包括内触发、外触发和电源触发。内触发信号来自示波器内的 Y 通道触发放大器，它位于延迟线前。当需要利用被测信号触发扫描发生器时，可采用内触发。外触发用外接信号触发扫描，该信号由触发"输入"端接入。当被测信号不适合作为触发信号或为了比较两个信号的时间关系等用途时，可采用外触发。例如，在观测微分电路输出的尖峰脉冲时，可以用产生此脉冲的矩形波电压进行触发，更便于使波形更稳定。电源触发来自 50 Hz 交流电源（经变压器）产生的触发脉冲，用于观察与交流电源频率有关系的信号，例如，整流滤波的纹波电压等波形，此外，在判断电源干扰时也可以使用电源触发。

触发耦合方式有 DC 直流耦合、AC 交流耦合、AC 低频抑制和 HF 高频耦合。DC 直流耦合用于接入直流或缓慢变化的信号，或者频率较低且有直流成分的信号，此时一般用外触发或连续扫描方式；AC 交流耦合时触发信号经电容 C_1 接入，用于观察由低频到较高频率的信号，用内触发或外触发均可；AC 低频抑制时触发信号经电容 C_1 和 C_2 接入，电容量较小，阻抗较大，用于抑制 2 kHz 以下的低频成分，例如，在观测由低频干扰（50 Hz 噪声）的信号时，用这一种耦合方式较合适，可以避免波形晃动；HF 高频耦合时触发信号经电容 C_1 和 C_3 接入，电容量较小，用于观测大于 5 MHz 的信号。

示波器的触发方式通常有常态、自动和高频 3 种方式,这 3 种方式控制触发整形电路产生不同形式的扫描触发信号,然后由该触发信号去触发扫描发生器,形成不同形式的扫描电压。

常态触发方式将触发信号经过整形电路后输出触发扫描电压电路的触发脉冲。它的触发极性是可调的,上升沿触发即为正极性触发,下降沿触发即为负极性触发,另外还可调节触发电平。此种触发方式的缺点是当没有输入信号或触发电平不适当时,就没有触发脉冲输出,因而也无扫描基线。

自动触发方式下的整形电路为一射极定时的自激多谐振荡器,振荡器的固有频率由电路时间参数决定。该自激多谐振荡器的输出经变换后驱动扫描发生器,所以在无被测信号输入时仍可扫描,一旦有触发信号且其频率高于自激频率时,自激多谐振荡器就与触发信号同步而形成触发扫描,一般测量时均使用自动触发方式。

高频触发方式的原理同自动触发方式,不同点是射极定时电容变小,自激振荡频率较高,当用高频触发信号与它同步时,同步分频比不需太高。高频触发方式常用于观测高频信号。

2)扫描电路

扫描电路产生与时间呈线性关系的扫描电压,包括闸门电路、扫描发生器和释抑电路构成的闭合环。

(1)闸门电路。

闸门电路的作用是将触发电路产生的尖脉冲信号转换成矩形脉冲,用它作为扫描发生器的开关,控制锯齿波的起点和终点。闸门电路一般多采用射极耦合双稳态触发器,即施密特触发器。

闸门电路如图 5-13 所示。当触发扫描电路没有产生脉冲信号时,三极管 V_1 的基极电位 u_{b_1} 等于电位器 R_w 调节所取的预置电压 $-E_0$。因此,V_1 截止,V_2 导通,V_2 的输出为低电平 u_2;当有触发信号 u_i 输入时,若要使 u_{b_1} 电位高于施密特触发器上限电压 E_1,则触发器翻转,V_1 导通,V_2 截止,u_2 为高电平,扫描发生器工作,产生线性下降信号 u_3。此时,因 V_1 导通,u_{b_1} 随着射极电位降低至 E_3,则 V_{D_1} 截止后将 R_w 电路隔离。当触发信号消失后,u_2 仍为高电平,直至释抑电路产生一个负信号至 V_1 的基极,当 u_{b_1} 下降至触发器下限电平 E_2 时,电路再次翻转,u_2 为低电平。

(2)扫描发生器。

扫描发生器的任务是产生线性度和稳定度好的锯齿波电压。采用密勒积分器将阶跃输入电压转换为线性锯齿电压。当开关 K 打开时,输入为阶跃信号正电压 E_c,输出 u_o 线性下降,产生负向锯齿波;当开关 K 闭合时,电容 C 迅速放电,输出恢复初始状态。当 E_c 为负值时,则 u_o 为正向锯齿波,如图 5-14 所示。

(3)释抑电路。

释抑电路用于保证每次扫描从同样的初始电平开始,以获得稳定的图像。当第一个触发脉冲到来时,闸门电路翻转,使扫描发生器开始扫描,释抑电路就"抑制"触发脉冲继续触发,直至一次扫描过程结束,扫描电压回到起始电平,此时,释抑电路才"释放"触发脉冲,使之再次触发扫描发生器。

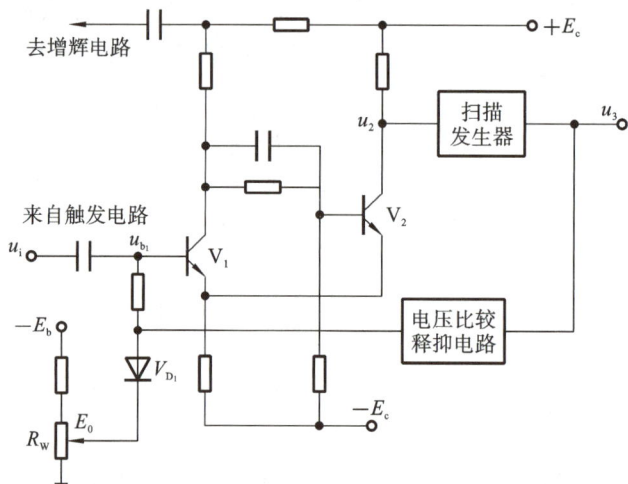

图 5-13　闸门电路

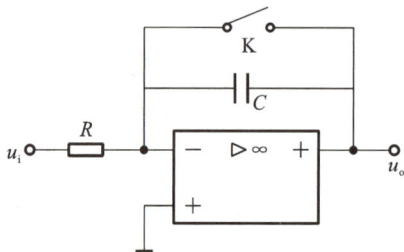

图 5-14　密勒积分器

释抑电路如图 5-15 所示。扫描正程开始时触发负脉冲,使时基电路翻转,扫描电压 U_B 下降;当 $U_B = E_R$(预定幅度)时,电压比较器工作,U_C 增大且释抑电容 C_H 放电;C_H 的充电电压经射极输出器加至 A,当输入电压 U_A 上升至上触发电平时,时基电路翻转,回到原始状态。此时,回扫开始,U_B 下降,比较器截止,C_H 经 R_H 放电,U_A 逐渐下降;只有 C_H 放电完毕,时基电路输入端的电平回至起始电平,才能再次接受负脉冲的触发。为了避免触发脉冲幅度较大,结束回扫时引起图像不稳的现象发生,常采用适当调节起始电平的方法,即通过示波器面板上的电平调节旋钮调节起始电平。

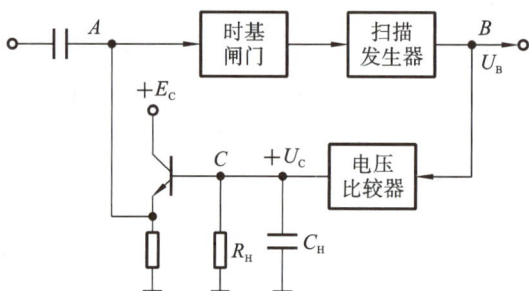

图 5-15　释抑电路

3)X 轴放大电路

X 轴放大电路的基本作用是放大扫描电压,使电子束能够在水平方向得到满偏转。此外,这部分还应有 X 轴信号的"内""外"选择以及位移旋钮,当 X 轴信号为内部扫描电压时,荧光屏上显示时间函数,称为"Y-T"工作方式;当 X 轴信号为外部输入信号时,荧光屏上显示 X-Y 图形,称为"X-Y"工作方式。X 轴放大器同样采用宽带多级直接耦合放大器。

3. 主机系统

主机系统主要包括示波管、消隐增辉电路(又称 Z 轴系统)、校准信号发生器和电源。其中,消隐增辉电路的作用是在扫描正程时加亮光迹,而在扫描回程时使光迹消隐;校准信号发生器则提供幅度、频率都很准确的方波信号,用来校准示波器的有关性能指标;电源是示波器工作时的能源,它将交流市电变换成各种高、低电压电源,以满足示波管及各组成部分的工作需要。

下面对校准信号发生器进行简要介绍。

校准信号发生器是示波器内设的标准,用来校准或检验示波器 X 轴和 Y 轴标尺的刻度,一般 Y 轴的校正单位为电压,X 轴的校正单位为时间。当示波器 X、Y 轴标尺经校正后,就可根据该标尺方便地测量未知电压、脉冲宽度、信号周期等参数。一般示波器设有两个校正器,分别用于调整幅度和扫描时间。

(1)幅度校正器。

幅度校正器产生幅度稳定不变并经过校正的电压(一般为方波),用于校正 Y 通道灵敏度。设校正器的输出电压幅度为 $U_{校}$,把它加到 Y 输入端,荧光屏上显示电压波形的高度为 $H_{校}$,则示波器偏转灵敏度为

$$S = \frac{H_{校}}{U_{校}} (\mathrm{cm/V})$$

或偏转因数为

$$d = \frac{1}{S} = \frac{U_{校}}{H_{校}} (\mathrm{cm/V})$$

此时可调节 Y 轴的灵敏度旋钮,使 d 为整数。一般校准信号为 1 V,灵敏度开关置于"1"挡上,波形显示为 1 cm,当被测信号为 5 cm 时,可计算出被测信号幅度为

$$U_Y = H_Y \times d = 5 \times 1 = 5 \text{ (V)}$$

校正器用以检验标度是否准确,每次实验前检验好后就不必每次测量都进行校准了。

当用探头输入进行测量时,因探头衰减了 10 倍,故示波器偏转因数应当是开关位置指示的读数的 10 倍,测量电压的计算也应乘以 10。

(2)扫描时间校正器。

扫描时间校正器产生的信号用于校正 X 轴时间标度,或用来检验扫描因数是否正确。该信号由示波器内设的晶体振荡器或稳定度较高的 LC 振荡器提供。它产生频率固定(如 20 MHz)而稳定度高的正弦波。在检验示波器扫描因数时,把它的输出端接到 Y 输入端,在荧光屏上便显示出它的波形。当调节扫描时间开关时,如果显示波形的一个周期正好占据标尺上 1 cm(或 1 格),则扫描因数便等于 $1/f$ (s/cm)。一般水平标尺全长为 10 cm,为了减小读数的误差,应调到标尺的满度范围内,正好显示 10 个周期。例如,校准正弦波的 $f = 20$ MHz,按上述方法校正后扫描因数为 50 ns/cm,因而扫描开关的位置应指示 50 ns/cm,如果准确,则可以进行下一步测量,否则就要打开示波器重新调整。

注意,进行上述两种校正时,需将 Y 轴幅度校正的 V/div 的微调旋钮旋到校准位置,将 X 轴时间校正的 t/div 的微调旋钮也旋到校准位置。

5.2.2 双踪示波器

1. 双踪示波器的组成

双踪示波器也称为双迹示波器,它有 A 和 B 两个垂直偏转通道,如图 5-16 所示。两个通道的输出信号在电子开关的控制下,交替通过主通道并加到示波管的同一对垂直偏转板上。A、B 两个通道是相同的,包括衰减器、射极跟随器、前置放大器及平衡倒相器。平衡倒相器的作用是把输入信号转换为对称的波形输出。与单踪示波器不同的是,前置放大器中设有移位控制,可分别控制两个显示图形的上、下位置。电子开关由触发电路控制的一对放大器(或射极跟随器)构成,触发电路的两个稳定状态分别控制两个放大器,把通道 A 或通道 B 接于主通道。主通道由中间放大器、延迟线、末级放大器组成,它对两个通道是公用的。

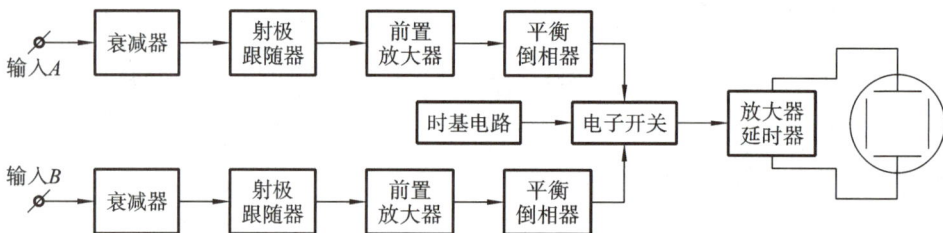

图 5-16 双踪示波器垂直偏转通道

由面板开关控制的电子开关,可使双踪示波器工作于 5 种不同的状态:"A"、"B"、交替、断续、"A+B"。"A"或"B"是电子开关将 A 或 B 通道接到 Y 偏转板,形成 A 或 B 通道独立工作的状态;交替是将 A、B 两通道信号轮流接到 Y 偏转板,荧光屏上显示两个通道的信号波形;断续是当输入信号频率较低时,交替显示,会发生明显的闪烁;"A+B"是将 A、B 两通道信号代数相加后接到 Y 偏转板,显示两信号叠加后的波形。

双踪示波器的时基与一般示波器相同,可以是简单的时基发生器,也可以采用有延迟扫描的双扫描时基发生器,时基可以分别由 A、B 通道触发。

CA8020 型示波器是比较常见的便携式双通道示波器。其垂直系统具有 $0 \sim 20$ MHz 的频带宽度和 5 mV/div $\sim$ 5 V/div 的偏转灵敏度,配以 10:1 探极,灵敏度可达 5 V/div。该仪器在全频带范围内可获得稳定触发,触发方式设有常态、自动、TV 和峰值自动,尤其是峰值自动,给使用带来了极大方便。水平系统具有 0.5 s/div $\sim$ 0.2 μs/div 的扫描速度,并设有扩展×10,可将最快扫描速度提高到 20 ns/div。

2. 示波器的应用

在开机以前,首先调整水平、垂直位置旋钮,将其置于中心位置,触发源选择置于内部位置(INT),触发电平置于自动位置。将示波器的电源开关 POWER 置于 ON 位置,电源接通,指示灯点亮。调整辉度旋钮,示波器的显示器上就会出现一条横向亮线,再通过调整聚焦旋钮使图像清晰。若横向时基线倾斜,则通过迹线旋转来调整水平扫描线,使之平行刻度线。如果显示的扫描线不在示波器中央,则可微调水平、垂直位置旋钮。

为了得到较高的测量精度,测量前还应预先将探头接至示波器的校准信号,即将探头接到 CAL 端,此时示波管上会出现 1 kHz、0.5 V_{P-P} 的方波脉冲信号,若方波波形的形状不好,则可以用无感起子微调示波器探头上的微调电容,直到显示的波形良好。

1) 直流电压的测量

(1) 测量原理。

利用被测电压在屏幕上呈现的直线偏离时间基线(零电平线)的高度与被测电压的大小成正比的关系进行。

$$V_{DC} = h \times D_Y \times k \tag{5-5}$$

式中,V_{DC} 为被测直流电压值,h 为被测直流信号线的电压偏离零电平线的高度;D_Y 为示波器的垂直灵敏度,k 为探头衰减系数。

(2) 测量方法。

将示波器的垂直偏转灵敏度微调旋钮置于校准位置(CAL),将待测信号送至示波器的垂直输入端,确定零电平线,将示波器的输入耦合开关置于"DC"位置,确定直流电压的极性,读出被测直流电压偏离零电平线的距离 h,计算被测直流电压值。

例 5-1　示波器直流电压及垂直灵敏度开关示意图如图 5-17 所示,$h = 4$ cm,$k = 10 : 1$,求被测直流的电压值。

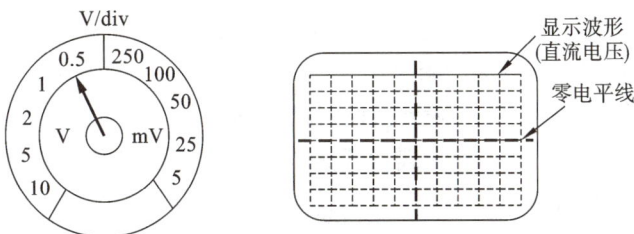

图 5-17　示波器直流电压及垂直灵敏度开关示意图

解　$V_{DC} = h \times D_Y \times k = 4 \times 0.5 \times 10 = 20$(V)

2) 交流电压的测量

(1) 测量原理。

$$V_{P-P} = h \times D_Y \times k \tag{5-6}$$

式中,V_{P-P} 为被测交流电压值(峰-峰值);h 为被测交流电压波峰和波谷的高度或任意两点间的高度;D_Y 为示波器的垂直灵敏度;k 为探头衰减系数。

(2) 测量方法。

垂直偏转灵敏度微调旋钮置于校准位置,接入待测信号,输入耦合开关置于"AC"位置,调节扫描速度使波形稳定显示,调节垂直灵敏度开关,读出被测交流电压波峰和波谷的高度,计算被测交流电压的峰-峰值。

例 5-2　示波器正弦电压及垂直灵敏度开关示意图如图 5-18 所示,$h = 8$ cm,$k = 1 : 1$,求被测正弦信号的峰-峰值和有效值。

解　正弦信号的峰-峰值 $V_{P-P} = h \times D_Y \times k = 8 \times 1 \times 1 = 8$(V)

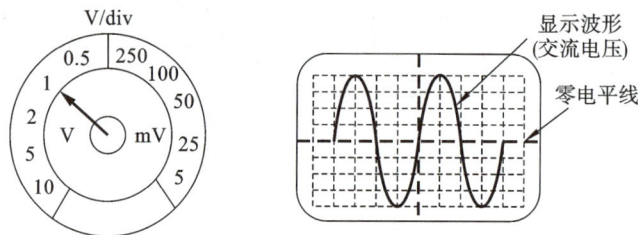

图 5-18　示波器正弦电压及垂直灵敏度开关示意图

正弦信号的有效值 $V = \dfrac{V_{\mathrm{P}}}{\sqrt{2}} = \dfrac{V_{\mathrm{P\text{-}P}}}{2\sqrt{2}} = \dfrac{8}{2\sqrt{2}} \approx 2.83(\mathrm{V})$

3）周期和频率的测量

（1）测量原理。

$$T = x D_{\mathrm{X}} / k_{\mathrm{X}} \tag{5-7}$$

式中，x 为被测交流信号的一个周期在荧光屏水平方向所占距离；D_{X} 为示波器的扫描速度；k_{X} 为 X 轴扩展倍率。

（2）测量方法。

将示波器的扫描速度微调旋钮置于"校准"位置，待测信号送至示波器的垂直输入端，将示波器的输入耦合开关置于"AC"位置，调节扫描速度开关，记录值，读出被测交流信号的一个周期在荧光屏水平方向所占的距离 x，计算被测交流信号的周期。

例 5-3　示波器荧光屏上的波形及扫描速度如图 5-19 所示，被测信号的一个周期在荧光屏水平方向所占距离为 7 cm，扫描速度开关置于"10 ms/cm"位置，扫描扩展置于"拉出×10"位置，求被测信号的周期。

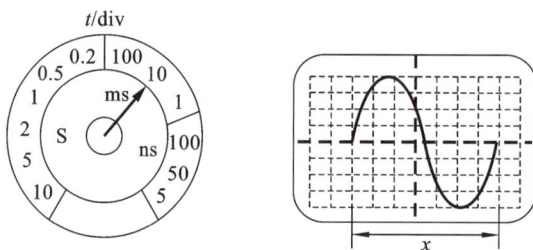

图 5-19　示波器荧光屏上的波形及扫描速度

解　$T = x D_{\mathrm{X}} / k_{\mathrm{X}} = \dfrac{7 \times 10}{10} = 7(\mathrm{ms})$

4）时间间隔的测量

（1）测量原理。

$$T_{\mathrm{A\text{-}B}} = x_{\mathrm{A\text{-}B}} \cdot D_{\mathrm{X}} \tag{5-8}$$

式中，$x_{\mathrm{A\text{-}B}}$ 为 A 与 B 的时间间隔在荧光屏水平方向所占距离；D_{X} 为示波器的扫描速度。

（2）测量方法。

测量同一信号中任意两点 A 与 B 的时间间隔的测量方法如图 5-20 所示。

若 A、B 两点分别为脉冲波前、后沿的中点，则所测时间间隔为脉冲宽度，如图 5-21

所示。

5）相位差的测量

相位差的测量主要是测量各种四端网络（如 RC、LC 网络、放大器、滤波器等）和各种器件的输入、输出信号间相位差及频率的关系等。按刻度线测量两个波形之间的距离，并将测得的距离换算成相位差。

（1）测量原理。

$$\theta = \frac{360°}{X_{\mathrm{T}}} \times \Delta X \tag{5-9}$$

式中，X_{T} 为被测两同频正弦波的一个周期间隔长度；ΔX 为两波形的时间间隔。

（2）测量方法。

测量相位差最简便的方法是利用双踪示波器同时显示两个要比较相位的波形，如图 5-22 所示。

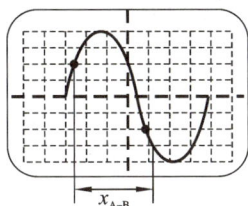

图 5-20　时间间隔的测量　　　图 5-21　脉冲宽度的测量　　　图 5-22　相位差的测量

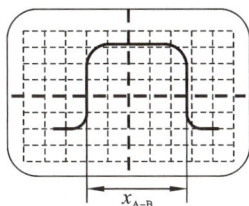

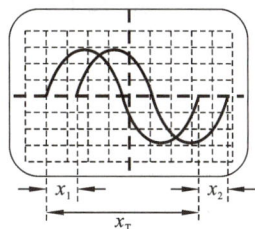

5.3　数字示波器

数字示波器是 20 世纪 70 年代初发展起来的一种具有数字存储功能的示波器（Digital Storage Oscilloscope，DSO），统称数字示波器。它可以实现模拟信号的数字化且进行长期存储，并能利用内嵌的微处理器对存储的信号作进一步处理，例如，对被测波形的频率、幅值、前后沿时间、平均值等参数进行自动测量。数字示波器的出现使传统示波器的功能发生了重大变革。

5.3.1　数字示波器的采样方式

数字示波器按其工作原理可分为波形的采集（采样与存储）、显示、测量与处理等几部分。数字示波器的采样方式有实时采样和非实时等效采样，非实时等效采样又分为顺序采样和随机采样。

1. 实时采样

实时采样是指对被测信号进行等时间间隔取样，然后将 A/D 转换的数据按照采样的先后次序存入采样存储器中。实时采样非常适合观测单次信号,且在技术上易于实现,对高频率分量在示波器带宽范围以内的信号具有理想的复现能力。DS80000系列数字示波器实现了最高40 GSa/s实时采样率、13 GHz模拟带宽。

实时采样方式的电路原理框图如图5-23所示。Y_1端的输入信号经衰减或放大处理后,分送至A/D转换器与触发电路。控制电路一旦收到触发信号,就启动一次数据采集。一方面,A/D转换器以控制电路设定的"t/div"电路产生的采样速率进行转换,得到一串8位数据流;另一方面,控制电路产生写信号并将其送至RAM读/写控制和写地址计数器,使写地址计数器按顺序递增,并确保每个数据写入RAM相应的存储单元中。

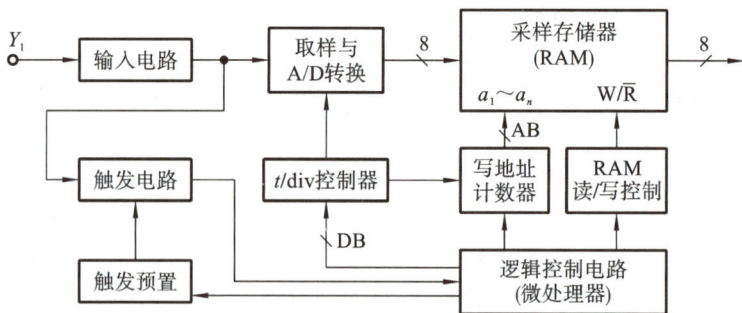

图 5-23　实时采样方式的电路原理框图

1)取样与A/D转换

信号实现数字方式的存储,首先要解决模拟信号离散化的问题,如图5-24所示。模拟信号送入加有反偏的取样门的 a 点,在 c 点加入等间隔的取样脉冲,则对应时间 t_n($n=1,2,3,\cdots$)取样脉冲打开取样门的一瞬间(两个二极管处于正向导通状态),在 b 点就得到相应的模拟量 a_n($n=1,2,3,\cdots$),a_n 就是离散化的模拟量。每一个离散化的模拟量进行A/D转换后,就可以得到相应的数字量,如 $a_1\to$A/D$\to$01H;$a_2\to$A/D$\to$02H;$a_3\to$A/D$\to$03H;$\cdots$;$a_7\to$A/D$\to$07H。如果把这些数字量按顺序存放在采样存储器中,就相当于把模拟信号以数字的形式存储起来。

A/D转换器是波形采集的关键部件,它决定了示波器的最大采样速率、存储带宽及垂直分辨率等多项指标。目前,数字示波器常采用并联比较式A/D转换器。此外,还有采用CCD器件与低速A/D转换器配合的方法,该方法首先利用CCD器件对模拟电压以较快的速度采样并进行电荷存储,然后再用低速A/D转换器以较低的采样速率对采集的电荷量逐个进行A/D转换并存入RAM中。

2)扫描速度控制器

扫描速度(t/div)控制器实际上是一个时基分频器,用于控制A/D转换速率及数据写入采样存储器的速度,由一个准确度、稳定性高的晶体振荡器,一组分频器和相应的组合电路组成,如图5-25所示,t/div控制电路的状态(即分频比)由微处理器发出的控制码决定。

晶体振荡器产生的40 MHz主时钟信号被IC_1二分频得到20 MHz。$IC_2\sim IC_7$组成分频电路,通过对分频比的编程组合即可得到各种速率的采样频率。IC_8是二选一电路,用来选择20 MHz时钟频率或分频后的时钟频率,输出送给A/D转换器、采样存储器,然后写入

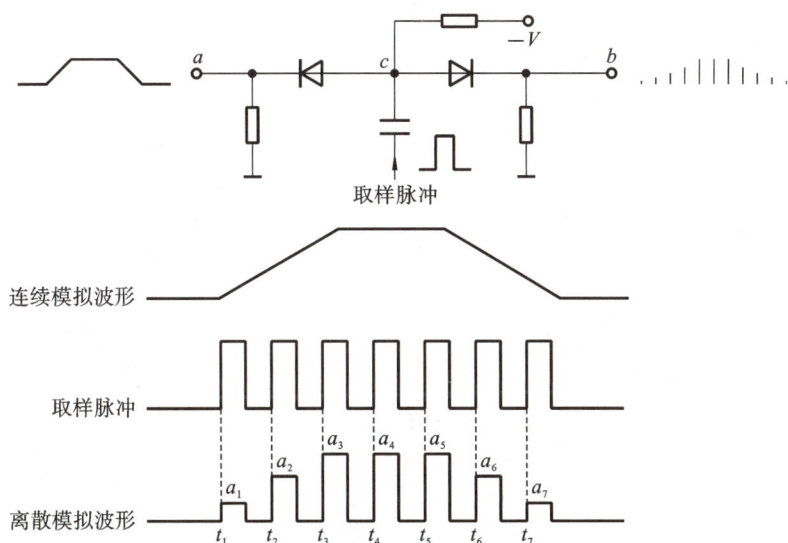

图 5-24　连续信号离散化的原理

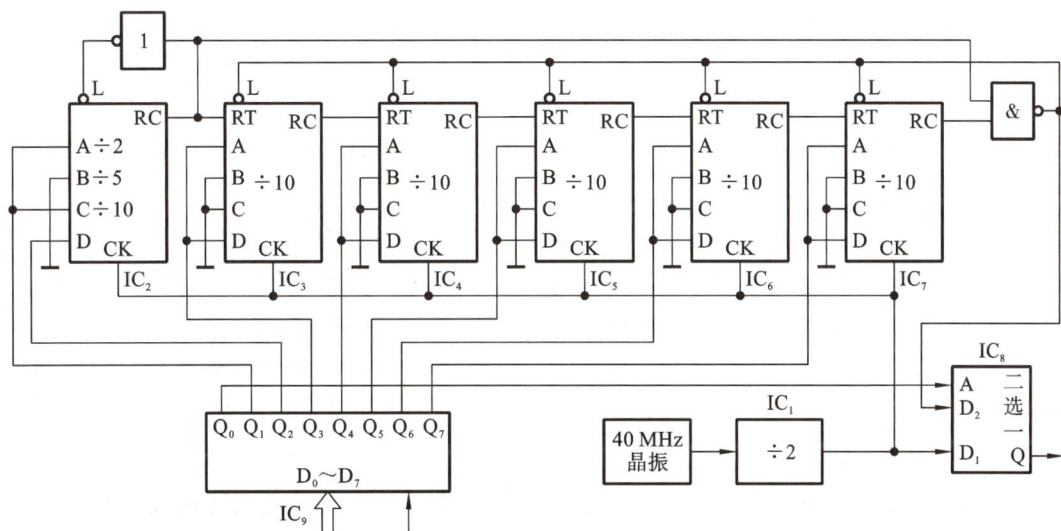

图 5-25　t/div 控制器原理图

地址计数器。IC_9 是输出接口芯片,用来锁存微处理器发出的控制码,其中,Q_0、Q_1、Q_2 控制分频比的 1-2-5 进制;$Q_3 \sim Q_7$ 控制分频比的十进制。

3)采样与存储电路原理

t/div 控制器产生的各种频率的脉冲信号除控制 A/D 的转换速度外,还同时控制向采样存储器写入数据的过程。t/div 控制器通过写地址计数器产生写地址信号,并完成对采样存储器写入速度和地址的控制。写地址计数器实际上是一个二进制计数器,它的位数由存储长度决定,计数端的频率应该与采样时钟的频率相同。

实时采样方式所有的采样点都是响应示波器一次触发而连续等间隙取样获得的。如图 5-26 所示为实时采样方式中采样与存储的控制电路图。虚线部分是写地址计数器,设该数字示波器的记录长度为 1024 B,所以写地址计数器是一个 11 位的二进制计数器。当采样周期开始时,控制器首先送来控制信号 L 和 W,使写地址计数器复位并使采样 RAM 处于写状态,以便将采集的第一个数据写入采样 RAM 中的第一个存储单元。

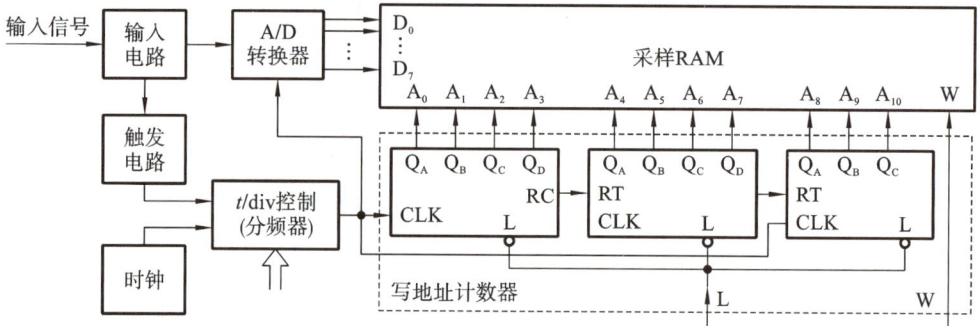

图 5-26　实时采样方式中采样与存储的控制电路图

2. 顺序采样

顺序采样方式是一种非实时的等效采样方式,是在模拟取样示波器的基础上进行数字化而发展起来的。顺序采样通常对周期为 T 的信号每经 m 个周期(m 为正整数)产生一次触发,每次触发只在周期信号上取一个样点,但每次采样的时间都较前次取样点延迟一个已知的 Δt,也就是说,每经($mT+\Delta t$)时间就采样一点,多次取样后即可完成一次完整的采集,精确地重现被测信号。

顺序采样方式能将周期性的高频信号变换成波形与其相似的周期性低频信号,因而可以采用速度较慢的 A/D 转换器(但仍需要高速取样器)获得很宽的带宽。顺序采样仅限于处理周期信号。采用顺序采样方式的数字示波器示意图如图 5-27 所示。

步进系统用于产生步进脉冲,由快斜波发生器、电压比较器、阶梯波发生器组成。步进脉冲整形器将步进脉冲整形为前沿陡峭的取样脉冲。图中,当被测信号波形过零时,由触发脉冲信号启动快斜波发生器产生快斜波,并与阶梯波发生器产生的阶梯波信号在电压比较器中比较。当快斜波信号达到阶梯波信号的某个阶梯幅度时,电压比较器的输出状态发生变化,经数字电路处理形成步进脉冲。步进脉冲有三个作用:一是经步进脉冲整形器处理后产生前沿很陡峭的取样脉冲,对模拟信号进行取样和 A/D 转换,若此时取样门得到的模拟量为 a_1,则经 A/D 转换成数字量 00H,并送入采样存储器,同时取样脉冲控制读地址计数器,以按顺序改变存储器的地址;二是驱动阶梯波发生器,使阶梯波发生器的输出幅度上升;三是控制快斜波发生器产生回程。

设原信号周期为 T,一个信号周期需要采样 n 次,则经过采样变换后,原信号周期增大(或频率减小)的倍数为

$$q = n = \frac{T}{\Delta t} \tag{5-10}$$

如果每间隔 m 个信号周期采样一次,那么经过采样变换后,原信号周期增大(或频率减小)的倍数为

(a) 原理框图

(b) 工作波形图

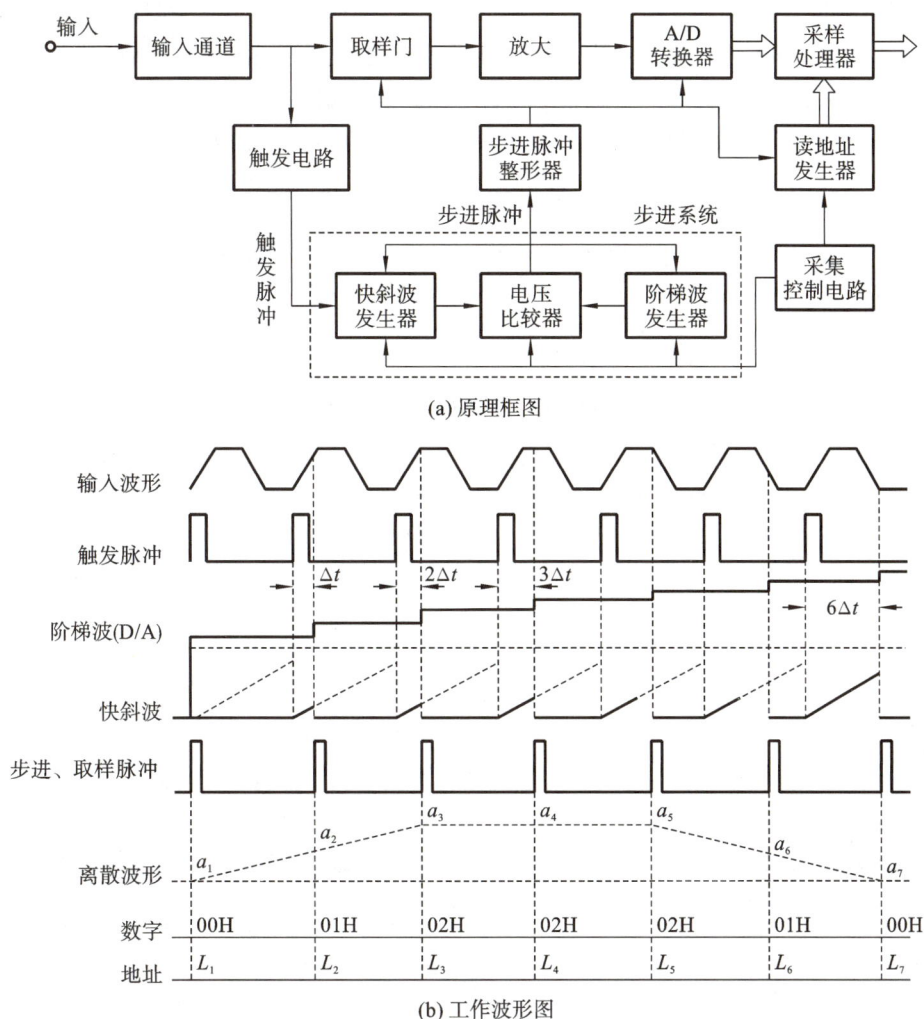

图 5-27　顺序采样方式数字示波器示意图

$$q = mn = \frac{mT}{\Delta t} \tag{5-11}$$

设被测信号的频率为 200 MHz($T=5$ ns),顺序等效采样时取 $\Delta t = 0.1$ ns,$m=2$,则原信号增大的倍数 q=200。这就是说,频率为 200 MHz 的信号经顺序等效处理后,形状没有变化,但频率由 200 MHz 降为 1 MHz,因而对数字示波器中 A/D 转换器转换速率的要求大幅度降低。

3. 随机采样

与顺序采样方式一样,随机采样也需要经过多次扫描的采样周期才能重构一个信号。与顺序采样方式不同的是,在每个采样周期,随机采样方式可以采集多个采样点,并且每个采样周期触发后的第一个采样点的时间($t_1,t_2,t_3,\cdots$)是随机的,如图 5-28 所示。

在波形重建时,首先精确测出每个采样周期触发点与其后第一个采样点的时间 t_1,t_2,

t_3,…之间的时间间隔 T_{X_1},T_{X_2},T_{X_3},…然后以触发点为基准,将在各次采样周期中采集的点进行拼合(由计算机按时间先后次序将数据重新排列,并写入显示采样存储器相应的地址单元中),最后就能重构信号的一个完整的波形。如果采集的次数足够多,重构信号的采样点将非常密集,相当于是用较高的采样速率一次采集(即实时采样方式)而形成的波形。实现随机采样方式最关键的技术是短时间测量和波形重构。

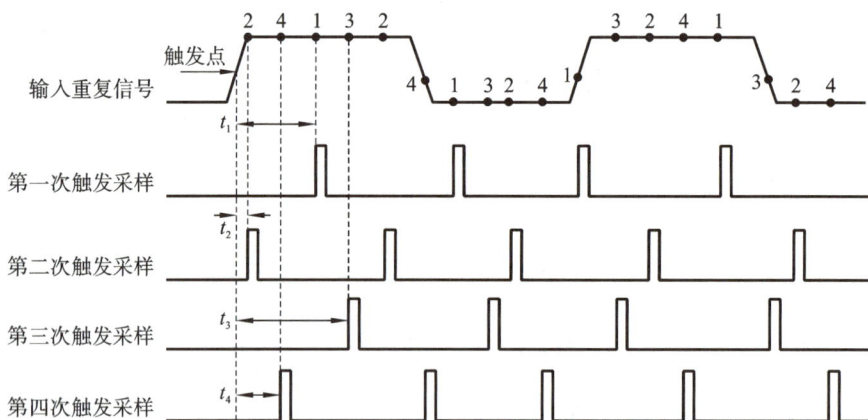

图 5-28　随机采样方式的示意图

1)短时间测量

短时间测量就是测出每个采样周期触发点与其后的第一个采样点时刻之间的时间间隔 T_{X_1},T_{X_2},T_{X_3},…由于 T_{X_1},T_{X_2},T_{X_3},…这些时间间隔极短,很难直接测量,一般采用精密的模拟内插器进行扩展后再进行测量。模拟内插器主要包括相位检测、时间展宽、方波转换和时间测量,如图 5-29 所示。

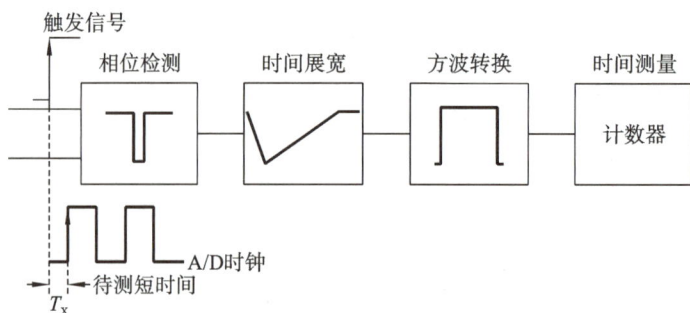

图 5-29　模拟内插器的短时间测量原理

相位检测将触发到来时刻与触发到来后第一个采样点之间的时间间隔转换成脉冲宽度为 T_X 的窄脉冲;时间展宽将相位检测到的窄脉冲按照一定的比例展宽成锯齿波,展宽比由时间展宽电路中放电与充电电流之比决定;方波转换将时间展宽后得到的锯齿波信号转换成脉冲信号,作为计数的闸门信号;时间测量则测量闸门信号的宽度(用计数方式),并将计数结果送给 CPU 进行处理。

由于随机采样方式中的短时间测量的间隔时间十分短,不易直接测量,一般均采用电容充放电电路将短时间间隔扩大若干倍后,再进行计数测量。

2)波形重构与随机排序算法

波形重构以触发点为基准,按照 T_{X_1},T_{X_2},T_{X_3},…的大小摆正每次触发后采集的数据在时间轴上的位置来重构被测信号。随机采样方式下数字示波器系统主要由信号调理、高速 A/D 转换器、小容量的高速缓存 RAM(采样 RAM1)、高速缓存 RAM(显示 RAM2)、CPLD 控制电路、采集处理器等电路组成,如图 5-30 所示。等效采样数据的排序算法由采集处理器完成,排序后的结果存放于 RAM2 中,并通过接口随时将 RAM2 中的数据上传到主处理器,以完成波形显示。

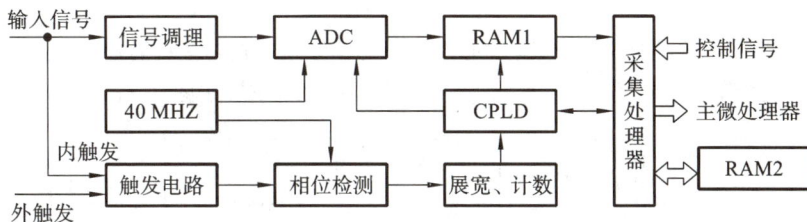

图 5-30　随机采样方式 DSO 系统框图

当随机采样的每轮采样结束后,采集处理器首先从 RAM1 中读出触发点对应的单元地址 X_i;然后从短时间测量电路中读取触发信号与第一个采样点之间的时间间隔 T_X(T_X 的最大值为实时采样的周期 T);最后将 T 分成等长度的 M 段,每一段映射一个 $0\sim M-1$ 间的整数值 I,通过查表的方法得出 T_X 对应的 I 值。有了 X_i,I,M 和 L 这 4 个值,采集处理器就能对采样 RAM1 中的数据按照排序算法进行排序,然后按照排序规则把采样 RAM1 中的数据写入显示 RAM2 中。

采集处理器从采样存储器的地址单元 X_i 前后各取连续的 $L/2$ 个单元的数据(即本次采样的有效点数),以触发点(基地址)为中点,以 I 为地址偏移量,以 M 为地址步长,把数据从采样 RAM1 中写入显示 RAM2 中。排序算法的公式为

$$\text{ADD}=\text{BASE}+I+K\times M \tag{5-12}$$

式中,ADD 为某个数据写入 RAM2 中对应单元的地址;K 为从 RAM1 中顺序读取数据的次序值,K 的范围是 $-L$ 到 $+(L-1)$;BASE 为触发点对应在 RAM2 中的地址,这里该地址取 4096,从而保证触发点前后各取 4 KB 数据。

例如,当等效采样速率为 4 GS/s 时,采样倍率 M 为 100,有效长度 L 为 81。每次触发并采集后,采集处理器首先得到触发点对应的地址 X_i,并根据 $L/2\approx40$,在该起始地址的前后各连续读取 40 个地址空间(其地址为 X_i-40,X_i-39,…,X_i-1,X_i,X_i+1,…,X_i+38、X_i+39)中的数据;然后读出 T_X,求出对应的 I 值。当把这 80 个数据写入显示 RAM2 中时,首先根据 I 值,确定本轮采样的数据在显示 RAM2 中的起始地址为 BASE$+I$;再根据 $M=100$,确定每次写入的地址步长为 100;最后,采样 RAM1 中地址为 X_i+K($K=-40$、-39,…,0,1,…,38,39),将存储单元的数据按顺序写入显示 RAM2 中地址为 $4096+I+K\times100$ 的存储单元中。

以上仅仅是触发后的一轮采样与写入过程,即只采集到一个完整重构波形的一部分数据。要得到完整波形的全部数据,必须经过多次触发,进行多轮采样与写入,且每一轮采样

并不一定都有效(只有不重复的 I 值对应的采样才有效)。经过若干次采样,如果 J 值取遍 $0 \sim M-1$ 间的整数值,即 RAM2 已写满,则一次完整的采样与写入过程才能完成。

随机采样允许在触发信号之前采样,可以提供预触发信息;而顺序采样的全部采样必须在触发信号之后产生,不能提供预触发信息。随机采样方式已在很大的范围内取代了顺序采样方式,因此,多数的数字示波器具备实时采样和随机采样两种采样方式。随机采样方式只适用于周期性信号。对于非周期性信号,只能采用实时采样方式。

5.3.2 数字示波器组成原理

典型的现代数字示波器主要由输入通道、采集与存储、时钟与采集控制、触发电路系统、微处理器系统、键盘与显示器,以及各种接口与控制电路组成,如图 5-31 所示。

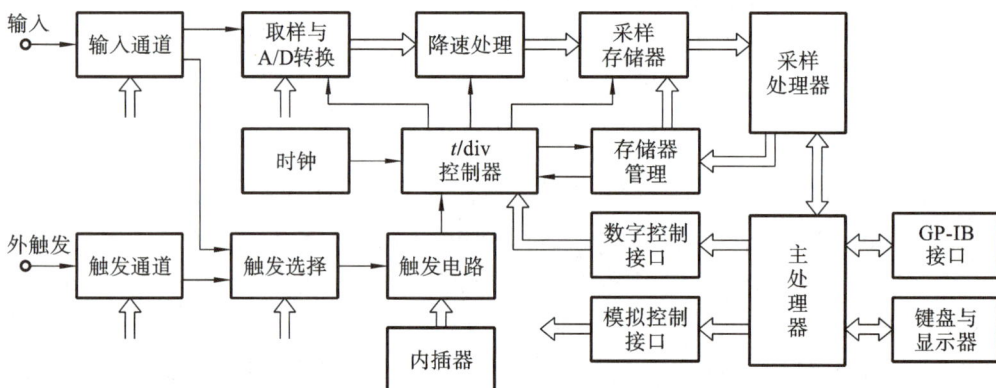

图 5-31 现代数字示波器组成示意图

下面对部分组件进行介绍。

1. 微处理器系统

数字示波器的各项管理工作都是由微处理器系统的采样处理器和主处理器通过各种接口与控制电路实施的。这些接口在仪器开机后,必须一一进行初始化配置才能进入正常工作状态。

采样处理器通过存储器管理电路实施对 t/div 控制器和采样存储器的控制,内容包括启动/停止采集周期,管理数据写入存储器的时序和地址等工作。

主处理器提供的控制接口有数字控制接口、模拟控制接口和外部通信接口 3 种类型。

数字控制接口为模拟通道各部分电路提供控制寄存器所需要的初始值、控制数据或开关控制信号。控制功能包括设置 t/div 控制器的分频系数,设置显示触发点前取样点数或显示触发点后取样点数,设置决定数据采集方式(如实时采集、等效采集)的方式寄存器中的数据,设置存储地址计数器数据,控制步进衰减器、程控放大器的系数,选择输入阻抗(1 MΩ/50 Ω),选择耦合方式(AC/DC),选择触发源,以及选择触发方式(如边沿、视频、状态、毛刺)等。

模拟控制接口由多通道 D/A 转换器组成,控制功能包括细调通道增益,调节垂直偏移电平、触发电平,提供直流校准输出、精密内插、取样时钟、触发滞后校准等信号。由于每个控制电压信号都需要一个 D/A 转换器,因此,数字示波器的模拟控制接口含有数个高位数 D/A 转换器。

2. 输入通道

输入通道的任务是在被测信号不确定的情况下,通过放大(或衰减)、电平调节,将被测信号实时地、不失真地设置到最佳电平,满足 A/D 数字化变换的最佳线性和最佳分辨率的要求。输入通道的性能决定带宽、垂直灵敏度及其误差等重要技术指标的优劣。

整个输入通道(宽带放大器电路)由阻抗变换电路 N_1,可程控步进衰减及前置放大电路 N_2,差分驱动放大器 N_3 组成,如图 5-32 所示。当选择 50 Ω 阻抗时,输入信号经 S_{2-1} 直接送入 N_2;当选择 1 MΩ 阻抗时,信号送入 N_1 变换成低阻后再经 S_{2-1} 输入至 N_2。N_2 按照 1-2-5 步进垂直灵敏度量程的要求,完成信号的组合衰减(含细衰减);进行 5 倍扩展放大(含 2.5 倍扩展放大);完成输入参考零电平与参考直流电平的选择,以及宽带放大器自动校准等。差分驱动放大器 N_3 完成单端输入至差分输出的转换;完成 50 Ω 输入阻抗模式下电平位移和宽带限制;提供约 10 倍的电压增益。

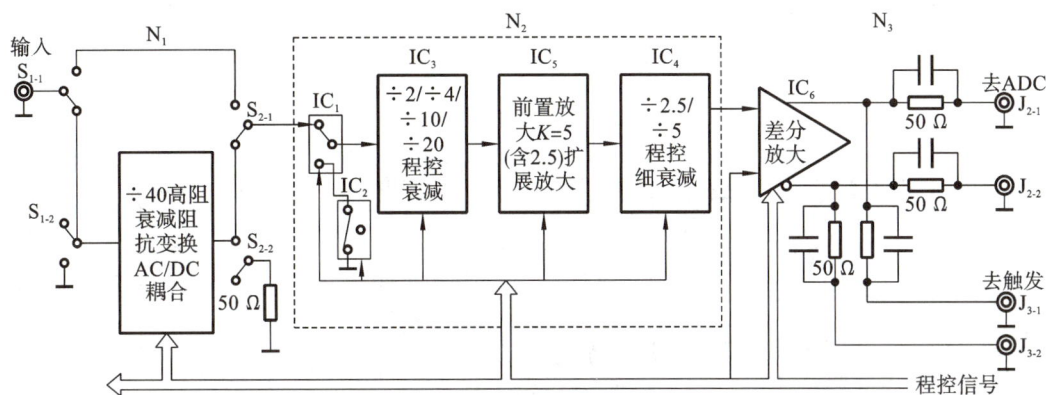

图 5-32　输入通道组成框图

3. 采集与存储

为了进一步提高示波器最高采样速率,以及降低对采样存储器读写速度的要求,数字示波器广泛采用了并行交错采样、输出数据降速等技术。并行交错采样技术利用多片 A/D 转换器并行对同一个模拟信号交序采样,从而提高数字示波器的最高采样率。输出数据降速可以解决高速 A/D 转换器与较慢速的采样存储器读写速度之间的矛盾。

数字示波器通常采用"串—并"转换分时存储的方法降低输出数据流的速度,其原理如图 5-33 所示。首先,A/D 转换器输出的数据 $D_0 \sim D_7$ 装满 8 个 4 位的移位寄存器后,即完成了 4 位串—并转换过程,再由锁存器锁存并送到采样存储器(SDRAM)。A/D 转换器输出数据流的最大速度为 1000 MHz,为了保证移位正确,移位寄存器的最大工作频率选为 1200 MHz,移位 4 次后锁存器锁存一次,因此,锁存器锁存和输出数据的频率只要不小于 1000/4＝250 MHz 即可,从而也满足 SDRAM 读写最高频率(266 MHz)的要求。上述降速过程相当于访问一次 SDRAM 就写入了 4 个 8 位数据,因此,可以使数据传输速度降低为原来的 1/4。

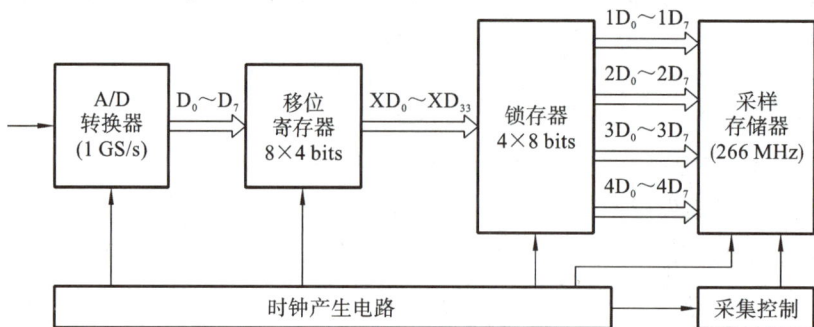

图 5-33　数字化与分时存储电路示意图

基于 AT84AD001 的 2 GHz 数据采集系统的接口电路框图如图 5-34 所示。在系统初始化时,设置 A/D 转换器工作在并行交替工作模式,即两通道都使用 I 通道输入模拟信号,外部输入时钟 CLKI 作为 I 通道工作时钟,Q 通道的工作时钟与 I 通道工作时钟同频反相;DMUX 设置为 1:2 模式。模拟输入信号经过前置放大滤波电路,再经过射频变压器 TP101 将单端信号转换为差分信号,送入 AT84AD001 的 I 通道模拟输入端。Q 通道的模拟输入端无须加入输入信号,A/D 转换器的输出为 4 路 8 bit 的 500 MS/s 的 LVDS 逻辑数据。

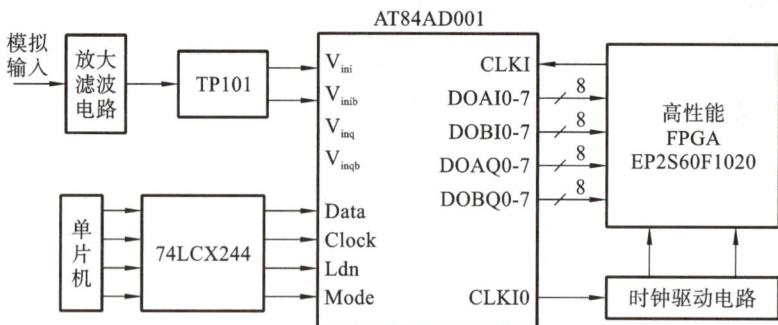

图 5-34　2 GHz 数据采集系统的接口电路框图

4. 显示系统

近年来,示波器等电子仪器广泛采用平板显示器作为显示系统。平板显示器包括液晶显示屏(LCD)、等离子体显示屏(PDP)、荧光显示屏(VFD)等。液晶显示屏中的 TFT LCD(薄膜晶体管液晶显示器)的可视偏转角度能达到 170° 以上,是示波器应用最为广泛的一种液晶显示器。

TFT LCD 一般采用典型的矩阵式结构,每个交叉点是点阵中的一个点,或称为一个像素。为了显示丰富的色彩信息,TFT LCD 屏幕中的每个像素都由 3 个分别对应红、绿、蓝单色滤光镜的子像素组成。通过控制 3 个子像素的透光程度,便可以使像素点呈现不同的色彩。对于一个 1024×768 分辨率的 TFT LCD 显示屏来说,共需 $1024 \times 768 \times 3 = 2359296$(约 24 万)个单元。

在 TFT LCD 工作时,以数据同步时钟 DCLK 为参考,通过对比 DCLK 计数形成行同步信号 HSYNC、帧同步信号 VSYNC、数据有效信号 DE,以及当前待显示像素的行地址和列地址,用于产生读取 RAM 数据、TFT LCD 源驱动芯片控制信号。

图 5-35 以二维形式给出了视频数据时序格式。每一帧、行开始之前,会产生一个 VSYNC、HSYNC 脉冲信号。帧之间、行之间有若干行无效数据,并且在 VSYNC 和 HSYNC 的头尾都留有回扫时间,无效数据的个数和回扫时间的长短与 TFT LCD 及图像分辨率有关。

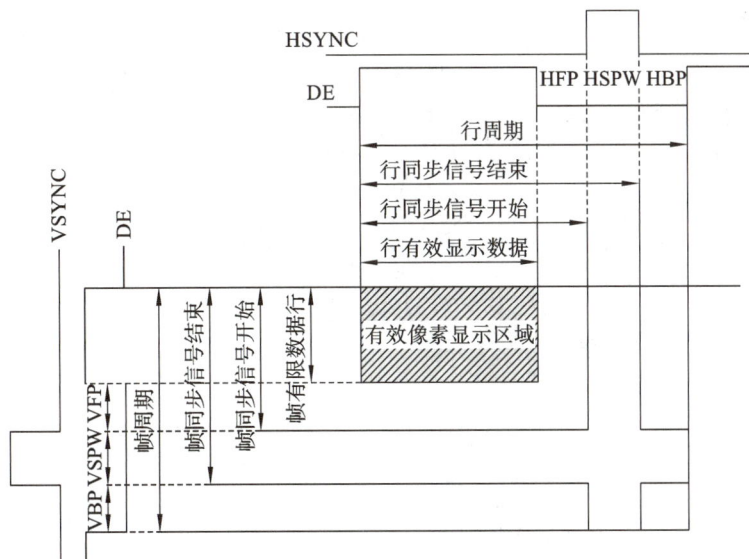

图 5-35 视频数据时序格式

在平板显示器显示波形时,首先被测信号经过 A/D 转换器将模拟信号转换为数字信号并存储,然后处理器读出采样的数据,进行插值、测量,处理器把采样数据转换为显示数据,存入显示 RAM 区,其中的数据与显示面板上的像素点一一对应。随后处理器控制液晶显示器进行一次刷新,从而完成波形的显示。当下一次采集完成后,处理器将存入新的波形数据,这样便可看到屏幕中显示的不断更新的波形。

5.3.3 波形参数的测量与处理

1. ΔT 和 ΔU 的测量

数字示波器对波形上任意两点间的时间差(ΔT)和电压差(ΔU)的测量,一般采用加亮标志法或光标标志法。加亮标志法是将被测量的波形段加亮标志,而光标标志法是通过设置两条水平或垂直光标线对被测波形部分进行标志。面板相应的按键控制波形加亮部分的起点、终点或者光标线的步进移动,并对应存储器中的相应数据。为了测量 ΔT、ΔU 的大小,通常应将扫描速度和灵敏度分挡编成代码,与波形代码一起存入存储器。

1)加亮标志法对 ΔT 测量的原理

假设扫描线由 255 个点组成,当扫描因数确定之后,每两点之间的步进时间 T_{step} 便是确定的。若想测量波形某一部分的 ΔT，就把加亮部分的点数求出来，再用点数乘以步进时间 T_{step}，即可求出 ΔT，为此先要解决加亮问题，其原理图及控制流程如图 5-36 所示。

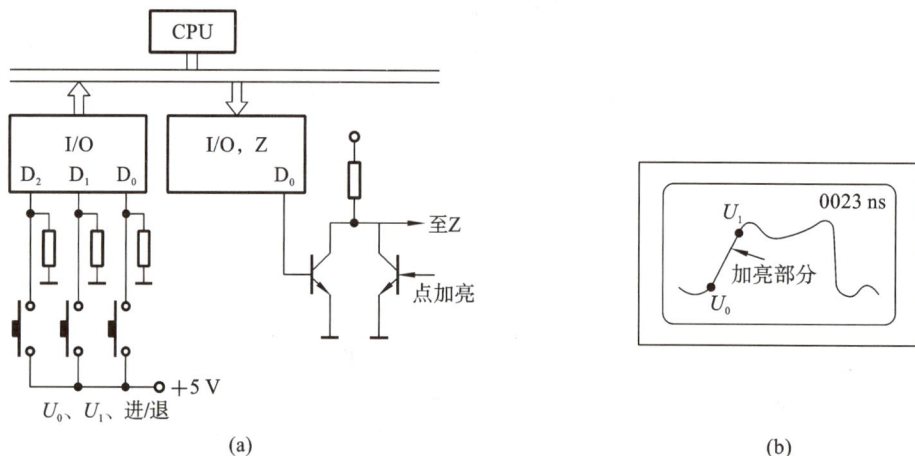

(a)

(b)

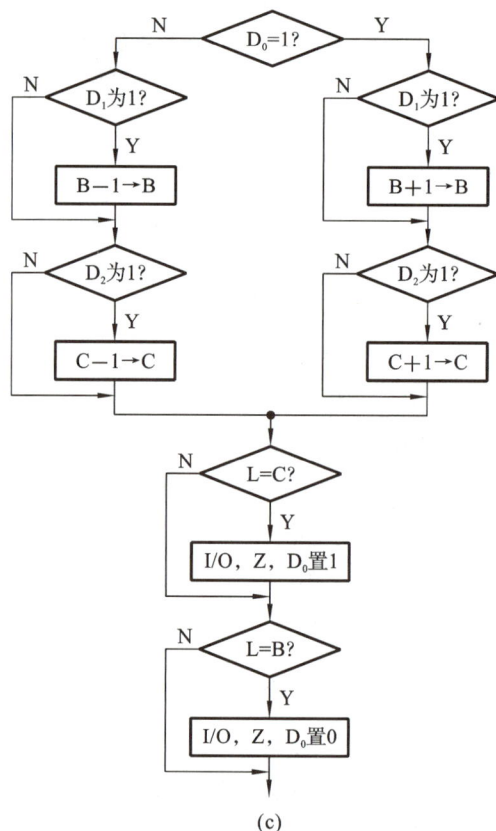

(c)

图 5-36 波形加亮原理图及控制流程

端口"I/O"为控制加亮的输入口，端口"I/O，Z"为控制加亮的输出口。其中，"I/O"口的 U_0 键和 U_1 键分别对应波形加亮部分的起点和终点，并定义 D_1 或 D_2 为 1，表示要改变 U_1 或 U_0 的位置，具体由进/退键决定，定义 D_0 为 1 时进，D_1 为 0 时退。在存储阶段，CPU 在两次取样之间访问 I/O 口，若 D_1 为 1，则 B 寄存器加 1(若同时 D_0 为 1)或者减 1(若同时 D_0 为

0）；若 D_2 为 1，则 C 寄存器加 1（若同时 D_0 为 1）或者减 1（若同时 D_0 为 0），使寄存器 B 和 C 分别寄存加亮部分起点和终点的地址。这样，在显示波形时，又不断地让信号存储器的地址计数器（L 寄存器）与 C 寄存器比较，当 L＝C 时，则使"I/O，Z"口的 D_0 置 1，它与加亮信号组合产生波形加亮的效果。同样，若 L＝B，则使"I/O，Z"口的 D_0 置 0，即加亮结束。这样，通过 U_0 键、U_1 键和进/退键，可使波形加亮部分变宽、变窄和左右移动。于是，加亮待测波形部分的时间 $\Delta T＝(B-C)T_{step}$，式中的（B－C）是加亮标志间的点数。步进时间 T_{step} 随不同的扫描时间变化，此时只要把存放在波形页面中的 0 号地址内容取出来，根据它的高 5 位代码就可以确定步进时间及单位。

2）加亮标志法对 ΔU 测量的原理

测量 ΔU 的方法与测量 ΔT 的方法基本相同。在计算 ΔU 的处理程序中，将存放 U_0、U_1 的 B、C 寄存器中的数作为地址，从地址中取出数据放在 D、E 寄存器中，此时加亮波形起点与终点的相对幅度之差 $U＝|E-D|\times 5$。其中 5 为灵敏度，大小由存放在波形页面中 0 号地址低 3 位确定。如果要测量波形某一点的电平，在存储波形时，要把被测信号零电平所对应的数据存入指定单元中，令零电平对应的数据为 U_0，被测点电平对应的数据为 U_1，则可利用上式得出该点的绝对电平。

3）字符的显示

在求出 ΔT、ΔU 之后，采用点阵法在屏幕上自动显示结果。本例显示字符共取 0，1，2，3，…，9，m，n，μ，s，v 等 15 个字符，每个字符用 10×7 点阵表示，则应把这些字符以二进制编码形式存放在只读存储器中形成字符 ROM，每个字符占据 10 个地址，并以首地址代表该字符在字符 ROM 中的位置。

设每个参数用 6 个字符表示，其中，4 位是数字字符，2 位是单位字符。在显示时，先根据实际求出 ΔT 或 ΔU，再经过处理程序把 4 个数字字符和 2 个单位字符的首地址找出来，按顺序存放在预先分配的缓冲区 ADR_1，ADR_2，…，ADR_6 中，最后调用字符显示程序，按顺序把 ADR_1，ADR_2，…，ADR_6 中给出的字符在屏幕指定的位置上一一显示出来。

2. 两波形的"加"运算

两波形的"加"运算是指把存放在不同页面中的波形数据对应相加。在相加时，要求波形扫描时间因数必须相同，否则无法表示相加后的时间。同时，应注意两个页面的灵敏度也要相同，若灵敏度不同，则应在运算之前把两页面的灵敏度加以调整或"对齐"，记下灵敏度调整系数。这时，如有溢出，还能自动调整，使每两点相加结果不超过 255。

5.3.4 项目化案例

设计并制作一台显示被测波形的简易数字存储示波器，如图 5-37 所示。

要求达到如下功能和技术指标。

（1）具有连续触发和单次触发两种方式。在连续触发方式中，仪器能连续对信号进行采集、存储并实时显示，且具有锁存（按"锁存"键即可存储当前波形）功能。在单次触发方式中，每按动一次"单次触发"键，仪器在满足触发条件时，能对被测周期信号或单次非周期信

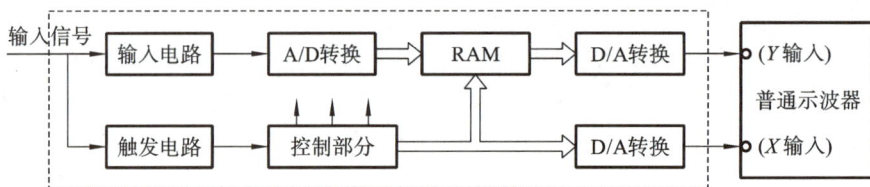

图 5-37 简易数字存储示波器示意图

号进行一次采集与存储,然后连续显示采集的波形。

(2)示波器垂直分辨率为 32 级/div,水平分辨率为 20 点/div(设示波器显示屏水平刻度为 10 div,垂直刻度为 8 div),输入阻抗大于 100 kΩ。

(3)仪器的频率范围为 DC～50 kHz,最少设置 0.2 s/div、0.2 ms/div、20 μs/div 三挡扫描速度,其误差≤5%;最少设置 1 V/div、0.1 V/div、0.01 V/div 三挡垂直灵敏度,其误差≤5%。

(4)仪器触发电路采用内触发方式,上升沿触发,触发电平可调。

(5)具有双踪示波功能,能同时显示两路被测信号波形。

(6)具有水平移动扩展显示功能,要求将存储深度增加一倍,并且能通过操作"移动"键显示被存储信号波形的任一部分。

(7)其他,例如,具有量程自动调节(AUTOSET)功能、频谱分析功能等。

从题目要求可以看出,设计内容涵盖了数字示波器的主要技术指标,只是考虑到电子竞赛的特点,将示波器被测信号的最高频率分量(存储带宽)限定在 50 kHz,并将其显示部分用模拟示波器(X-Y 工作方式)来替代。

1. 技术指标分析及总体方案的制定

1)取样方式及 A/D 转换器的选择

题目要求数字示波器具有单次显示触发功能,能对单次出现的信号进行测量,因此应选用实时采样方式。要求示波器垂直分辨率为 32 级/div,而显示屏的垂直刻度为 8 div,因而 A/D 转换器应能分辨 32×8 级＝256 级,则应选择 8 位 A/D 转换器。要求示波器的最快扫描速度为 20 μs/div,水平分辨率为 20 点/div,因而 A/D 转换器的最高转换速率应为 1 MHz。

若考虑双踪输入情况,A/D 转换器应选择最高转换速率为 2 MHz 以上的 8 位 A/D 转换器,如 CA3308、TLC5510 等。

2)存储器的选择

本题要求水平分辨率为 20 点/div,而显示屏水平刻度为 10 div,因而满屏显示需 20×10 点＝200 点。考虑双踪示波功能,存储深度应增加到 400 点,若再考虑水平移动扩展显示功能,可考虑选择容量为 1 KB 以上的存储器。

数字示波器的一个重要特点是要求数据的写入与读出能同时进行,这就存在一个共享 RAM 的问题。本设计可选择双口 RAM 器件,例如,选择容量为 2 KB 的双口 RAM 器件 IDT7132 等。

3）控制方案的确定

由于本题要求最高采样速率不小于 2 MHz，因此采用"CPLD＋单片机"的两层控制方案，底层由 CPLD 或普通 IC 为核心的高速逻辑控制电路组成，实现对系统的实时控制和高速的数据采集、存储与传输；顶层由单片机组成，实现人机交互、数据处理等工作。

根据以上分析，简易数字示波器的总体方案如图 5-38 所示。

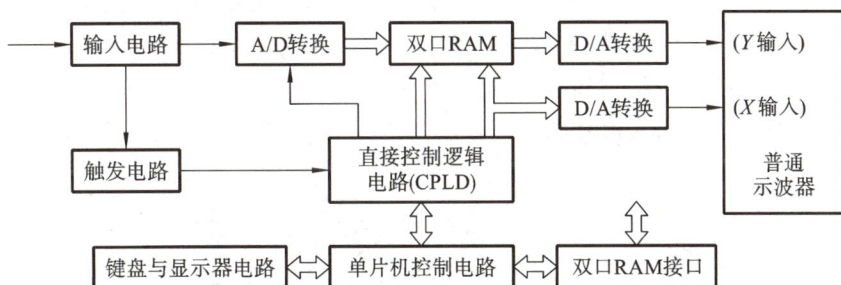

图 5-38　简易数字示波器的总体方案

2. 关键电路的分析与设计

1）输入电路的分析与设计

输入电路的主要作用是将输入信号的幅度调整到 A/D 转换器允许的电压范围内。题目要求垂直灵敏度挡位的范围在 0.01～1 V/div，示波器显示屏的垂直刻度为 8 div，则对应被测信号电压幅度（峰-峰值）的范围应在 0.08～8 V。如果选择的 A/D 转换器最大输入电压幅度为 2 V，则计算得到对应的输入电路的衰减放大系数的范围应为 0.25～25。若考虑 AUTOSET 功能的要求，则应按 1-2-5 分配原则设置 7 挡垂直灵敏度的量程（覆盖题目要求的 3 挡量程）。不同垂直灵敏度与对应衰减放大系数的关系表如表 5-1 所示。

表 5-1　垂直灵敏度与对应衰减放大系数的关系表

垂直灵敏度	10 mV 挡	20 mV 挡	50 mV 挡	0.1 V 挡	0.2 V 挡	0.5 V 挡	1 V 挡
衰减放大系数	25	12.5	5	2.5	1.25	0.5	0.25

输入电路可以根据表 5-1 选择由 7 挡量程的程控放大器（含"放大"倍数小于 1 的量程）组合而成，也可以由 2 挡量程的程控衰减器（×1、×0.1）和 4 挡量程的程控放大器（×2.5、×5、×12.5、×25）组合而成，或者采用具有 7 挡量程的程控衰减器和放大倍数固定为 25 的放大器组成的方案。

设计输入电路时应注重以下问题。

（1）放大器的增益带宽积。本题要求输入带宽不小于 50 kHz，则对应的增益带宽积应大于 1.25 MHz（25×50 kHz）。集成运放通过单位增益带宽（GBW）体现放大器增益带宽积的品质因数，因此在设计输入电路时，应选择 GBW 足够大的集成运算放大器，例如，选用 LF356（GBW 为 5 MHz）。

（2）信号电平移位。许多 A/D 转换器输入电压范围是单极性的，例如，TLC5510 要求的输入电压范围为 0～2 V，但是示波器输入电路归一化后送来的信号一般是双极性的，所以应在 A/D 转换器和输入电路之间加上一个电平移位电路,将 $-1\ V\sim+1\ V$ 的信号移位至 $0\sim2\ V$,否则显示的波形将出现不完整或发生偏移,甚至会引起整个仪器工作不正常。

(3)双踪输入。实际输入电路的设计还要考虑双踪输入等问题,如图 5-39 所示的典型输入电路设计方案,两路信号 CH_1、CH_2 通过跟随器 IC_1、IC_2 及模拟选择开关 IC_5 送到主放大器 IC_3,多路选择器 IC_6 完成单、双踪的控制,当 $P_{1.1}$ 为高电平时,仪器具有双踪示波功能,此时双通道的轮流切换由 CPLD 控制器产生的写地址信号的最低位 A_0 控制;当 $P_{1.1}$ 为低电平时,仪器具有单踪示波功能,由 $P_{1.0}$ 的电平选择通道。主放大器 IC_3 是根据表 5-1 设计的具有 7 挡量程的程控放大器。控制模拟选择开关 IC_7 实现 7 挡垂直灵敏度的选择。IC4 组成一个电平移位电路,使输入信号的电平移位到 A/D 转换器所要求的 $0\sim2\ V$ 范围内。

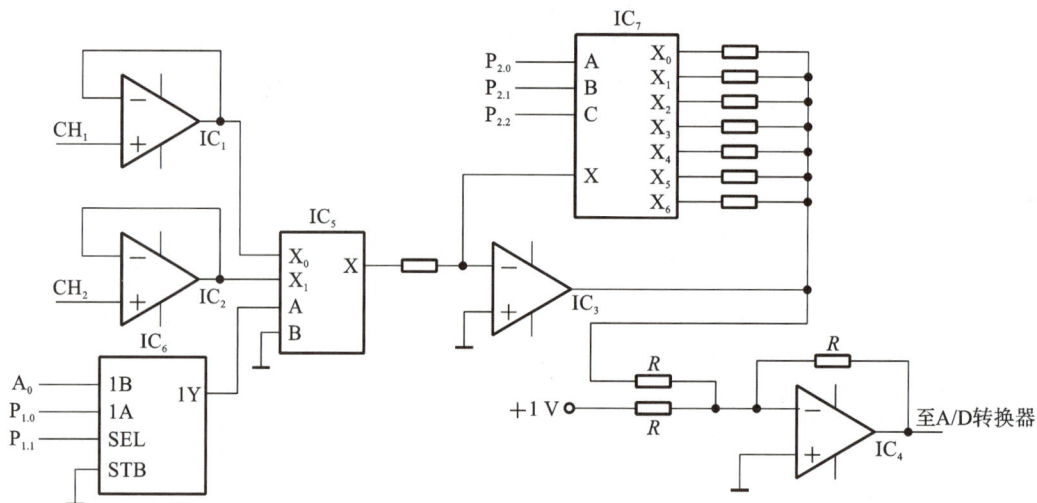

图 5-39　典型输入电路设计方案

2)采样与存储控制电路的设计

数字示波器的采样与存储控制电路一般由时钟、t/div 控制器、写地址计数器、RAM 读/写控制电路等组成,如图 5-40 所示。

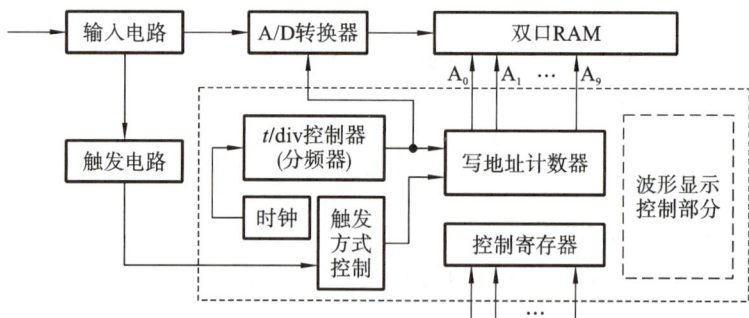

图 5-40　采样与存储控制电路框图

加入 Y 轴的输入电路信号经衰减、放大后分送至 A/D 转换器与触发电路。控制电路接收触发信号就启动一次数据采集及 RAM 的写入过程。一方面,A/D 转换器按 t/div 控制器产生的转换速率对输入信号进行采集,得到一串 8 位数据流;另一方面,使写地址计数器按顺序递增,以选通 RAM 中对应的存储单元。为了保证下一个数据能可靠地写入对应的存储单元,应在时钟的上升沿将转换后的数据写入存储器后,安排在其下降沿将存储器的写入地址计数器加 1。当 200 个存储单元写满时,就完成了一次写入循环。

t/div 控制器实际上是一个时基分频器,题目要求扫描速度的范围为 0.2 s/div~20 μs/div,水平分辨率为 20 点/div,经计算得 A/D 转换器转换速率的范围为 100 Hz~1 MHz。若考虑 AUTOSET 功能的要求,应按 1-2-5 分配原则共设置 13 挡扫描速度量程。经计算得到不同扫描速度与对应转换速率的关系,如表 5-2 所示。

表 5-2　扫描速度与对应转换速率的关系表

扫描速率	20 μs	50 μs	100 μs	200 μs	500 μs	1 ms	2 ms	5 ms	10 ms	20 ms	50 ms	100 ms	200 ms
转换速率	1 MHz	0.4 MHz	0.2 MHz	0.1 MHz	40 kHz	20 kHz	10 kHz	4 kHz	2 kHz	1 kHz	400 Hz	200 Hz	100 Hz

3)波形显示控制电路的设计

数字存储示波器中波形的采集、存储和显示是分离的,即不管数据以何种速度写入存储器,数据均以固定的速度读出,因而可以无闪烁地观察极慢信号,也可以稳定地显示很高频率的信号。

波形显示控制电路一般由时钟、写地址计数器等部分组成,用以控制双口 RAM 的另一组地址和控制总线。波形显示控制电路和采样与存储控制电路在逻辑关系上可以分离,但可以设计在同一可编程逻辑器件中(如图 5-40 所示)。

简易数字示波器采用如图 5-41 所示的波形显示控制电路。波形显示控制电路产生的扫描电压与采集的数据是同步的。一方面,读地址发生器提供连续的 RAM 读地址,依次将存储器中的波形数据送至 D/A 转换器,恢复为模拟信号 $Y(t)$,然后送至示波器 CRT 的 Y 轴;另一方面,地址信号同时经另一个 D/A 转换器形成锯齿阶梯波送至 CRT 的 X 轴作为同步扫描信号 $X(t)$。很显然,由于 $X(t)$ 和 $Y(t)$ 信号都来源于同一地址发生器,因而在显示屏上形成的波形非常稳定。

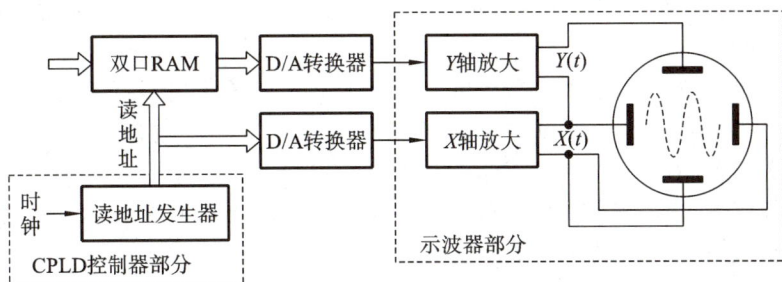

图 5-41　波形显示控制电路框图

3. 软件系统的设计

软件在数字示波器的设计中具有很重要的作用,除体现在底层和人机界面的控制外,更重要的是体现在数据处理方面。这是因为被测信号已按预定的速率取样、量化并存储在仪器中,因而微处理器可以通过软件对这些数据进行处理,从而扩展出许多仪器功能,如下。

(1)基于幅度和频率测量算法的自动测量功能。通过查找存储在 RAM 中波形数据的最大值、最小值及过零值等特征数据,计算出信号的频率、周期、峰-峰值、有效值等波形参数。

(2)基于 FFT 算法的数据处理功能。如果对信号等间隔采样 n 次并形成样本序列 $X_p(n)$,再采用 FFT(快速傅里叶变换)算法进行处理,则可得到信号各次谐波的频谱系数,从而使示波器具有频谱分析的功能。设各次谐波幅度分别为 $v_2, v_3, \cdots, v_n$,则可以根据公式 $K_f = \sqrt{v_2^2 + v_3^2 + \cdots + v_n^2} \times 100\%$,求出信号的谐波失真度,从而使仪器在功能上有更大的扩展。

习　题　5

5.1　如果要达到稳定显示重复波形的目的,那么扫描锯齿波与被测信号间应具有怎样的关系?

5.2　与示波器 A 配套使用的阻容式无源探头,是否可与另一台示波器 B 配套使用?为什么?

5.3　示波器的延迟线的作用是什么?

5.4　数字示波器的采样方式有几种?采用等效采样方式能不能观察单次信号,为什么?

5.5　某数字示波器的垂直分辨率为 32 级/div,水平分辨率为 100 点/div,最快的扫描速度为 10 μs/div,试确定该数字示波器应采用几位 A/D 转换器?采用的 A/D 转换器的转换速率最低应为多少?示波器记录长度最小应为多少?

5.6　某数字示波器采用 8 位 A/D 转换器,记录长度为 1 KB,试求该数字示波器的垂直分辨率和水平分辨率分别为多少?若示波器的 A/D 转换器最大输入电压范围为 -5 V~$+5$ V,灵敏度选为 5 V/div,示波器输入电路中放大器的放大倍数为 1,则输入电路中的衰减器应如何设计?

5.7　若数字示波器 Y 通道采用转换速率为 10 MHz、输入电压范围为 0~5 V 的 8 位 A/D 转换器,示波器的记录长度为 516,试问:

(1)示波器的存储带宽是多少(未采用插值处理)?

(2)若示波器的灵敏度挡位的范围是 0.1~5 V/div,试设计示波器的输入电路。

(3)确定示波器扫描速度挡位的范围,并设计示波器的时基系统。

(4)示波器的垂直分辨率和水平分辨率分别是多少?

5.8　在使用数字示波器测某信号时,其扫描速度为 5 μs/div,灵敏度为 0.1 V/div,若显示的信号波形中 A、B 两点的位置(X, Y)分别为:A 点(3EH,72H)、B 点(6DH,23H),试计算 A、B 两点间的时间差 ΔT 和电压差 ΔU 的大小(设 X 和 Y 的量化满度值均为 FFH)。

项目6

基于电压测量的
智能电压表设计

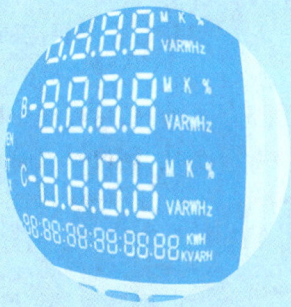

电压测量是电子测量的基础，也是最直接、最普遍的测量。电子电路的工作状态，如谐振、截止、饱和，以及工作点的动态范围等，通常以电压形式表现出来。在非电量的测量中，也多利用各类传感器件，将非电量参数转换成电压参数。电路中电流、功率和信号的调幅度等电压的派生量，均可通过电压测量获得其量值。在进行电压测量时，只要电压表的输入阻抗足够大，就可以几乎不影响原电路工作状态而获得较满意的测量结果。

6.1　概　述

6.1.1　电压测量的基本要求

电子电路中的电压具有频率范围宽、幅度差别大、波形多样化等特点，所以对测量电压所采用的测量仪表也提出了相应的要求，主要包括如下。

(1)频率范围宽。被测信号的频率可以在 0 到几千赫兹范围内变化，这就要求测量仪表的频带要覆盖较宽的频率范围。例如，TH2268 高频数字毫伏表的频率范围为 1 kHz～1200 MHz。

(2)测量范围广。通常被测信号电压小到微伏级，大到千伏级以上，这就要求测量仪表的量程相当宽。

(3)输入阻抗高。在进行电压测量时，测量仪器的输入阻抗相当于被测电路的外加负载，因此，为了尽量减小仪器输入阻抗对被测电路的影响，就要求测量仪器具有较高的输入阻抗。数字式直流电压表的输入阻抗一般可达到 1000 GΩ；数字式交流电压表的输入阻抗一般为 1 MΩ//15 PF。

(4)测量精度高。测量仪表在对电压进行测量时，应保证其引起的测量不确定度较小。由于电压测量的基准是直流标准电池，而且在直流测量中，各种分布性参量对测量的影响较小，因此，与交流电压测量相比，直流电压的测量可获得更高的精度。

(5)抗干扰能力强。电压测量易受到外界干扰，特别是当电压信号较小时，干扰往往成为影响测量精度的主要因素。因此，高灵敏度电压表必须具有较强的抗干扰能力，测量时也要注意采取相应的措施(如接地、屏蔽等)来减少干扰的影响。

(6)能准确测量各种信号波形。实际工作中的电压信号通常具有各种不同的波形,除正弦波外,还包括大量非正弦波,如方波、锯齿波等。在测量时,应考虑采用适当的仪器及测量方法,确保对不同的信号波形进行准确测量。

6.1.2 电压测量仪器的分类

电压测量仪器主要指各类电压表。在一般工频(50 Hz)和要求不高的低频(低于几十千赫兹)测量时,可使用一般多用表电压挡,其他情况大都使用电子电压表。按显示方式不同,电子电压表分为模拟式电压表和数字式电压表。前者以模拟式电表显示测量结果,后者用数字显示器显示测量结果。模拟式电压表准确度和分辨力不及数字电压表,但由于其结构相对简单,价格较为便宜,频率范围宽,而且在某些场合下不需要准确测量电压的真实大小,只需要知道电压大小的范围或变化趋势,例如,谐振电路调谐时峰值、谷值的观测,此时用模拟式电压表反而更为直观。数字式电压表测量准确度高,测量速度快,输入阻抗大,过载能力强,抗干扰能力和分辨率优于模拟电压表。

1. 模拟式电压表

(1)按测量功能分类。模拟式电压表分为直流电压表、交流电压表和脉冲电压表。其中脉冲电压表主要用于测量脉冲间隔很长(占空比系数很小)的脉冲信号和单脉冲信号,一般情况下脉冲电压表已逐渐被示波器所取代。

(2)按工作频段分类。模拟式电压表分为超低频电压表(低于 10 Hz)、低频电压表(低于 1 MHz)、视频电压表(低于 30 MHz)、高频或射频电压表(低于 300 MHz)和超高频电压表(高于 300 MHz)。

(3)按测量电压量级分类。模拟式电压表分为电压表和毫伏表。电压表的主量程为 V(伏)量级,毫伏表的主量程为 mV(毫伏)量级。主量程是指不加分压器或外加前置放大器时电压表的量程。

(4)按电压测量准确度等级分类。模拟式电压表分为 0.05、0.1、0.2、0.5、1.0、1.5、2.5、5.0 和 10.0 等级电压表。

(5)按刻度特性分类。模拟式电压表分为线性刻度、对数刻度、指数刻度和其他非线性刻度电压表。

(6)按电路组成形式分类。模拟式电压表分为检波-放大式电压表、放大-检波式电压表、外差式电压表。

2. 数字式电压表

数字式电压表目前尚无统一的分类标准。一般按测量功能分为直流智能数字电压表和交流智能数字电压表。其中,交流智能数字电压表按其 AC/DC 变换原理分为峰值交流智能数字电压表、平均值交流智能数字电压表和有效值交流智能数字电压表。

6.1.3 交流电压的表征

交流电压除用具体的函数关系表示其大小随时间变化的规律外,通常还可以用平均值、有效值、峰值等参数表征。

1.平均值

平均值是指周期信号的直流分量,所以纯交流电压的平均值为零。为了进一步表示交流电压的大小,交流电压的平均值特指交流电压经过均值检波后波形的平均值,它分为半波平均值 $\overline{U}_{1/2}$ 和全波平均值 $\overline{U}$。

$$\overline{U}_{+1/2} = \frac{1}{T}\int_0^{T/2} u(t)\,\mathrm{d}t \quad u(t) \geqslant 0, 0 \leqslant t < T$$

$$\overline{U}_{-1/2} = \frac{1}{T}\int_0^{T/2} u(t)\,\mathrm{d}t \quad u(t) \leqslant 0, 0 \leqslant t < T \tag{6-1}$$

$$\overline{U} = \frac{1}{T}\int_0^{T} |u(t)|\,\mathrm{d}t \quad 0 \leqslant t < T$$

式中,$\overline{U}_{+1/2}$、$\overline{U}_{-1/2}$ 分别为正、负半波平均值;$\overline{U}$ 为全波平均值;T 为被测电压的周期。通常,在无特别注明时,纯交流电压的平均值一般指全波平均值 $\overline{U}$。对于纯交流(正负半周对称)电压,存在关系 $\overline{U} = 2\,\overline{U}_{+1/2} = 2\,\overline{U}_{-1/2}$。

2.有效值

有效值又称为均方根值。在一个周期内,若交流电压在某纯电阻负载产生的热量等于一个直流电压在同一个负载上产生的热量,则该直流电压的数值就是交流电压的有效值,直接反映交流信号能量的大小。若无特别说明,交流电压值均指有效值。其数学表达式定义为

$$U = \sqrt{\frac{1}{T}\int_0^{T} u^2(t)\,\mathrm{d}t} \tag{6-2}$$

3.峰值

交流电压的峰值是指交流电压在一个周期内(或一段时间内)以零电平为参考基准的最大瞬时值,记为 U_P,分为正峰值 U_{P+} 和负峰值 U_{P-}。经常用到的交流电压表征量还有峰-峰值 U_{P-P}。一般情况下,正峰值 U_{P+} 和负峰值 U_{P-} 并不相等,峰值与振幅值 U_m 也不相等,这是因为振幅值是以电压波形的直流成分为参考基准的最大瞬时值,如图 6-1 所示。

6.1.4 交流电压各表征量之间的关系

交流电压的量值可用平均值、有效值和峰值等多种形式表示。采用的表示形式不同,其数值也不相同。但是平均值、有效值和峰值所反映的是同一个被测量,这些数值之间可以相互转换。

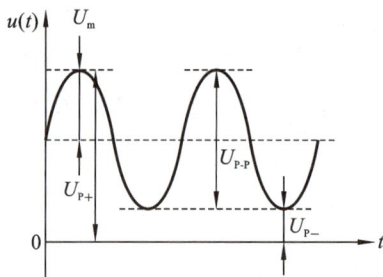

图 6-1　交流电压的峰值及振幅值

波形因数 K_F。交流电压的有效值 U 与平均值 $\overline{U}$ 之比称为波形因数 K_F，即 $K_F = \dfrac{U}{\overline{U}}$。

波峰因数 K_P。交流电压的峰值 U_P 与有效值 U 之比称为波峰因数 K_P，即 $K_P = \dfrac{U_P}{U}$。

信号的波形不同，相应的波形因数 K_F、波峰因数 K_P 也不同，如表 6-1 所示。

表 6-1　几种典型的交流电压波形的参数

序号	波形	峰值	平均值	有效值	波形因数	波峰因数
1	正弦波	U_P	$\dfrac{2}{\pi}U_P$	$\dfrac{U_P}{\sqrt{2}}$	1.11	$\sqrt{2} \approx 1.414$
2	半波整流	U_P	$\dfrac{1}{\pi}U_P$	$\dfrac{U_P}{\sqrt{2}}$	1.57	2
3	全波整流	U_P	$\dfrac{2}{\pi}U_P$	$\dfrac{U_P}{\sqrt{2}}$	1.11	$\sqrt{2} \approx 1.414$
4	三角波	U_P	$\dfrac{U_P}{2}$	$\dfrac{U_P}{\sqrt{2}}$	1.15	$\sqrt{3} \approx 1.732$
5	方波	U_P	U_P	U_P	1	1

6.2　模拟式直流电压表

6.2.1　动圈式电压表

模拟式直流电压表测量电压时先将被测直流电压变换成直流电流，再利用模拟直流电流表进行测量，并利用表头指针显示电压测量值。

1. 模拟直流电流表

模拟直流电流表多数为磁电式仪表,因此通常称为磁电式表头(或称为表头)。它由固定部分和活动部分构成,如图 6-2 所示。固定部分由永久磁铁、极靴和铁心等构成,形成固定磁路;活动部分由带铝框架的线圈、固定在转轴上的指针及游丝等构成,活动部分在磁场力产生的转动力矩作用下转动并显示测量值。

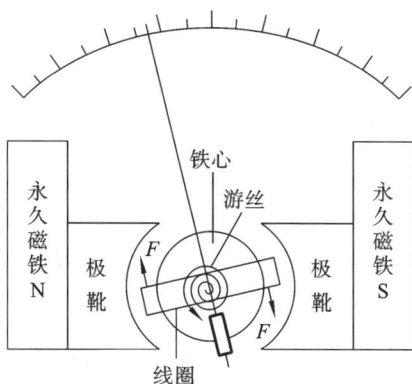

图 6-2　磁电式表头的结构

当有直流电流流过线圈时,线圈就会产生磁场,与永久磁铁在磁场作用下产生转动力矩,这个转动力矩使线圈转动,并稳定在与反作用力矩(游丝变形产生)相平衡的位置上,此时指针的偏转角 α 与通过线圈的直流电流 I 的大小成正比,数学表达式为

$$\alpha = \frac{\psi_0}{N} I = S_{\mathrm{I}} I \tag{6-3}$$

式中,ψ_0 为线圈转动单位角度时穿过它的磁链;N 为游丝的反作用力矩系数;S_{I} 是 ψ_0 与 N 的比值,称为电流灵敏度,它是由内部结构决定的常数。

此外,线圈的铝框架在磁场中运动会产生阻尼力矩,该力矩的大小与线圈转动速度成正比,方向与转动力矩相反,能保证指针较快地稳定在平衡位置。

2. 单量程电压表

单量程电压表由磁电式表头串联分压电阻 R_{V} 构成,如图 6-3 所示。图中,U 为被测电压;I'_{g} 为通过表头的电流;U'_{g} 为表头两端的电压;R_{g} 为表头的内阻。

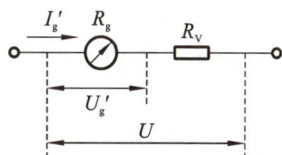

图 6-3　单量程电压表的结构

根据图 6-3 可得

$$I'_{\mathrm{g}} = \frac{U'_{\mathrm{g}}}{R_{\mathrm{g}}} = \frac{U}{R_{\mathrm{g}} + R_{\mathrm{V}}} \tag{6-4}$$

则表头指针偏转角为

$$\alpha = S_{\mathrm{I}} I'_{\mathrm{g}} = \frac{S_{\mathrm{I}}}{R_{\mathrm{g}}} U'_{\mathrm{g}} = S_{\mathrm{U}} U'_{\mathrm{g}} = \frac{S_{\mathrm{U}} R_{\mathrm{g}}}{R_{\mathrm{g}} + R_{\mathrm{V}}} U \tag{6-5}$$

式(6-5)说明了电压表测量电压的原理,当 R_{g} 和 R_{V} 一定时,电压表指针的偏转与被测电压

成正比,因此指针的指示值能反映被测电压的大小。在该式中,S_I 与 R_g 的比值称为电压灵敏度 S_U。

当被测电压 U 达到电压表的量程最大值 U_m 时,通过表头的电流 I'_g 为满偏电流 I_g,而表头两端的电压 U'_g 即为满偏电压 U_g,此时有

$$U_g = \frac{R_g}{R_g + R_V} U_m \tag{6-6}$$

则电压量程的扩大倍数为

$$m = \frac{U_m}{U_g} = \frac{R_g + R_V}{R_g} \tag{6-7}$$

根据式(6-7),可得分压电阻为

$$R_V = (m - 1)R_g \tag{6-8}$$

从式(6-8)看出,量程越大的电压表,其分压电阻也越大,因此可通过增大分压电阻的阻值来扩大电压表的量程。由于电压表指针的偏转与被测直流电压成正比关系,因此电压表的标尺刻度是均匀的。

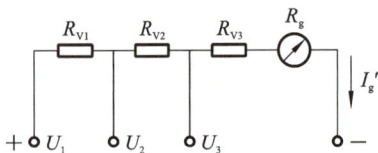

图 6-4 三量程电压表的电路结构

3. 多量程电压表

多量程电压表采用多个分压电阻和表头串联构成。图 6-4 为三量程的直流电压表的电路结构,图中 R_{V1}、R_{V2}、R_{V3} 分别为不同量程的分压电阻。

根据图 6-4 所示,要得到图中所示的三个量程,各分压电阻可由下式计算

$$\begin{cases} R_{V1} = \dfrac{U_1 - U_2}{I'_g} \\[2mm] R_{V2} = \dfrac{U_2 - U_3}{I'_g} \\[2mm] R_{V3} = \dfrac{U_3}{I'_g} - R_g \end{cases} \tag{6-9}$$

6.2.2 电子电压表

1. 电子电压表的原理

电子电压表通常使用高输入阻抗的场效应管(FET)源极跟随器或真空三极管阴极跟随器以提高电压表输入阻抗,后接放大器以提高电压表灵敏度。当需要测量高直流电压时,输入端接入分压电路。分压电路的接入使输入电阻有所降低,但只要分压电阻取值较大,就可以使输入电阻较动圈式电压表大得多。

图 6-5 中 R_0、R_1、R_2、R_3 组成分压器。由于 FET 源极跟随器输入电阻很大(几百 MΩ 以上),因此 U_x 测量端的输入电阻基本上由 R_0、R_1 等串联电阻决定,通常使它们的串联电阻之和大于 10 MΩ,以满足高输入阻抗的要求。同时,在这种结构下,电压表的输入阻抗基

本上是一个常量,与量程无关。

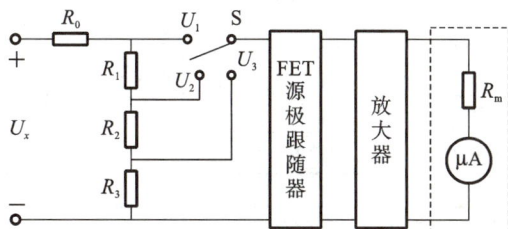

图 6-5　电子电压表框图

图 6-6 是 MF-65 集成运放电压表的原理图。

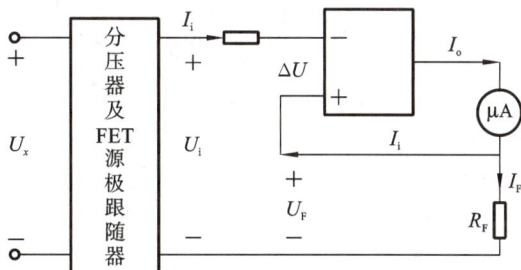

图 6-6　MF-65 集成运放电压表的原理图

当运放开环放大系数 A 足够大时,可以认为 $\Delta U \approx 0$(虚短路),$I_i \approx 0$(虚断路),因而有

$$U_F \approx U_i \tag{6-10}$$

$$I_F \approx I_o \tag{6-11}$$

所以

$$I_o \approx I_F \approx \frac{U_F}{R_F} \approx \frac{U_i}{R_F} \tag{6-12}$$

分压器和电压跟随器的作用使 U_i 正比于待测电压 U_x,即

$$U_i = kU_x \tag{6-13}$$

因而

$$I_o \approx \frac{k}{R_F} \cdot U_x \tag{6-14}$$

即流过电流表的电流 I_o 与被测电压成正比,只要分压系数 k 和反馈电阻 R_F 足够精确和稳定,就可以获得良好的准确度。因此,各分压电阻及反馈电阻 R_F 都要使用精密电阻。

2. 调制式直流放大器

在上述使用直流放大器的电子电压表中,直流放大器的零点漂移限制了电压表灵敏度的提高,为此,电子电压表中常采用调制式放大器代替直流放大器抑制漂移,这样可使电子电压表测量微伏量级的电压。调制式直流放大器的原理图如图 6-7 所示,微弱的直流电压信号经调制器(又称斩波器)变换为交流信号,再由交流放大器放大,经解调器还原为直流信号(幅度已得到放大)。振荡器为调制器和解调器提供固定频率的同步控制信号。

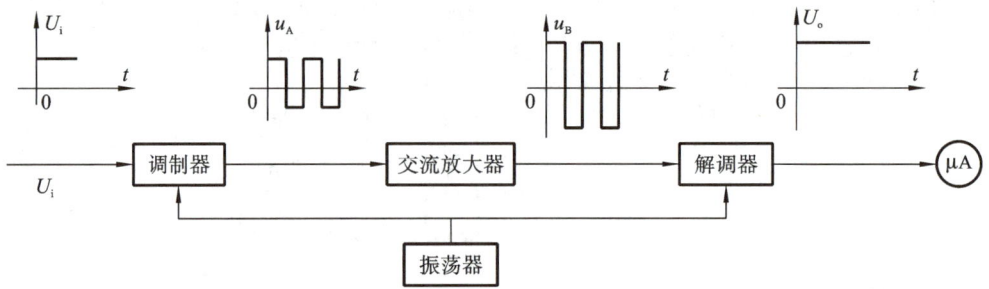

图 6-7　调制式直流放大器的原理图

　　调制器和解调器实质上是一对同步开关,开关控制信号由振荡器提供。调制器的工作原理及各点波形如图 6-8 所示。图 6-8(a)中,S_M 为机械式振子开关或场效应管电子开关;R 为限流电阻,以防信号源被短路;C 为隔直流电容;R_i 为交流放大器等效输入电阻。图 6-8(d)中,U_i 为输入直流信号,在 $0 \sim T/2$ 区间,S_M 打开,如图 6-8(b)所示,此时 $u_M = U_i$,在 $T/2 \sim T$ 区间,S_M 闭合,如图 6-8(c)所示,$u_M = 0$,如此交替,获得如图 6-8(e)所示的 u_M 波形,经电容 C 滤除直流成分,得到如图 6-8(f)所示的交流信号 u_A,由交流放大器放大。

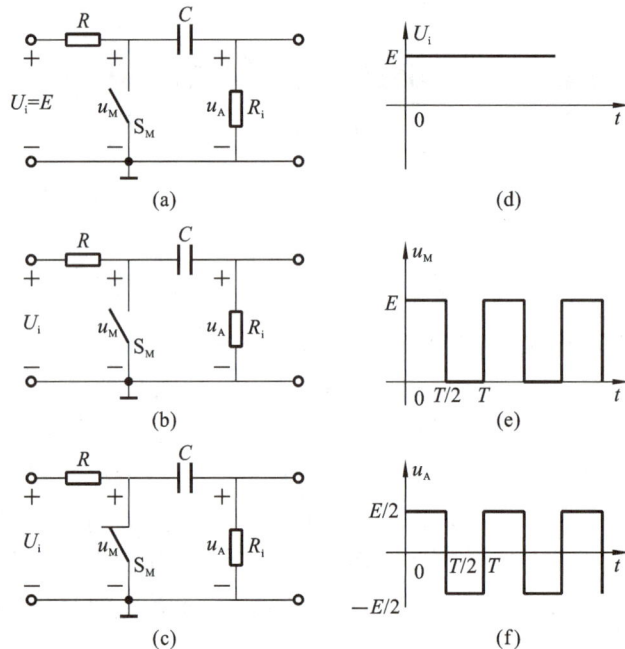

图 6-8　调制器的工作原理及各点波形

　　解调器的工作原理和各点波形如图 6-9 所示。图(a)中,S_D 是与调制器中 S_M 同步动作的机械式振子开关或场效应管电子开关;C 为隔直流电容,它的隔直流作用使放大器的零点漂移被阻断,不会传输到后面的直流电压表表头;R 为限流电阻;R_F、C_F 构成滤波器,滤波后得到放大的直流信号。解调器中各点波形如图 6-8(b)、(c)、(d)所示。

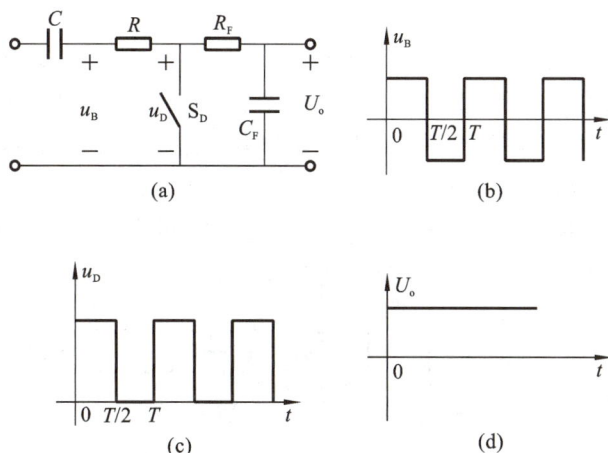

图 6-9　解调器的工作原理和各点波形

6.2.3　模拟交流电压表

1. 交流电压测量原理

严格来说,电信号大多是随时间而变化的,对这些不断发生变化的电信号的幅度值的测量,即为交流电压的测量。在测量交流电压时,必须先经过交/直流变换电路(即检波器),将被测交流电压先转换成与之成比例的直流电压后,再进行直流电压的测量。因此模拟式交流电压表通常由磁电式表头和检波器构成。交流电压的大小,一般由峰值、平均值和有效值来表征。所以测量不同交流电压值,还需要配置相应的检波器。常用的检波器主要有均值检波器、有效值检波器和峰值检波器。

2. 模拟交流电压表的主要类型

1)检波-放大式电压表

在直流放大器前面接上检波器,构成如图 6-10 所示的检波-放大式电压表。这种电压表的频率范围和输入阻抗主要取决于检波器。采用超高频检波二极管并设计电表结构工艺,可使该电压表的频率测量范围从几十赫兹到几百兆赫兹,输入阻抗也较大。一般将这种电压表称为高频毫伏表(高频电压表)或超高频毫伏表(超高频电压表)。例如,DA36 型超高频毫伏表,其测量频率范围为 10 kHz~1000 MHz;电压范围为 1 mV~10 V(不加分压器)。

当测量频率在 100 kHz 时,3 V 量程,输入阻抗>100 kΩ;当测量频率在 50 MHz 时,3 V 量程,输入阻抗>50 kΩ,输入电容<2 pF。

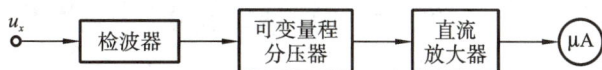

图 6-10　检波-放大式电压表框图

2）放大-检波式电压表

当被测电压过低时，直接进行检波误差会显著增大。为了提高交流电压表的测量灵敏度，可先将被测电压进行放大，然后检波和推动直流电表显示，因此构成图 6-11 所示的放大-检波式电压表。这种电压表的频率范围主要取决于宽带交流放大器，灵敏度受到放大器内部噪声的限制，通常频率范围为 20 Hz～10 MHz，因此也称这种电压表为视频毫伏表，多用在低频、视频场合。例如，S401 视频毫伏表，其频率范围为 20 Hz～10 MHz；测量电压范围为 100 μV～1 V；输入阻抗≥1 MΩ，输入电容≤20 pF。

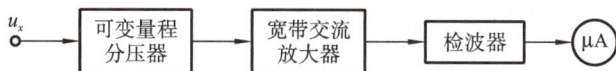

图 6-11　放大-检波式电压表框图

3）调制式电压表

前面分析直流电压表时即已说明，为了减小直流放大器的零点漂移对测量结果的影响，可采用调制式放大器替代一般的直流放大器，如图 6-12 所示为调制式电压表。实际上，这种方式仍属于检波-放大式。DA36 型超高频毫伏表就采用了这种方式，其中放大器是由固体斩波器和振荡器构成的调制式直流放大器。

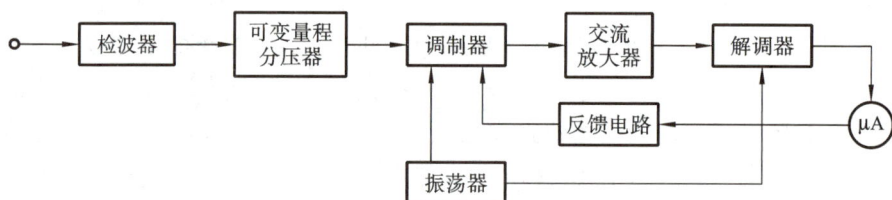

图 6-12　调制式电压表框图

4）外差式电压表

检波二极管的非线性限制了检波-放大式电压表的灵敏度，虽然其频率范围较宽，但测量的灵敏度一般仅达到毫伏级。对于放大-检波式电压表，由于受到放大器增益与带宽矛盾的限制，虽然灵敏度可以提高，但频率范围较窄，一般在 10 MHz 以下。同时用这两种方式测量电压时，都会由于干扰和噪声的影响而妨碍灵敏度的提高。外差式电压表在相当大的程度上解决了上述矛盾，其原理如图 6-13 所示。

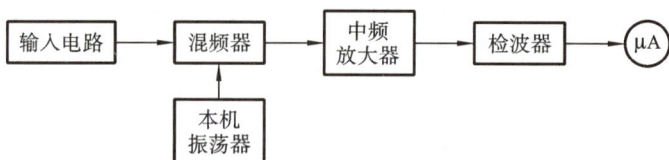

图 6-13　外差式电压表框图

输入电路中包括输入衰减器和高频放大器，衰减器用于大电压测量，高频放大器带宽很宽，但不要求有很高的增益，被测电压的放大主要由后面的中频放大器完成。被测信号经输入电路，与本振信号一起进入混频器，转变成频率固定的中频信号，经中频放大器放大后进入检波器并转变成直流电压推动表头进行显示。

由于中频放大器具有良好的频率选择性和固定的中频频率,因而解决了放大器增益带宽的矛盾,又因为中频放大器具有极窄的带通滤波特性,因而可以在实现高增益的同时,有效地削弱干扰和噪声(二者都具有很宽的带宽)的影响,使测量灵敏度提高到 μV 级,因此也称其为高频微伏表。典型的外差式电压表有 DW-1 型高频微伏表,其最小量程为 $15\ \mu V$,最大量程为 $15\ mV$(加衰减器可扩展到 $1.5\ V$),频率范围从 $100\ kHz$ 到 $300\ MHz$,分 8 个频段,基本误差为 $\pm 3\%$。

3. 检波器

1)均值检波器

均值检波器常用于放大-检波式电压表中,对放大后的交流电压进行检波,使检波后的直流电流正比于输入交流电压的平均值。常用的均值检波器有桥式电路、半桥式电路,如图 6-14 所示。并联在表头两端的电容滤除检波器输出电流中的交流成分,防止表头指针抖动,并避免脉冲电流在表头内阻上的热损耗。

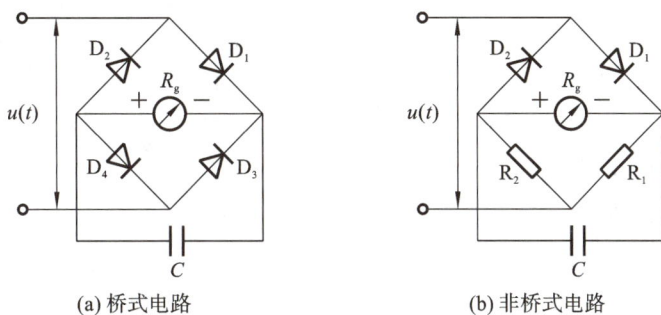

(a) 桥式电路　　　　　　　　　　(b) 非桥式电路

图 6-14　均值检波器电路

将放大后的交流电压 $u(t)$ 加到检波电路的输入端,在电压信号的正半周,二极管 D_1 和 D_4 导通,正半周通过表头的平均电流为

$$\overline{I}_{正} = \frac{1}{T}\int_0^{\frac{T}{2}} \frac{|u(t)|}{2R_d + R_g}\mathrm{d}t = \frac{\overline{U}}{4R_d + 2R_g} \qquad (6\text{-}15)$$

式中,R_d 为二极管的正向电阻;R_g 为磁电式表头内阻。同理,在电压信号的负半周,二极管 D_2 和 D_3 导通,通过表头的平均电流与正半周相同,因此在一个周期内通过表头的平均电流为

$$\overline{I} = \overline{I}_{正} + \overline{I}_{负} = \frac{\overline{U}}{2R_d + R_g} \qquad (6\text{-}16)$$

通过表头的平均电流与输入电压的平均值成正比,而磁电式表头指针的偏转又与平均电流成正比,因此表头指针的偏转大小能反映输入电压平均值的大小,它与输入电压的平均值成正比关系。

2)有效值检波器

有效值电压表中的检波器根据获取有效值的方法不同,可分为二极管平方律检波器、热电转换式检波器和电子真有效值检波器。

（1）二极管平方律检波器。

真空或半导体二极管在其正向特性的起始部分，具有近似的平方律关系，如图 6-15 所示。

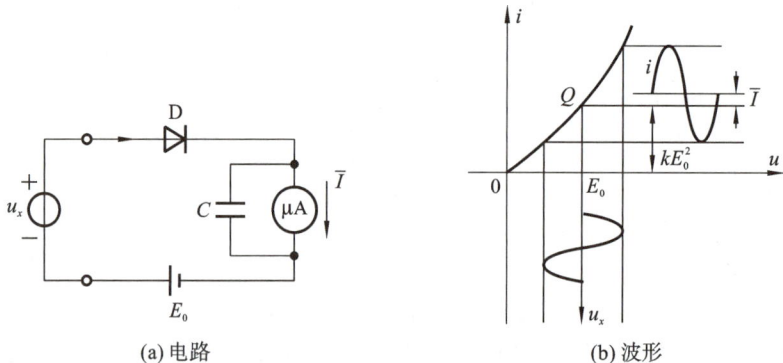

(a) 电路   (b) 波形

图 6-15　二极管的平方律关系

图中，E_0 为偏置电压，当信号电压 u_x 较小时，有

$$i = k\left[E_0 + u_x(t)\right]^2 \tag{6-17}$$

式中，k 是与二极管特性有关的系数（称为检波系数）。由于电容 C 的积分（滤波）作用，流过微安表的电流正比于 i 的平均值 $\overline{I}$，有

$$
\begin{aligned}
\overline{I} &= \frac{1}{T}\int_0^T i(t) \\
&= kE_0^2 + 2kE_0\left[\frac{1}{T}\int_0^T u_x(t)\mathrm{d}t\right] + k\left[\frac{1}{T}\int_0^T u_x^2(t)\mathrm{d}t\right] \\
&= kE_0^2 + 2kE_0\overline{U}_x + kU_{\mathrm{rms}}^2
\end{aligned}
\tag{6-18}
$$

式中，kE_0^2 是静态工作电流，可以设法将其抵消；$\overline{U}_x$ 为 $u_x(t)$ 的平均值，对于正弦波等周期对称电压，$\overline{U}_x = 0$；U_{rms} 是 $u_x(t)$ 的有效值 U。这样，流经微安表的电流 $\overline{I} = kU_{\mathrm{rms}}^2$，从而实现了有效值转换。

这种转换器的优点是结构简单，灵敏度高；缺点是满足平方律特性的区域（即有效值检波的动态范围）过窄，特性不易控制和不稳定，所以逐渐被晶体二极管链式网络组成的分段逼近式有效值检波器所替代。但是这种方法必须使用较多的元件，电路较为复杂。

（2）热电转换式检波器。

热电转换式检波器是实现有效值电压测量的一种重要方法。它利用具有热电变换功能的热电偶实现有效值变换。

图 6-16 中 AB 为不易熔化的金属丝，称加热丝，M 为热电偶，它由两种不同材料的导体连接而成，其交界面与加热丝耦合，故称"热端"，而 D、E 为"冷端"。当加入被测电压 u_x 时，热电偶的热端 C 温度将高于冷端 D、E，产生热电动势，故有直流电流流过微安表。该电流正比于热电动势。因为热端温度正比于被测电压有效值 U_x 的平方，热电动势正比于热、冷端的温度差，因而通过电流表的电流 I 将正比于 U_x^2。这就完成了被测交流电压有效值到热电偶电路中直流电流之间的变换，从广义上来讲，也就完成了有效值检波。

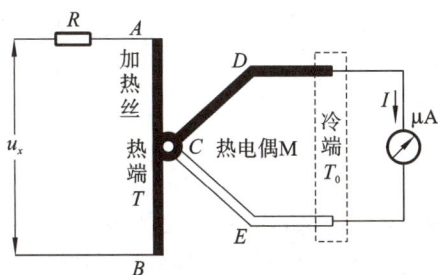

图 6-16　热电转换原理图

如图 6-17 为 DA-24 型有效值电压表框图,采用热电偶作为 AC/DC 变换元件。其中,M_1 为测量热电偶,M_2 为平衡热电偶。被测电压 $u_x(t)$ 经宽带放大器放大后加到测量热电偶 M_1 的加热丝并变换为热电动势 E_x,它正比于被测电压有效值 U_x 的平方,即 $E_x = K(A_1 U_x)^2$,其中,A_1 为宽带放大器电压放大倍数;K 为热电偶转换系数。

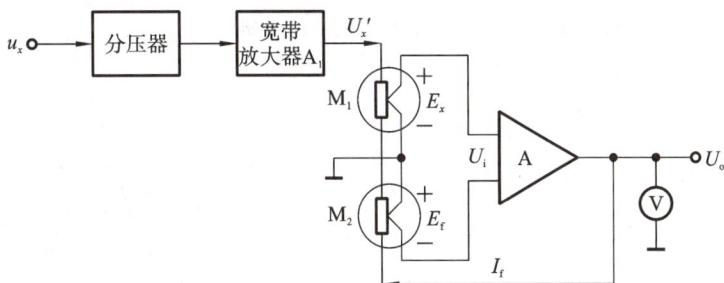

图 6-17　DA-24 型有效值电压表框图

平衡热电偶 M_1 和 M_2 的性能相同,它们能使表头刻度线性化,提高热稳定性。在被测电压经放大后加到 M_1 的同时,经直流放大器放大后的输出电压也加到平衡热电偶 M_2 上,产生热电动势 $E_f = KU_o^2$。当直流放大器的增益足够高且电路达到平衡时,其输入电压 $U_i = E_x - E_f \approx 0$,即 $E_x = E_f$,则 $U_o = A_1 U_x$。由此可知,如果两个热电偶特性相同,则通过图示电压负反馈系统,输出电流正比于 $u_x(t)$ 的有效值 U_x,则表头示值与输入呈线性关系。

这种仪表的灵敏度及频率范围取决于宽带放大器的带宽及增益,表头刻度线性化,基本没有波形误差。其主要特点是有热惯性,使用时需等指针偏转稳定后才能读数,而且过载能力差、容易烧坏,使用时应注意。

(3)电子真有效值检波器。

电子真有效值检波器是电子电压表中使用最为广泛的一种检波器,利用模拟计算电路测量电压有效值,如图 6-18 所示。

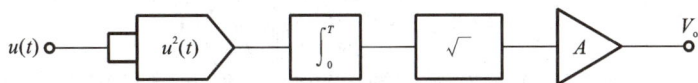

图 6-18　电子真有效值检波器原理

输入交流电压 $u(t)$ 经集成乘法器变换为 $u^2(t)$,再经积分器实现积分平均的功能,即

$U = \frac{1}{T}\int_0^T u^2(t)\mathrm{d}t$，最后利用开方器实现开方运算，得到交流电压的有效值，即 $U = \sqrt{\frac{1}{T}\int_0^T u^2(t)\mathrm{d}t}$。

3）峰值检波器

测量高频电压一般不用均值电压表和有效值电压表，原因是检波器在测量时导通时间较长，因而其输入阻抗较低。为了不因电压表的接入而对被测电路产生较大影响，在检波前要加入跟随器进行隔离。在测量高频电压时，由于放大器的带宽限制，会产生较大的频率误差。为了避免这种情况，常采用检波-放大式电压表测量高频电压，将被测交流信号首先通过探极检波，使其变成直流电压，然后再放大。这种电压表多为峰值电压表，其检波器为峰值检波器。利用峰值检波器对交流电压进行检波，检波后的直流电压与输入交流电压的峰值成正比。

对于任意波形的周期性交流电压，在所观察的时间或一个周期内其电压所能达到的最大值称为峰值，用 U_P 表示。对于纯交流电压信号，峰值就等于振幅值 U_m。峰值检波器电路如图 6-19 所示。经峰值检波后的波形如图 6-20 所示。

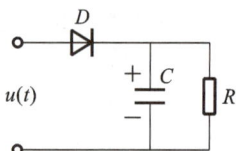

图 6-19　峰值检波器电路

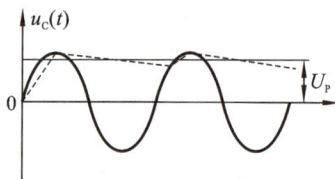

图 6-20　峰值检波后的波形

要使峰值检波器实现峰值检波，使检波后的直流电压与交流电压的峰值成正比，必须做到充电快而放电慢，即应满足

$$T \gg R_\mathrm{d}C \text{ 且 } T \ll RC \tag{6-19}$$

式中，T 为输入交流电压的周期；$R_\mathrm{d}C$ 为充电时间常数；RC 为放电时间常数；R_d 为二极管 D 的正向电阻。

当交流电压 $u(t)$ 为正半周时，二极管 D 导通，交流电压通过二极管对电容 C 充电，由于充电时间常数 $R_\mathrm{d}C$ 较小，电容电压 $u_\mathrm{c}(t)$ 迅速上升，达到电压 $u(t)$ 的峰值 U_P；当交流电压 $u(t)$ 为负半周时，二极管 D 截止，电容电压 $u_\mathrm{c}(t)$ 通过电阻进行放电，由于放电时间常数 RC 很大，因此放电很慢，电容电压 $u_\mathrm{c}(t)$ 下降很小，可认为其基本维持在输入交流电压的峰值 U_P 处，即 $U_R = \overline{U}_C \approx U_P$。

4. 模拟式电压表的刻度特性

模拟式电压表根据所使用的检波器不同，可分为均值电压表、有效值电压表和峰值电压表。

1）均值电压表

均值电压表采用均值检波器进行检波，表头指针的偏转大小与交流电压的平均值成正比,但其标尺是按正弦波有效值进行刻度的。

当测量正弦波电压时,正弦波的有效值 $U_\sim$ 等于均值电压表的读数值 U_a。

当测量非正弦波电压时,均值电压表的读数无明确的物理意义,说明非正弦波电压平均值与对应定度的正弦波电压平均值相等,即"平均值相等原则"。有如下关系

$$K_a = \frac{U_a}{\overline{U}_\sim} = 1.11$$

$$\overline{U}_N = \overline{U}_\sim = U_\sim / K_{F\sim} = 0.9 U_a \qquad (6\text{-}20)$$

$$U_N = \overline{U}_N K_{FN}$$

$$U_{PN} = U_N K_{PN}$$

式中,$K_a = 1.11$ 为均值电压表的定度系数,反映的是电压表实际响应值 $\overline{U}_\sim$ 与读数值 U_a 之间的关系;$\overline{U}_\sim$ 为正弦波平均值;$\overline{U}_N$、U_N、K_{FN} 和 K_{PN} 分别为非正弦波的平均值、有效值、波形因数和波峰因数。常见波形的波形因数、波峰因数可以查阅表 6-1。

2)有效值电压表

有效值电压表采用有效值检波器进行检波,表头指针的偏转大小反映交流电压的有效值大小。利用有效值电压表测量交流电压,不管是正弦电压信号还是非正弦电压信号,表头指针指示的读数就是信号的有效值。

3)峰值电压表

峰值电压表采用峰值检波器进行检波,虽然其表头指针偏转的大小与交流电压的峰值成正比,但也是按正弦波有效值进行刻度的。

在测量正弦波电压时,正弦波的有效值 $U_\sim$ 等于峰值电压表的读数值 U_a。

当测量非正弦波电压时,电压表的读数无明确的物理意义,说明非正弦波电压峰值与对应定度的正弦波电压峰值相等,即"峰值相等原则",有如下关系

$$U_{PN} = U_{P\sim} = \sqrt{2} U_a$$

$$U_N = U_{PN} / K_{PN}$$

$$\overline{U}_N = U_N / K_{FN} \qquad (6\text{-}21)$$

$$K_a = \frac{U_a}{U_{P\sim}} = \sqrt{2}/2 \approx 0.707$$

式中,$K_a = 0.707$ 为峰值电压表的定度系数。

利用这 3 种不同检波方式的电压表对交流电压信号进行测量,只要测得信号的有效值、平均值、峰值三者之一,就可通过信号的波形因数 K_F 和波峰因数 K_P 计算出信号的其余电压表征量。

例 6-1　用均值电压表测方波电压,表头读数为 20 V,试求被测电压的平均值、有效值和峰值。

解　利用均值电压表测量方波电压,根据表头读数可得方波的平均值为

$$\overline{U}_N = 0.9 U_a = 0.9 \times 20 = 18(\text{V})$$

利用方波的波形因数,可得方波的有效值为

$$U_N = K_{FN} \overline{U}_N = 1 \times 18 = 18(\text{V})$$

利用方波的波峰因数,可得方波的峰值为

$$U_{PN} = K_{PN} U_N = 1 \times 18 = 18(\text{V})$$

例 6-2 用峰值电压表测三角波电压,表头读数为 100 V,试求被测电压的峰值、有效值和平均值。

解 利用峰值电压表测量三角波电压,根据表头读数可得三角波的峰值为

$$U_{P\triangle} = \sqrt{2} U_\alpha = \sqrt{2} \times 100 = 141.4(\text{V})$$

利用三角波的波峰因数,可得三角波的有效值为

$$U_\triangle = U_{P\triangle} / K_{P\triangle} = 141.4 / \sqrt{3} = 81.6(\text{V})$$

利用三角波的波形因数,可得三角波的平均值为

$$\overline{U}_\triangle = U_\triangle / K_{F\triangle} = 81.6 / 1.15 = 70.9(\text{V})$$

6.3 智能数字电压表

智能数字电压表(digital voltage meter,DVM)用于电压的数字测量,是数字化仪表的基础与核心。由于其精度高、可靠性好,以及显示清晰、直观,在实际测量中已逐渐取代模拟式电压表,现在它已成为电子测量领域中应用最广泛的仪表之一。

6.3.1 智能数字电压表的功能和主要技术指标

智能 DVM 不仅具有测量功能,而且具有很强的数据处理能力。不同型号的智能 DVM 的处理功能有所不同,相同的处理功能表达方式也不一定完全相同,下面分别进行介绍。

1. 标度变换($Ax + B$)

$$R = Ax + B \tag{6-22}$$

式中,R 为最后的显示结果;x 为实际测量值;A,B 为面板键盘输入的常数。

利用这一功能,可将传感器输出的测量值,用实际的单位显示,实现标度变换。某智能 DVM 的标度变换功能实现方法为:首先按"$Ax + B$"功能键,显示屏将显示"$A =$"的提示符,数秒钟后,提示符消失,显示屏显示"00.00",且第 1 位数呈闪烁状态,以引导用户逐位输入 A 值;此刻,用户应通过数字键输入 A 值,并按回车键予以确认;然后按同样方式输入 B 值;当用户再次确认后,显示屏将最终显示经"$Ax + B$"数据处理后的结果。

2. 相对误差($\triangle \%$)

$$R = \frac{x - n}{n} \times 100\% \tag{6-23}$$

式中,n 为面板键盘输入的标称值。

利用这一功能,可把测量结果与标称值的差值以百分率偏差的形式显示,适用于元件容差校验。

3. 极限(LMT)

即上下限报警功能。利用这一功能可以了解被测量是否超越预置极限。使用前,应先通过面板键盘输入上极限值 H 和下极限值 L。测量时在显示测量值 x 的同时,还显示处理结果,例如,显示标志 H、L 或 P,以分别表明测量结果是否超上限、超下限或通过。

4. 最大值/最小值

利用此项功能对一组测量值进行处理,求出其中的最大值和最小值并存储,程序运行过程中一般只显示现行测量值,当设定的测量完毕之后,再显示这组数据中的最大值和最小值。

5. 比例关系

比例是指测量值与另一个测量值或参考值之间的相互关系,共有 3 种表达形式,即

$$R = x/r$$
$$R = 20 \lg(x/r) \tag{6-24}$$
$$R = x^2/r$$

式中,r 为输入的参考值。

第 1 种表达形式为简单的比例关系;第 2 种为对数比例关系,单位为 dB,这是电学、声学常用的单位;第 3 种是将测量值平方后除以 r,其用途之一是用瓦或毫瓦为单位直接显示负载电阻 r 上的功率。

6. 统计

利用此项功能,可以直接显示多次测量值的统计运算结果,如平均值、方差值、标准差值、均方值等。

智能 DVM 除具有上述的数据处理能力外,还具有下面各项技术指标。

1. 精度

智能 DVM 的精度通常用绝对误差的形式表示,表示方法有两种,即

$$\Delta U = \pm \alpha \% U_x \pm \beta \% U_m \tag{6-25}$$
$$\Delta U = \pm \alpha \% U_x \pm n \text{ 个字} \tag{6-26}$$

式中,α、β 为系数,U_x 为被测电压值,U_m 为测量所选取的量程,$\alpha \% U_x$ 为读数误差,$\beta \% U_m$ 为满度误差。读数误差与被测电压值有关;满度误差与被测电压值无关,只与所选取的量程有关。当量程选定后,显示结果末位 1 个字所代表的电压值也就一定,因此满度误差通常用正负 n 个字表示。

例 6-3　DS26A 直流 DVM 的基本量程 8 V 挡的固有误差为 $\pm 0.02 \% U_x \pm 0.005 \% U_m$,最大显示为 79999,问满度误差相当于几个字?

解 满度误差为 $\Delta U_{\text{Fs}} = \pm 0.005\% \times 8 = \pm 0.0004(\text{V})$。

该量程每个字所代表的电压值为 $U_e = \dfrac{8}{79999} = 0.0001(\text{V})$。

所以 8 V 挡上的满度误差 $\pm 0.005\% U_m$ 相当于 ± 4 个字。

2. 测量范围

智能 DVM 用量程、显示位数和超量程能力 3 项指标才能较全面地反映它的测量范围。

1）量程

智能 DVM 的量程包括基本量程和扩展量程。基本量程是指所采用的模数转换器 A/D 的电压范围；扩展量程是以基本量程为基础并借助步进分压器和前置放大器向两端扩展而得到的多个量程。例如，TH1912 双通道数字交流毫伏表的量程为 $50~\mu\text{V} \sim 300~\text{V}$。

2）显示位数

智能 DVM 的测量结果以多位十进制数直接进行显示，因此，显示位数可用整数或带分数表示。整数部分是指完整显示位（能显示 0～9 所有数字的位）的位数；分数位说明首位还存在一个非完整显示位，其中分子表示首位能显示的最大十进制数。例如，3 位的智能 DVM 表明其完整显示位有 3 位，最大显示值为 999；$3\dfrac{1}{3}$ 位智能 DVM 表明除有 3 位完整显示位外，在首位还有一位非完整显示位（半位），首位最大只能显示 1，因此该智能 DVM 的最大显示值为 1999；$3\dfrac{3}{4}$ 位的智能 DVM 的最大显示值为 3999，其中 $\dfrac{3}{4}$ 位表示该智能 DVM 的首位最大显示为 3。

3）超量程能力

超量程能力是智能 DVM 的一个重要特性指标，反映了表的基本量程和最大显示值之间的关系。若在基本量程挡，且最大显示值大于其量程，则称该智能 DVM 具有超量程能力。

例如，某智能数字电压表的基本量程为 1 V，则可断定该电压表具有超量程能力。因为在基本量程 1 V 挡上，它的最大显示值为 1.999 V，大于量程 1 V。而对于基本量程为 2 V 的 $3\dfrac{1}{2}$ 位智能 DVM，并不具备超量程能力，因为在基本量程 2 V 挡上，它最大显示 1.999 V，没有超过量程。

具有超量程能力的智能数字电压表，当被测电压超过其量程满度值时，显示的测量结果的精度和分辨力不会降低。

3. 分辨力

智能 DVM 的分辨力指显示的被测电压的最小变化值，即在最小量程时，显示值的末位跳变 1 个字所需的最小输入电压值。例如，一个 $4\dfrac{1}{2}$ 位智能 DVM，最小量程为 20 mV，最大显示数为 19999，所以其分辨力为 20 mV/19999 ≈ 1 μV。智能数字电压表的分辨力随显示位数的增加而提高,反映出仪表灵敏度的高低。

4. 输入阻抗

智能 DVM 的输入阻抗通常很高,测量时从被测系统吸取的电流极小,可大大减小对被测系统工作状态的影响。

在测量直流量时,智能 DVM 用输入电阻 R_i 表示输入阻抗。量程不同,其 R_i 也不同,一般在 10 MΩ ～ 10000 MΩ 之间,最高可达 10^6 MΩ。

在测量交流量时,智能 DVM 用输入电阻 R_i 和输入电容 C_i 的并联值表示输入阻抗,电容 C_i 通常在几十至几百皮法之间。

5. 测量速率

测量速率指智能 DVM 每秒测量电压的次数,其快慢主要取决于 A/D 转换器的转换速率。

6.3.2　智能数字电压表组成

智能 DVM 指以微处理器为核心的智能数字电压表,其典型结构如图 6-21 所示。在微处理器控制下,被测电压通过输入电路、A/D 转换器的处理将其转变为数字量,存入数据存储器,接着微处理器处理测量数据,然后显示结果。通常将输入电路和 A/D 转换器合称为模拟部分,智能 DVM 的许多技术指标都是由模拟部分决定的。

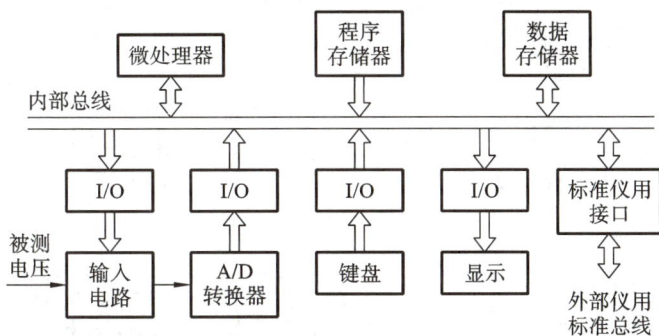

图 6-21　智能 DVM 的典型结构

1. 输入电路

输入电路主要用于提高输入阻抗和转换量程。DATRON1071 型智能 DVM 的输入电路主要由输入衰减器、输入放大器、有源滤波器、输入电流补偿及自举电源等部分组成,如图 6-22 所示。

微处理器通过 I/O 接口电路控制有源滤波器是否接入,该滤波器对 50 Hz 的干扰有 54 dB 的衰减。M32 是高阻抗电压跟随器,能精确地跟踪输入信号的变化。它的输出与两个放大器的输入端相连,从而控制自举电源产生浮动的 ±12 V 电压作为输入放大器的电源电压。这样,输入放大器工作点基本不随输入信号变化,从而提高了放大器的稳定性及增强了

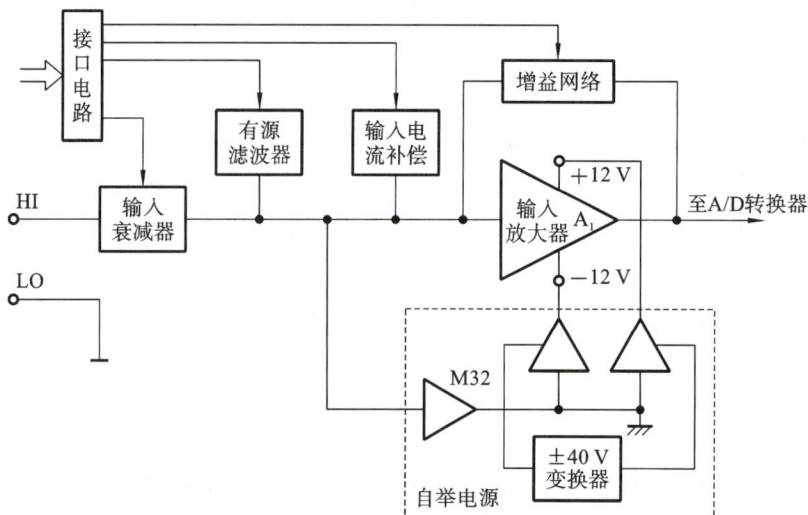

图 6-22　DATRON 1071 型智能 DVM 的输入电路

抑制共模干扰的能力。

　　输入电流补偿电路可减小输入电流的影响,其原理如图 6-23 所示。在电流补偿时,当输入电流 $+I_b$ 流过 10 MΩ 的电阻时,该电阻上产生的压降经输入放大器放大并经 A/D 转换器转换成数字量后存入存储器,作为输入电流的校正量。在正常测量时,微处理器将根据校正量送出适当的数字到 D/A 转换器转换成电压,并经输入电流补偿电路产生一个与原来输入电流 $+I_b$ 大小相等、方向相反的电流 $-I_b$,使两者在放大器的输入端相互抵消,如图 6-23(b)所示。这项措施可以使仪器的零输入电流减小到 1 pA。

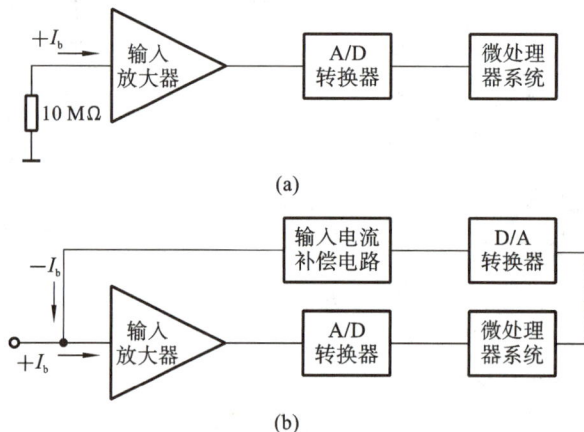

(a)

(b)

图 6-23　输入电流补偿电路原理

　　输入电路的核心是由输入衰减器和放大器组成的量程标定电路,如图 6-24 所示。

　　继电器开关 S 控制 100:1 衰减器是否接入。场效应管模拟开关 $VT_5 \sim VT_{10}$ 控制放大器不同的增益。在微型计算机控制下,继电器开关 S,$VT_5 \sim VT_{10}$ 形成不同的通、断组态,构成 0.1 V、1 V、10 V、100 V、1000 V 共 5 个量程及自测试状态。例如,0.1 V 量程时 VT_8 和 VT_6 导通,放大器的放大倍数 A_f 及最大输出电压 U_{omax} 分别为

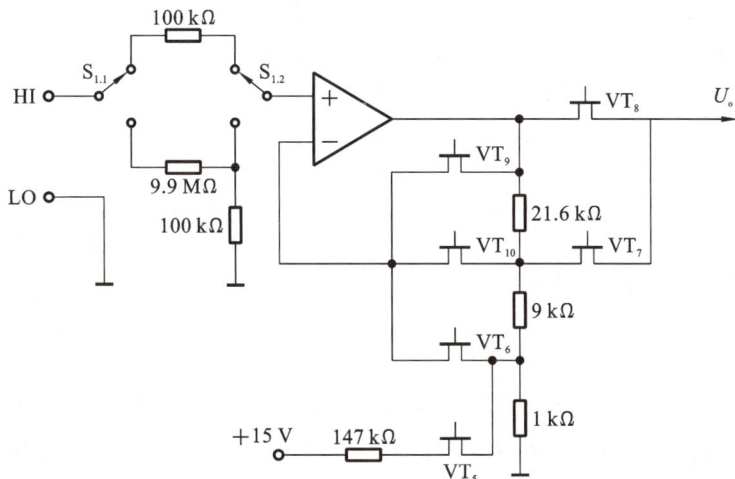

图 6-24　量程标定电路

$$A_f = \frac{21.6 + 9 + 1}{1} = 31.6$$

$$U_{omax} = 0.1 \times 31.6 = 3.16(V)$$

而 100 V 量程时 VT_8 和 VT_{10} 导通,放大电路仍为串联负反馈放大器。同时继电器开关 S 吸合,使 100:1 衰减器接入,此时

$$U_{omax} = 100 \times \frac{1}{100} \times \frac{21.6 + 9 + 1}{1} = 3.16(V)$$

由上述计算可见,送入 A/D 转换器的输入电压为 0~3.16 V,同时,由于电路被接成串联负反馈形式,并且采用自举电源,0.1 V、1 V、10 V 这 3 挡量程的输入电阻高达 10000 MΩ,由于 100 V 和 1000 V 挡量程接入了衰减器,输入电阻降为 10 MΩ。

当 VT_5、VT_6 和 VT_8 导通,继电器开关 S 吸合时,电路为自检状态,此时放大器的输出为 −3.12 V。仪器自检时测量该电压并与存储的数值比较,若差值小于 6%,自检程序即认为该放大器工作正常。

2. A/D 转换器

智能 DVM 大多数采用多斜积分式 A/D 转换器、余数循环比较式 A/D 转换器、脉冲调宽式 A/D 转换器等高精度的 A/D 转换器。下面对部分 A/D 转换器进行介绍。

1) 多斜积分式 A/D 转换器

多斜积分式 A/D 转换器是在双积分式 A/D 转换器的基础上发展起来的。其中,三斜积分式 A/D 转换器可以较好地改善双积分式 A/D 转换器速度慢的弱点,转换速率分辨率乘积比传统双积分式 A/D 转换器提高两个数量级以上。

三斜积分式 A/D 转换器将双积分式 A/D 转换器的反向积分阶段 T_2 分为如图 6-25(a) 所示的 T_{21} 和 T_{22} 两部分。T_{21} 期间积分器对基准电压 U_R 积分,放电速度较快;T_{22} 期间积分器对较小的基准电压 $U_R/2^m$ 积分,放电速度较慢。计数也分成两段,T_{21} 期间,从计数器的高位(2^m 位)开始计数,设其计数值为 N_1;T_{22} 期间,从计数器的低位(2^0 位)开始计数,设

其计数值为 N_2,则计数器最后的读数为 $N=N_1\times 2^m+N_2$。

在一次测量过程中,积分器的电容器充、放电电荷是平衡的,则

$$|U_x|T_1=U_R T_{21}+(U_R/2^m)T_{22} \tag{6-27}$$

式中,$T_{21}=N_1 T_0$,$T_{22}=N_2 T_0$,将上式整理得

$$|U_x|T_1=U_R N_1 T_0+(U_R/2^m)N_2 T_0=\frac{U_R T_0}{2^m}(2^m N_1+N_2)=\frac{U_R T_0}{2^m}N \tag{6-28}$$

最终可得三斜积分式 A/D 转换器的基本关系

$$|U_x|=\frac{U_R}{2^m}\times\frac{T_0}{T_1}N \tag{6-29}$$

在式(6-29)中,如果取 $m=7$,时钟脉冲周期 $T_0=120\ \mu s$,基准电压 $U_R=10\ V$,并希望把 12 V 被测电压变换为 $N=120000$ 码时,计算得 $T_1=100\ ms$。而传统的双积分式 A/D 转换器在相同的条件下所需要的积分时间 $T_1=15.36\ s$,可见三斜积分式 A/D 转换器可以使测量速度大幅度提高。

四斜积分式 A/D 转换器是为解决双积分式和三斜积分式 A/D 转换器存在的零区问题而提出的。在取样结束时,选用与被测电压同极性的基准电压积分固定的时间 T_C,产生上冲波形,避开零区,然后再按上述三斜积分式 A/D 转换的方法反向积分,其转换波形如图 6-25(b)所示。由于 T_C 是固定的,因此该上冲使测量结果增加的数值也是固定的,容易用软件的方法扣除。

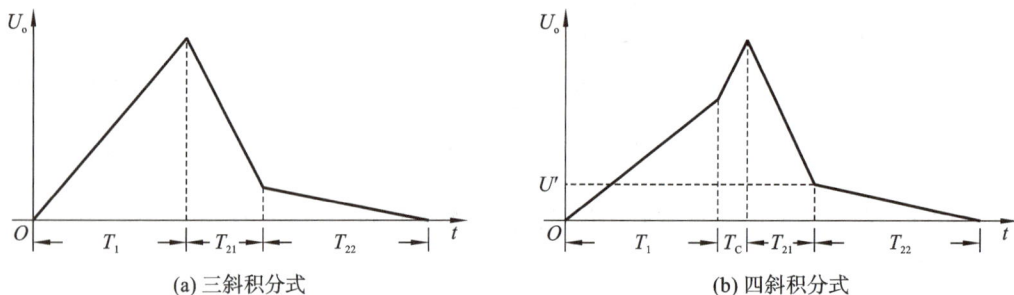

(a) 三斜积分式 (b) 四斜积分式

图 6-25 多斜积分式 A/D 转换器转换波形

2)脉冲调宽式 A/D 转换器

脉冲调宽式 A/D 转换器也以双积分式 A/D 转换器为基础,它的转换精度高于 0.01%,能对被测信号进行连续监测。由一个积分器、两个比较器、一个可逆计数器和一些门电路组成,如图 6-26(a)所示。

积分器有被测信号 U_x、强制方波 U_f 以及正负幅度相等的基准电压 U_R 这 3 个输入信号。由于强制方波的作用大于其余两者之和,所以积分器输出为正负交替的三角波。当三角波的正峰和负峰超越了两个比较器的比较电平 $+U$ 和 $-U$ 时,便产生升脉冲和降脉冲。一方面,升降脉冲交替地把正负基准电压接入积分器的输入端;另一方面,升降脉冲分别控制门 I 和门 II,以便控制可逆计数器进行加、减法计数。

由上述分析可知，当 $U_x = 0$ 时，积分器的输出动态地对零平衡，因而升降脉冲宽度相等，可逆计数器在一个周期内的计数值为零。当有信号 $-U_x$ 输入时，它使积分器输出正向斜率增加，负向斜率减少，从而使升脉冲宽度增加，降脉冲宽度减少，加法计数与减法计数的差值为 U_x，A/D 转换器各点波形如图 6-26（b）所示。

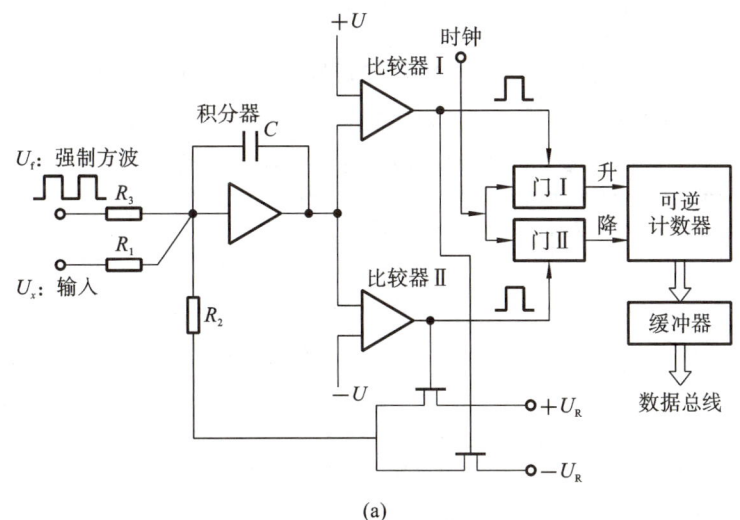

(a)

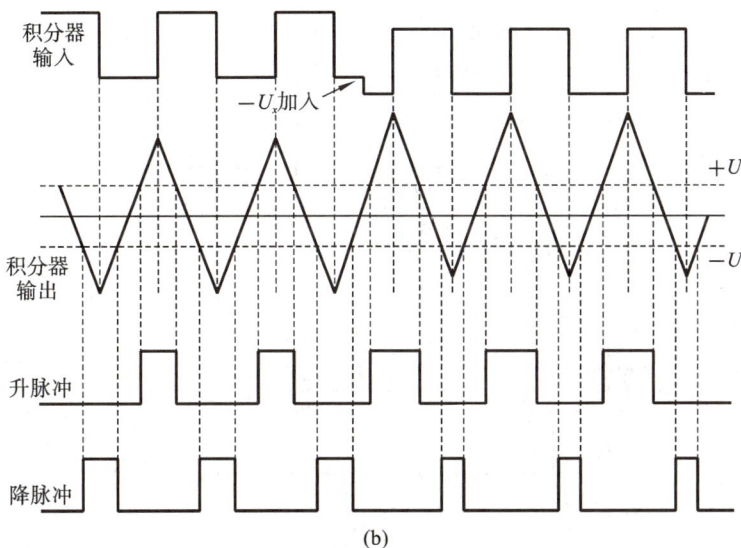

(b)

图 6-26　脉冲调宽式 A/D 转换器原理

假定 T_1 和 T_2 分别代表一个周期正、负基准电压接入的时间，根据电荷平衡原理，则有

$$\frac{1}{R_1 C}\int_0^T U_x \, \mathrm{d}t + \frac{1}{R_2 C}\int_0^{T_1} U_R \, \mathrm{d}t + \frac{1}{R_2 C}\int_0^{T_2} (-U_R) \, \mathrm{d}t = 0 \tag{6-30}$$

$$\overline{U}_x = \frac{U_R R_1}{R_2}\left(\frac{T_2 - T_1}{T}\right) \tag{6-31}$$

若 $R_1 = R_2$，则

$$\overline{U}_x = \frac{U_R}{T}(T_2 - T_1) \tag{6-32}$$

式(6-32)表明,被测电压的平均值与可逆计数器加、减法计数的时间差成正比,即与计数器的计数值成正比。

6.3.3 典型智能数字电压表

HG-1850DVM 是多斜积分式 A/D 转换器,量程自动转换,最大显示数为 112200,可用于测量 10 μV～1000 V 的直流电压,主要性能技术指标如表 6-2 所示。

表 6-2　HG-1850DVM 主要性能技术指标

量程	分辨力	输入阻抗	精确度	
			20 ℃±2 ℃,90 天	20 ℃±5 ℃,半年
1 V	10 μV	>10000 MΩ	±0.01％读数±2 字	±0.02％读数±2 字
10 V	100 μV	>10000 MΩ	±0.005％读数±1 字	±0.02％读数±1 字
100 V	1 mV	10 MΩ	±0.01％读数±2 字	±0.02％读数±2 字
1000 V	10 mV	10 MΩ	±0.01％读数±2 字	±0.02％读数±2 字

HG-1850DVM 原理框图如图 6-27 所示,模拟部分包括输入放大器和 A/D 转换器,它们是保证仪器精度等技术指标的关键部件。为了免受干扰,仪器的模拟部分和数字部分在电气上相互隔离,分别单独供电,通过光电耦合传递信息。

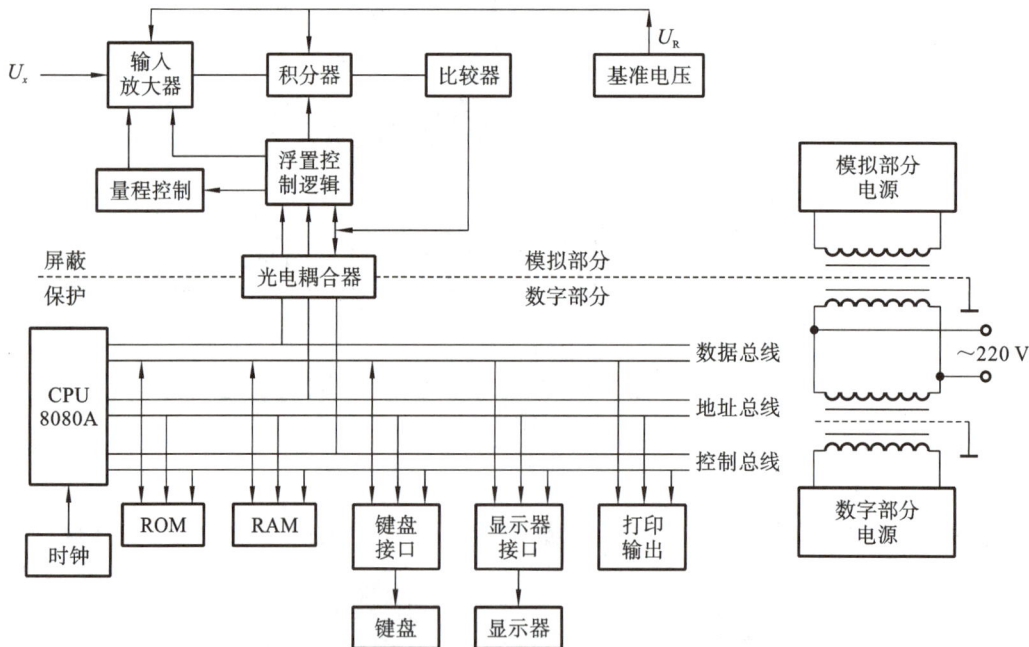

图 6-27　HG-1850DVM 原理框图

1. 整机工作流程

HG-1850DVM 具有 5 种工作模式,即测量模式、自检模式、用户程序模式、编程模式和自校模式。

用户可通过键盘选择适当的测量方式和量程,微处理器根据键盘选定的测量方式和量程送出相应的开关量(控制字),使输入放大器组成相应的组态。测量模式是 HG-1850 DVM 最基本的工作方式,在测量时,首先被测电压经输入放大器进入 A/D 转换器,把电压变成数字量存入相应的内存单元。接着,微处理器根据不同量程的校准参数并按照相应的数学模型计算出正确的测量结果。若需要进行数据处理,则还要调用有关的数据处理程序,否则就直接显示测量结果。当一次测量结束后,程序自动返回并进行下一次测量,如此不断地循环测量。

若按下"自检"键,则仪器进入自检模式。在自检模式下,微处理器将按预定程序检查模拟单元各部分的工作状态。若一切正常,显示器即显示"pass"字样,然后返回到测量模式。若某一部分有故障,显示器将显示此故障的代码(表 6-3),然后等待 10 s,再次检查模拟单元是否正常,直至故障被排除。

表 6-3　HG-1850DVM 部分故障代码表

故障代码	代码含义
Err 6	积分器工作不正常
Err 7	10 V 量程零点错误
Err 8	1 V 量程零点错误
Err 9	100 V 量程零点错误
Err A	10 V 量程刻度错误
Err B	1 V 量程刻度错误
Err C	无源衰减器损坏

若按下"编程"键,则仪器进入编程模式,用户可以利用仪器面板的键盘编制用户所需要的测量程序。

若按下"用户"键,则仪器进入用户程序模式,并按使用者事先编制并固化在 ROM 中的测量、控制或数据处理程序运行。若要结束用户程序模式并进入测量模式,则需要按下"返回"键。

自校准模式是由程序控制自动进入的。为了实现每隔大约 3 min 自校准一次,可设立一个 9 bit 的二进制自校准计数器 M。每次测量后 M 的内容增加 1,当计数器计满时,就调用一次自校准程序,即每当进行 512 次测量(约 3 min),便对仪器进行一次自动校准。

HG-1850DVM 整机工作流程图如图 6-28 所示。通电后进行初始化设置,仪器处于测量模式,自动量程状态,显示位为 $5\frac{1}{2}$,9 bit 自校准计数器初值为全 1(即十进制数 511)。初始化设置完成后,M 的内容增加 1,直至计数器溢出成为全零,转入自校准程序,使仪器按预定顺序测得各个量程的校准参数并存入相应存储单元,为修正测量结果作准备。全部校准参数测量完毕后程序返回Ⓐ点,M再次增加1,其内容不再为零,接着程序转入访问键盘,然后再根据键盘的输入信息确定程序的分支。

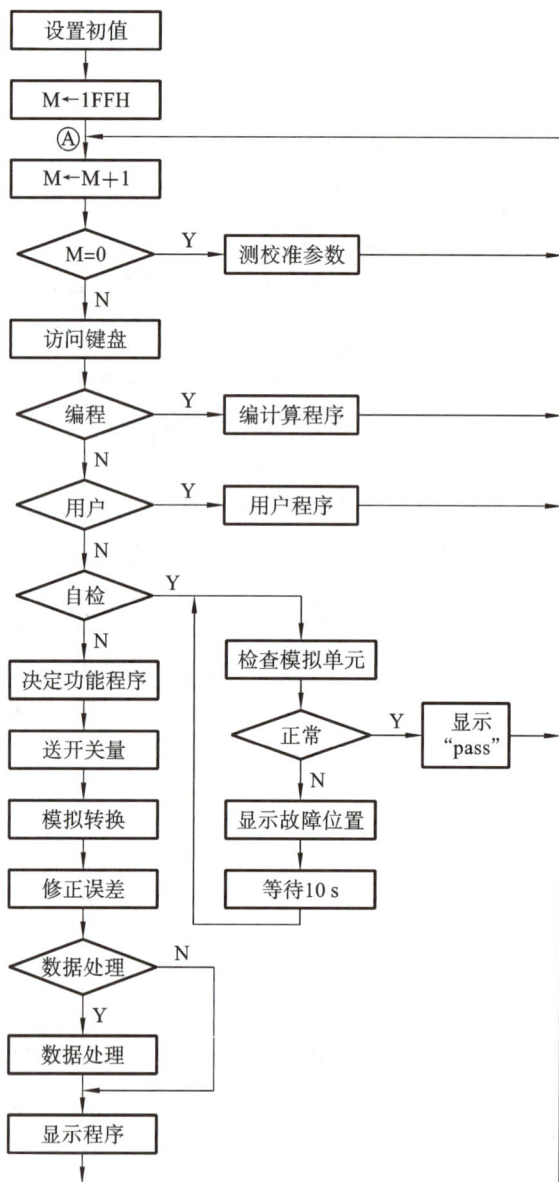

图 6-28 HG-1850DVM 整机工作流程图

2. 键盘与编程模式

图 6-29 是 HG-1850DVM 面板的键盘图。键盘有上下两部分,每部分有 12 个按键,各对应一 LED 键灯,使用户了解当前仪器的状态。这些按键大多表示各按键在不同模式下的意义。

检查	清除	R	F	SF	+	×	÷	√	log	统计	编程
⊖	⊖	⊖	⊖	⊖	⊖	⊖	⊖	⊖	⊖	⊖	⊖
自检	计算						返回		用户		

+/−	.	0	1	2	3	4	5	6	7	8	9
⊖	⊖	⊖	⊖	⊖	⊖	⊖	⊖	⊖	⊖	⊖	⊖
手动	连续	0.1	1	10	100	1000		自动	遥测	$4\frac{1}{2}$	$5\frac{1}{2}$

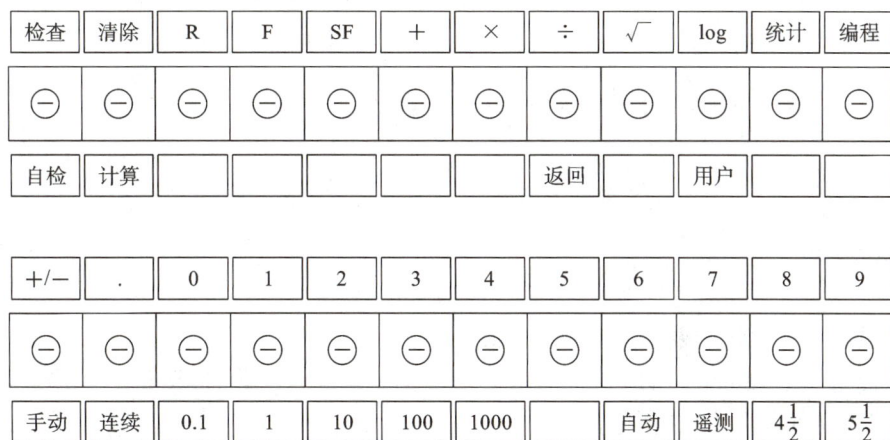

图 6-29　HG-1850DVM 面板的键盘图

当仪器处于测量模式时,每个按键下方的标号表示该键的意义,用法和普通 DVM 类似,不再赘述。

用户可以利用键盘编制各种应用程序,以对测量结果进行处理,现举例如下。

例 6-4　设某热电偶,其待测温度 T 与传感器的输入电压 U 存在下述关系

$$T = 4.4 + 7.6U + 3.8U^2 + 0.2U^3$$

试用 HG-1850DVM 进行测量与处理,实现对温度的直接读数。

解　为了编程方便,可先将关系式变换为

$$T = 0.2\{[(U+19)U+38]U+22)\}$$

然后可通过键盘编制计算程序。编程的键操作顺序与显示器的响应如表 6-4 所示。

表 6-4　非线性运算编程操作顺序与显示器响应

顺序	编程	显示器的响应	顺序	编程	显示器的响应
1	编程	PRO	12	R	RES
2	R	RES	13	+	Add
3	+	Add	14	2	2
4	1	1	15	2	22
5	9	19	16	×	HUL
6	×	HUL	17	•	0.
7	R	RES	18	2	0.2
8	+	Add	19	统计	ST0
9	3	3	20	编程	HI
10	8	38	21	编程	LO
11	×	HUL	22	编程	End

"End"在显示器上显示约 1 s 后,便返回测量模式,显示器上将直接读出 T 的数值。

例 6-5 统计计数。本仪器中已经固化了必要的统计计数程序,其定义如下。

$$平均值的显示值 = \frac{1}{N}\sum_{i=0}^{N}U_i = \overline{U}$$

$$均方根值的显示值 = \sqrt{\frac{1}{N}\sum_{i=1}^{N}U_i^2}$$

$$方差值的显示值 = \sqrt{\frac{1}{N}\sum_{i=1}^{N}(U_i - \overline{U})^2}$$

式中,U_i 为第 i 次测量结果;N 为测量次数。

现以测量一个稳压电源的输出电压在一段时间内的起伏变化(即测量方差)为例进行编程,其编程顺序可按表 6-5 进行。

表 6-5 统计计算编程操作顺序

顺序	编程	显示器的响应	顺序	编程	显示器的响应
1	编程	PRO	6	统计	ST3
2	R	RES	7	编程	HI
3	统计	ST0	8	编程	LO
4	统计	ST1	9	编程	End
5	统计	ST2			

"End"显示约 1 s 后,仪器返回测量模式,显示器将直接显示方差值。若需测量平均值,则必须按两次"统计"键,若需测量均方根值,则必须按 3 次"统计"键。

6.3.4 项目化案例

本项目要求在不采用专用 A/D 转换器芯片的前提下,设计积分式直流数字电压表。测量范围为 10 mV~2 V,测量的量程为 200 mV~2 V,显示范围为十进制数 0~1999,测量分辨力为 1 mV(2 V 挡),测量误差不超过 ±0.5%±5 个字,采样速率不小于 2 次/秒,输入电阻不小于 1 MΩ,具有抑制工频干扰功能。

1. 总体方案

该系统以 STC89C51 单片机为控制核心,根据双积分转换原理设计 4 位半积分式直流数字电压表。硬件部分主要由双电源电路、信号采集电路、量程转换电路、开关逻辑控制电路、积分比较与自动回零电路、单片机最小电路、显示电路等组成。软件编程采用模块化结构,主要由时序子程序、系数运算子程序、滤波子程序、BCD 码转换子程序、自动量程转换子程序和显示子程序等组成。

2. 硬件设计

如图 6-30 所示,信号采集与量程转换电路由 OP07 和模拟开关 CD4051 组成;积分比较与自动回零电路由双积分型 A/D 转换器和过零比较器组成;由模拟开关 CD4051 构成开关逻辑控制电路;显示部分采用 1602 字符型液晶显示器;基准电压由 TL431 稳压所得。为了确保转换精度,系统采用双电源实现数模隔离,尽可能减少数字噪声对模拟部分的干扰。其中 U_{x0} 是待测电压 U_x 经过 OP07 电压跟随器的输出信号($U_{x0} = U_x$),U_{x1} 是待测电压 U_x 经过另一个 OP07 组成的放大倍数为 10 的放大电路的输出信号($U_{x1} = 10U_x$)。

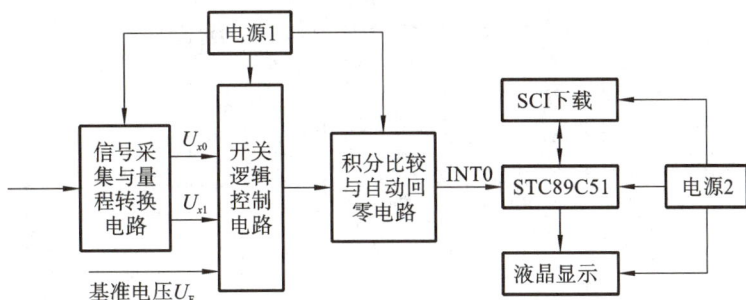

图 6-30　系统框图

如图 6-31 所示,在积分比较与自动回零电路中,单片机先控制开关逻辑控制电路,使 U_A 接通,并自动回零,然后使 U_B 接通,对待测电压正向积分,再使 U_F 接通,对反积分基准电压反向积分,同时单片机内部计数器开始计数,达到一定时间后比较电路输出中断信号,单片机停止计数并将计数值滤波,通过减法、乘法和除法的系数运算转换成 BCD 码,最后显示待测电压值。

3. 软件设计

软件设计主要完成时序控制、计数值采样、滤波、量程选择、BCD 码转换、数据显示等功能,包括时序子程序、滤波子程序、系数运算子程序、自动量程转换子程序、BCD 码转换子程序、显示子程序等。时序子程序主要实现单片机对开关逻辑控制电路的控制,使得 A/D 转换可靠进行;系数运算子程序包括减法、乘法和除法子程序,主要实现计数值和实际待测电压值之间的转换。电压表主程序流程图如图 6-32 所示。

图 6-33 为自动量程转换流程图。系统开机时默认选择大量程测量(2 V)挡,每次都将待测电压经 AD 转换后的计数值与 0.2 V 的计数值进行比较,当计数值小于 0.2 V 时,建立量程转换标志位,程序执行第二次循环时通过标志位判断,选择小量程测量(200 mV)挡;反之清除标志位,在程序执行第二次循环时量程保持不变。当选择小量程测量时,进行类似的操作,以此实现自动量程转换。

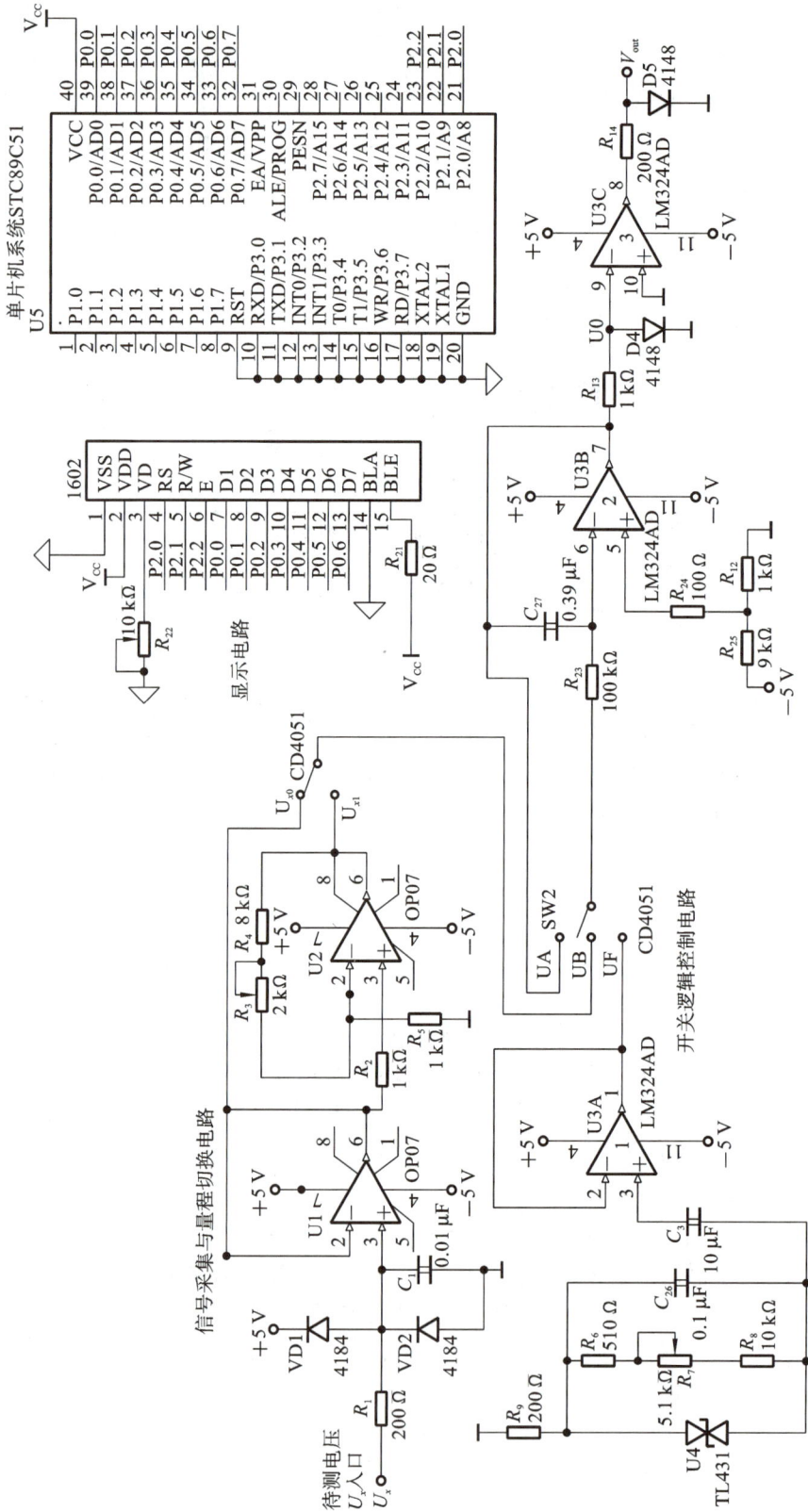

图 6-31 积分比较与自动回零电路

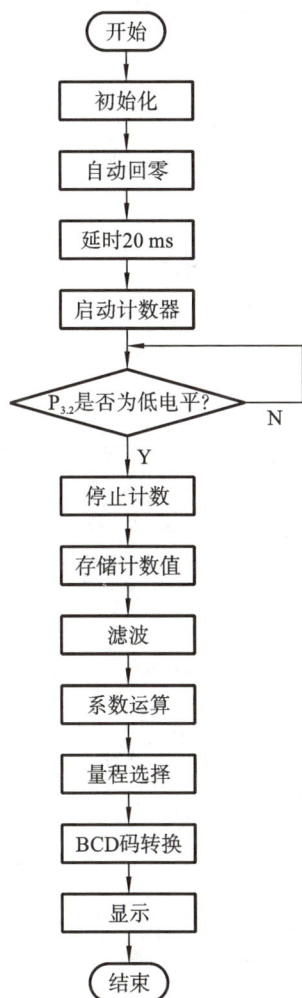

图 6-32　电压表主程序流程图

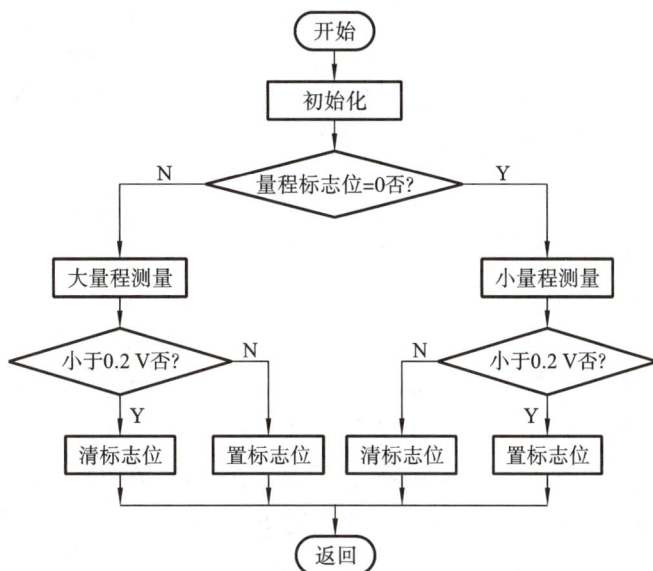

图 6-33　自动量程转换流程图

6.4　智能数字多用表

数字多用表(DMM)以电压为基本测量对象,利用不同的变换器将电流、电阻和交流电压等多种基本电参数变换为直流电压,然后用直流数字电压表进行测量。而智能数字多用表还具有微处理器、存储功能和输出接口,因而在自动测试系统中得到了广泛应用。

6.4.1　变换器

数字多用表通常具有测量交、直流电流,电压以及电阻的功能,其组成原理如图 6-34 所示。AC/DC 变换器实现交流电压到直流电压的变换;I/U 变换器实现直流电流到直流电压的变换；R/U 变换器实现电阻到直流电压的变换。当输入信号经过变换器变换为直流电压后，再由直流数字电压表进行测量。

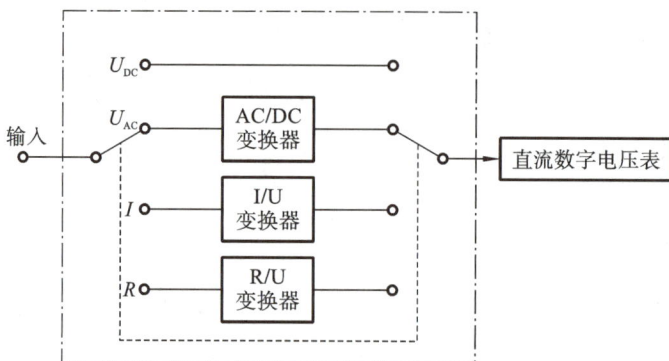

图 6-34　数字多用表组成原理

1. AC/DC 变换器

AC/DC 变换器用于实现交流电压到直流电压的变换，是数字多用表的一个重要组成部分。前面介绍利用二极管构成的平均值、有效值和峰值检波可实现电压信号的交流、直流变换，但二极管的伏安特性的非线性会对测量结果产生较大的影响。因此，在数字多用表中，为了保证测量的精度，采用了由集成运算放大器组成的线性交流、直流变换器实现精确的变换。在数字多用表中，主要有平均值 AC/DC 变换器及电子真有效值 AC/DC 变换器。

1）平均值 AC/DC 变换器

平均值 AC/DC 转换器首先测出交流信号的平均值，然后根据波形因数换算出对应的有效值。交流信号的平均值可由式(6-1)表示。

从交流电压测量的角度来看，平均值指经过整流之后的平均值。否则，若被测交流信号为正弦波信号，则平均值为零。因此，要求出式(6-1)表征的平均值，必须先求出交流信号的绝对值，然后再取其平均值。可用半波线性整流器或全波线性整流器实现绝对值，滤波器实现平均值。

图 6-35 是一种以半波线性整流器为基础的平均值 AC/DC 变换器。放大器 A_2 及二极管 VD_1、VD_2 等构成了半波线性整流器。在输入信号的正半周，VD_1 导通，VD_2 截止，B 点的电压为 0，而在输入电压的负半周，VD_1 截止，VD_2 导通，其导通电流经 R_7 在 B 点产生正极性电压。由于 $R_3 = R_4$，因此 B 点电压波形的幅度与输入电压相等，但极性相反。

在半波线性整流器之前有一级高输入阻抗放大器 A_1，用来提高输入阻抗和扩大测量范围。半波整流之后由放大器 A_3 组成有源滤波放大器，计算平均值，然后按正弦波有效值进行刻度（或换算），实现交流信号有效值的测量。

将输入的交流电压与半波电压叠加构成全波整流电压，因此，可把图 6-35 所示的半波整流式平均值 AC/DC 变换器中的 A、C 两点，通过如图 6-36 所示的电阻 R_{10} 连接起来，便构成了全波整流式平均值 AC/DC 变换器。

设 A 点电压为 $u_A(t) = U_A \sin\omega t$，则 B 点的半波整流电压为

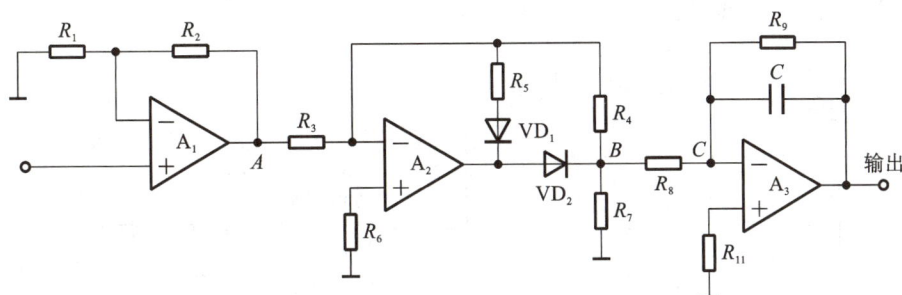

图 6-35　半波整流式平均值 AC/DC 变换器

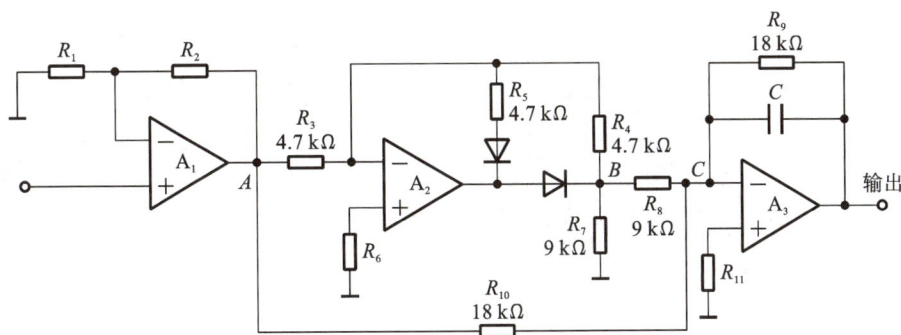

图 6-36　全波整流式平均值 AC/DC 变换器

$$u_B(t)=\begin{cases}0 & 0<t\leqslant\dfrac{T}{2}\\[2mm]-U_A\sin\omega t & \dfrac{T}{2}<t\leqslant T\end{cases}\qquad(6\text{-}33)$$

式中，T 为被测信号周期。

A_3 为有源滤波加法器，它有两路输入信号 $u_A(t)$ 和 $u_B(t)$，若暂不考虑电容 C 的作用，则 A_3 为典型的加法器。电容 C 的存在，使 A_3 同时也为有源滤波器，能同时进行平均值处理。因此 A_3 的输出为

$$U_o=\left(\dfrac{R_9}{R_{10}}u_A(t)+\dfrac{R_9}{R_8}u_B(t)\right)\qquad(6\text{-}34)$$

由于 $R_{10}=R_9=2R_8$，得

$$U_o=\begin{cases}-U_A\sin\omega t & 0<t\leqslant\dfrac{T}{2}\\[2mm]U_A\sin\omega t & \dfrac{T}{2}<t\leqslant T\end{cases}=-|U_A\sin\omega t|\quad 0<t\leqslant T\qquad(6\text{-}35)$$

平均值 AC/DC 变换器电路简单、成本低，广泛应用于低精度 DMM 中。但由于采用平均值转换器的电压表是按正弦有效值进行刻度的，所以，只有在测量纯净的正弦电压信号时，显示的结果才是正确的。

2）电子真有效值 AC/DC 变换器

在实际工作中，由于电子真有效值 AC/DC 变换器易于实现，并具有较强的抗波形畸变

能力,因此得到了广泛的应用,其原理电路如图 6-37 所示。

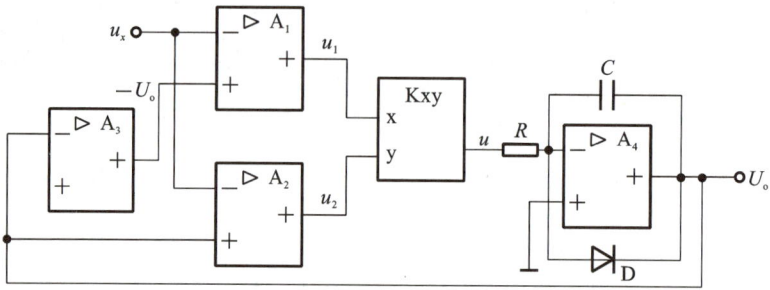

图 6-37　电子真有效值 AC/DC 变换器的原理电路

在图 6-37 中,A_1、A_2 为加法器,A_3 为倒相器,A_4 和电阻 R 及电容 C 构成积分器。由于 A_1 的输出 $u_1 = -u_x - U_o$,A_2 的输出 $u_2 = -u_x + U_o$,因此乘法器的输出

$$u = Ku_1u_2 = K(u_x^2 - U_o^2) \tag{6-36}$$

式中,K 为乘法器的传输系数。

乘法器输出的电压经积分器积分后,为

$$U_o = -\frac{1}{T}\int_0^T K(u_x^2 - U_o^2)\mathrm{d}t = -\frac{K}{T}\int_0^T u_x^2 \mathrm{d}t + KU_o^2 \tag{6-37}$$

由于 $\dfrac{1}{T}\displaystyle\int_0^T u_x^2 \mathrm{d}t$ 即为被测电压有效值的平方 U_x^2,因此由式(6-37)可得

$$U_o = -KU_x^2 + KU_o^2 = K(U_o^2 - U_x^2) \tag{6-38}$$

由于该有效值变换器是闭环负反馈系统,只有在 $U_o^2 - U_x^2 \to 0$ 时,系统才达到平衡,积分器输出稳定电压 U_o,即被测电压的有效值。但要注意,当 $U_o < 0$ 时,系统无法平衡,因此在电路中加入二极管 D,以保证系统收敛而正常工作。

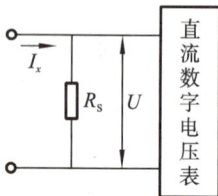

图 6-38　I/U 变换器的原理

2. I/U 变换器

常用的 I/U 变换器的原理是将被测电流通过取样电阻产生与被测电流成正比的电压,实现电流到电压的转换,其原理如图 6-38 所示。

若被测电流为交流电流,则电压 U 还需要进行交流、直流变换,才能被直流数字电压表测量,常用的 I/U 变换器电路如图 6-39 所示。

图 6-39(a)电路适合于测量大电流,其输出电压为

$$U_o = \left(1 + \frac{R_2}{R_1}\right)R_s I_x \tag{6-39}$$

图 6-39(b)电路适合于测量小电流,其输出电压为

$$U_o = -R_s I_x \tag{6-40}$$

3. R/U 变换器

R/U 变换器通常采用恒流法进行转换。恒流源的电流通过被测电阻测量电阻两端的

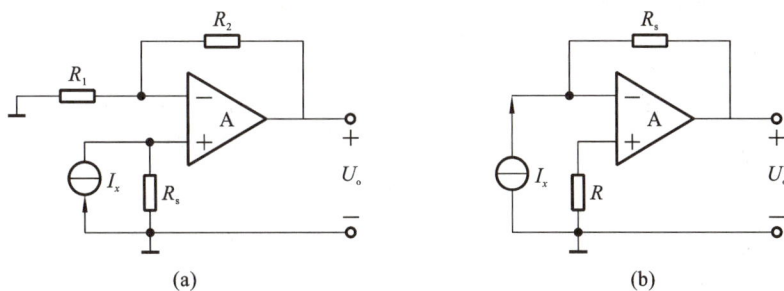

图 6-39　I/U 变换器电路

电压,即 $R_x = U_x / I$。在实际工作中,有两端和四端电阻测量模式,如图 6-40 所示。

图 6-40(a)为两端测量电路,适合于大电阻的测量,其输出电压为

$$U_o = -\frac{U_s}{R_s} R_x \tag{6-41}$$

式中,U_s 为标准电源,R_s 为标准电阻,R_x 为被测电阻。

图 6-40(b)为四端测量电路,具有较高的测量精度,能消除接线电阻的影响,适合于小电阻的测量,其输出电压为

$$U_o = -U_{R_s} \approx -\frac{U_s}{R_s} R_x \tag{6-42}$$

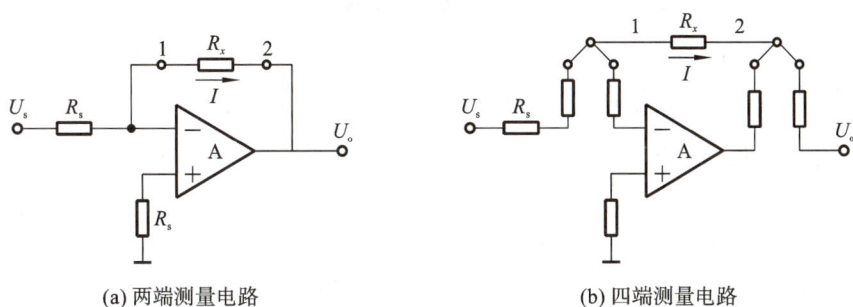

(a) 两端测量电路　　　　　　　　　(b) 四端测量电路

图 6-40　R/U 变换器

4. 电容转换器

数字多用表中常采用容抗法实现电容/电压的转换,电容测量原理框图如图 6-41 所示。测试信号源产生一个幅度稳定的低频正弦信号 U_o,运放 A 完成待测电容值 C_x 至对应电压值 U_x 的转换。设 X_C 为被测电容的容抗,由图可知,$U_x = \dfrac{R_s}{|X_C|} U_o$,而 $|X_C| = \dfrac{1}{\omega C_x}$,则 $U_x = R_s \cdot U_o \cdot \omega \cdot C_x$,从而实现了待测电容值 C_x 至对应电压值 U_x 的转换。式中,R_s 为标准电阻,选取不同的 R_s 值可扩展多个量程。

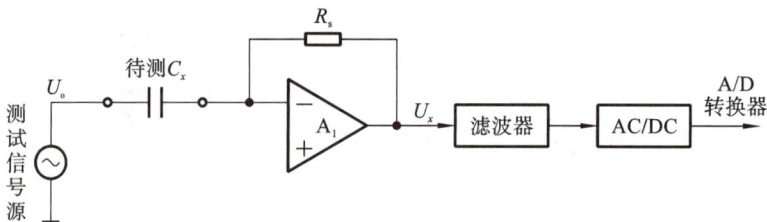

图 6-41 电容测量原理框图

6.4.2 典型智能数字多用表

1. 概述

7150/7151 DMM 为 $6\frac{1}{2}$ 位的智能 DMM,采用两个微处理器,带有 GP-IB(IEEE-488)标准接口,既可作为台式仪表使用,又可以上架构成系统使用。

7150/7151 DMM 直流电压测量精确度为 0.002%,分辨力为 109 nV;交流电压测量精确度为 0.95%,分辨力为 1 μV;电阻测量精确度为 0.002%,分辨力为 1 mΩ。除具有测量交流和直流的电压、电流及电阻的基本功能之外,两个仪表都可配射频探头、高压探头、分流器等附件,可以把仪器的频率、电压和电流的测量范围扩展到 750 MHz、40 kV 和 10 A。7151 DMM 还可以配置温度探头,测量范围从 $-50\ ℃\sim+250\ ℃$,准确度达 0.7 ℃。A/D转换器采用脉冲调宽技术,保证了仪器的高精度并实现输入信号不间断的监测。

7151 DMM 还带有 RS-232C 串口,具有遥控功能。可获得 $5\frac{1}{2}$ 或 $6\frac{1}{2}$ 位数字的读数长度,后者能产生 10 个测量值的移动平均值。通过 GP-IB 接口可获得 $3\frac{1}{2}\sim6\frac{1}{2}$ 位数字读数长度,测量速率为 2~25 Hz。具有自动校准、自动调零功能,同时,其后面板提供了四线电阻测量端子。

7150/7151 DMM 整机分为模拟和数字两大部分,用光电耦合器件进行隔离,使该仪表具有较高的抗共模干扰的能力,如图 6-42 所示。

模拟部分由单片机 MC68701/HD68P01 作为控制器(内层),主要任务是转换量程、设置工作方式、产生脉冲调宽 A/D 转换所必需的强制方波、接收 A/D 转换器发出的脉冲、存储校准常数并进行自校、模拟与数字部分的信息交换等。首先,模拟被测信号输入开关衰减器,如果被测量是直流信号,则被送入输入放大器;如果被测量是交流信号,则经 AC/DC 变换器变成直流信号后再送入输入放大器;如果被测量是电阻,则需 Ω 源提供所需要的恒定电流,将被测电阻转换为与其相应的直流电压后,再进入输入放大器;如果被测量是电流信号,则通过已知标准电阻,变为电压信号后,再经适当途径送入输入放大器。A/D 转换器采用脉冲调宽式,将输入信号变成与其成正比的两个脉冲宽度之差,然后进行计数,即可得到表示输入信号大小的数字量。监视器用于系统意外锁定时使系统复位。

数字部分由单片机 MC6810/HD6303 作为控制器(外层),包括接口电路、键盘、显示器、

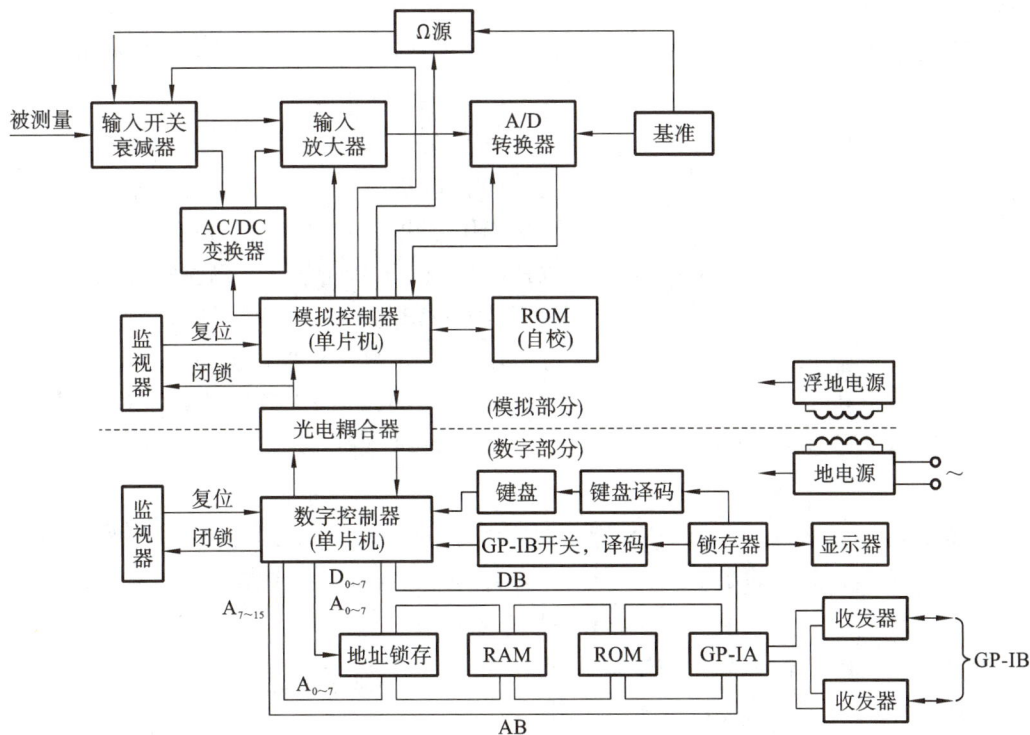

图 6-42　7150/7151 DMM 整机框图

ROM 及 RAM 等部分。外层控制器作为整机的主控制器,主要控制从内层接收的数据,进行运算并送到显示器显示,管理键盘与 GP-IB 接口,以及将有关控制信息经光电耦合器送给内层微处理器。

2. 仪器的程控功能

7150/7151 DMM 带有 GP-IB 接口,其接口适配器由 MC68488 及两片 MC3447 总线收发器构成,可通过带有 GP-IB 接口的计算机进行操作。仪器参与系统工作之前,应首先设置后面的开关,包括地址开关。上电时开关状态寄存在 MC68488 接口芯片的地址寄存器、地址方式、状态寄存器中,欲改变开关状态,必须重新设置后重启,否则无效。

仪器 GP-IB 接口遵循 IEEE-488 标准,能对前面板的全部功能实现遥控,还可实现一些附加功能,如改变积分时间、输出 7150 DMM 的 $6\frac{1}{2}$ 位信息等。IEEE-488 STD 的功能子集包括 SH_1、AH_1、SR_1、RL_1、DC_1、DT_1 功能的全部能力;T_5 基本讲者、串行点名、只讲方式;L_3 基本听者、只听方式、无扩大讲者/听者能力。

7150/7151 DMM 的命令是以 ASCⅡ码表示的字符串,大多数命令用一个字母和一个数字或单个字母组成。仪器的一些主要命令的第一个字符含义如下:A 为初始化命令;M 为选择测量方式命令;R 为选择量程命令;G、T 为改变采样方式命令;C、H、L、W 为自动校准命令;Y 为改变漂移校准命令;Z 为数字调零命令;! 为送出错误信息命令等。当系统发出"!"命令后,如果 7150/7151 DMM 发生错误,就会用 ERROR n 作出反应,可根据 n 的编号查找错误的原因。

下面通过两个实例说明程控 7150/7151 DMM 的使用方法。设控者为 HP-85 微型计算机。HP-85 微型计算机中配有 GP-IB 接口板 82937 及 ROM 插件。

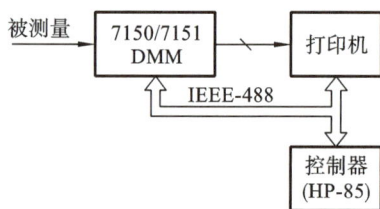

图 6-43　连续采样测试系统组成

1）连续采样

要求把 7150/7151 DMM 用程控方法设置成交流工作方式（M1），2 V 挡量程（R2），连续采样方式（T1），积分时间为 400 ms（I3），然后，一方面使用带 GP-IB 接口的打印机打印测量结果，另一方面在 CRT 上显示出来。设 DMM 地址为 13，打印机地址为 03，HP-85 微型计算机设备号为 7。

连续采样测试系统组成如图 6-43 所示。

2）自动校准

自动校准由带 GP-IB 接口的校准源实现。在整个校准过程中，不必拆卸仪器的外壳，也不用调整任何电位器、电容等，只需要发出一系列的命令即可。校准系数包括每个量程的零位、偏移值、比例系数等，其值存储在非易失性存储器中。

设置 DMM 处于某一待校方式（设为直流电压测量）及实际值；使标准源输出标准电压 U_H（尽量接近满量程）；该电压经 DMM 测量得 C_H；再使标准源输出标准电压 U_L（接近零电位）；DMM 测得读数 C_L。根据上述数据及测量值求得实际的直线方程 $y=mx+C_0$，校准特性如图 6-44 所示。其中，方程斜率 $m=\dfrac{C_H-C_L}{U_H-U_L}$，截距 $C_0=C_L-mU_L$。将求得的 m 和 C_0 值存放在 DMM 的非易失存储器中，即为对应于该方式和量程下的校准系数。对于已校准量程内的任何未知输入电压 U_x，DMM 都会将已测得的 C_x 按

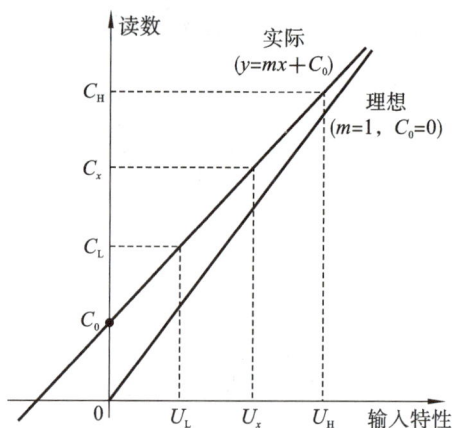

图 6-44　校准特性

$U_x=\dfrac{C_x-C_0}{m}$ 计算得出未知的输入电压 U_x。其他方式和量程校准过程与上述相同。

习　题　6

6.1　有一台 DVM 的最大显示数为 19999，最小量程为 0.2 V，其分辨力为多少？该表能否分辨出 1.5 V 被测电压中 10 μV 的变化，为什么？

6.2　有一台四位半数字电压表，基本量程为 2 V，量程间相差 10 倍，误差表达式为 A＝0.03％U_x＋2 字。求用该表测量约 0.5 V 电压时应选择哪个量程，测量的相对误差为多少？

6.3　一台 DVM 的误差表达式为 $\Delta = 0.00003 \times U_x + 0.00002 \times U_m$。

(1)现用 1.000000 V 基本量程测量一电压,得 $U_x = 0.799876$ V,求此时测量误差 Δ 为多少? 相对误差 γ 为多少?

(2)如果测得电压为 $U_x = 0.054876$ V,为了减少测量的相对误差 Y,那么应该采用什么方法?

6.4　图 6-45 为某三斜积分式 A/D 转换器积分器输出电压的时间波形,设其基准电压 $U_R = 10$ V,试求积分器的输入电压大小和极性。

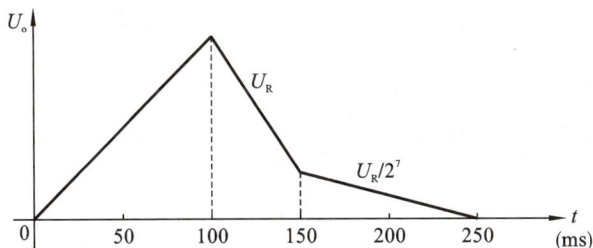

图 6-45　题 6.4 图

6.5　若使用以正弦刻度的均值电压表测量正弦波、方波、三角波 3 个信号,测得的数值均为 1 V,试问这 3 种波形信号的有效值各为多少?

6.6　简述智能 DVM 上下限报警(LMT)功能、标定"$Ax + B$"功能的操作过程。

6.7　智能 DMM 中的欧姆转换器常采用恒流法、四线法、电压源法等,这些方法分别适合于什么测量场合?

6.8　采用真有效值 AC/DC 变换器芯片 AD637,设计一个简单的以单片机为核心的数字电压表,画出电路原理图及控制程序的流程图。

6.9　分析在 7150/7151 DMM 中,数字控制器和模拟控制器之间的传输为什么要用光电耦合器。它们传输了哪些信息?

6.10　图 6-46 为以 8051 单片机为核心的 $3\frac{1}{2}$ 位数字电压表示意图。

(1)试求各量程的控制字并填入表 6-6 中。其中显示器最大显示数为 1999,当小数点控制端口为高电平时,对应的小数点灯发亮。

(2)参照电路原理示意图,设计上述以 8051 单片机为核心的 $3\frac{1}{2}$ 位数字电压表的完整原理图,包括键盘、显示器等接口电路。

(3)编制该数字电压表完整的监控程序,包括量程转换控制、自动量程转换控制、自动零点调整等自动测量功能程序,以及上下限报警(LMT)功能、标定"$Ax + B$"功能等数据处理程序。

(4)在此基础上,进一步设计出交流电压、电流、电阻等参数的测量功能及通信接口,以构成一个较典型的智能 DMM。

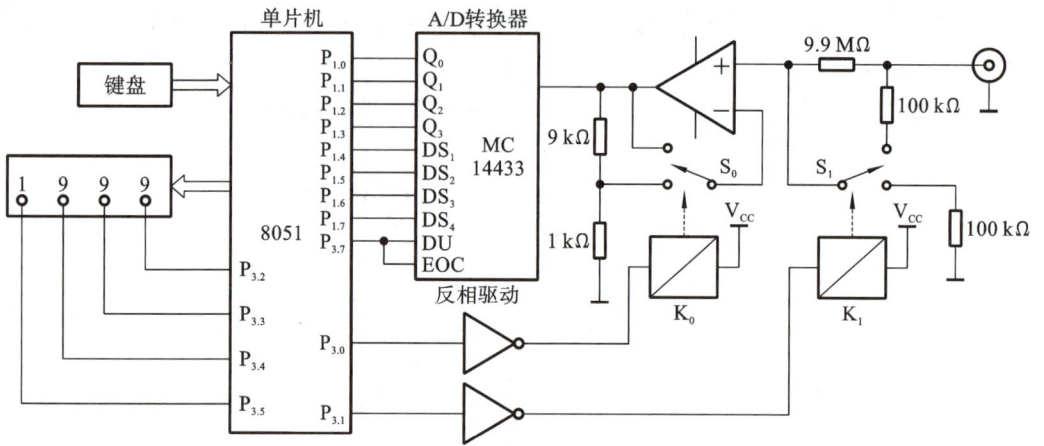

图 6-46　题 6.10 的图

表 6-6　题 6.10 的表

量程	输入阻抗	分辨力	JK$_1$	JK$_0$	控制字（P$_3$）
0～0.2 V	100 MΩ	0.1 mV	释放	吸合	xx100001B
0～2 V					
0～20 V					
0～20 V					

项目7

基于电子元件参数测量的智能 LRC 测量仪设计

电子技术中的电子元件参数测量主要包括集总元件的电阻、电容、电感等阻抗,品质因数 Q 及损耗因数 D 的测量。本章将通过典型案例学习 LRC 测量仪的设计方法。

7.1 概　　述

7.1.1　阻抗

阻抗是描述一切电路系统的传输及变换特征的重要参量。一般来说,阻抗是一个复数量,它可以用直角坐标或极坐标形式表示

$$Z = \frac{\dot{U}}{\dot{I}} = R + jX = |Z| e^{j\theta} \tag{7-1}$$

式中,Z 是复数阻抗,R 和 X 分别是阻抗的电阻分量和电抗分量。阻抗的两种坐标形式的转换关系为

$$\begin{cases} |Z| = \sqrt{R^2 + X^2} \\ \theta = \arg \operatorname{tg} \dfrac{X}{R} \end{cases} \tag{7-2}$$

式中,$|Z|$ 是幅值,θ 是幅角,即电压和电流之间的相位差。

此外,通常还定义品质因数 Q 和损耗因数 D 为

$$Q = \frac{1}{D} = \frac{X}{R} \tag{7-3}$$

7.1.2　电阻、电容和电感的电路模型

一个实际的电路元件(如电阻器、电容器、电感器等)并非理想元件,它们均存在着寄生电容、电感和损耗,即一个实际的 R、C、L 元件都含有电阻、电容和电感 3 个参量。

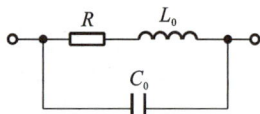

图 7-1　实际电阻的电路模型

1. 电阻的电路模型

实际电阻可等效为纯电阻 R 与引线电感 L_0 的串联,再与分布电容 C_0 的并联,电路模型如图 7-1 所示。引线电感是绕制电阻的金属丝或碳膜电阻制造过程中的刻槽等原因而产生的。在低频状态下,电阻器的阻抗中感抗很小,容抗很大,故可将电容看成开路,电感看成短路;但在高频状态下,由于感抗很大,容抗很小,此时就必须考虑电感和电容的因素。

2. 电容的电路模型

实际电容的电路模型如图 7-2 所示。C_0 为电容器静电电容,L_0 为引线电感,R_d 为介质损耗,R_0 为引线、接头引入的损耗。

3. 电感的电路模型

实际电感的电路模型如图 7-3 所示。L_0 为固有电感,R_0 为损耗电阻,C_0 为分布电容。

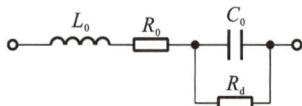

图 7-2　实际电容的电路模型

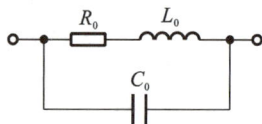

图 7-3　实际电感的电路模型

从上述介绍中可看出阻抗变化的特性,在某些特定条件下,电路元件可以近似地看作理想的纯电阻或纯电抗。但严格地说,任何实际的电路元件(如电阻器、电感器、电容器等)都具有复数阻抗,而且其数值都会随所加的电流、电压、频率、温度等因素而变化。特别是高频的频率影响尤其显著,电容器可能呈现感抗,电感线圈也可能呈现容抗。因此,在测量阻抗时,必须保证测量条件与工作条件相等,否则可能得到误差大甚至完全错误的结果。

7.2　阻抗的测量方法

7.2.1　电桥法测量阻抗

测量阻抗的常用方法有电桥法、谐振法、阻抗变换法等。在阻抗参数的测量过程中,应用最广泛的是电桥法。电桥法的显著特点是测量精度比较高,电路简单。它主要是利用传感器把某些非电量(如压力、温度等)变换为元件参数(如电阻、电容等),从而测量阻抗,此外也可用电桥法间接测量非电量。

1. 电桥法测电阻

电桥按使用电源的不同,可分为直流电桥和交流电桥。测量电阻主要用直流电桥,直流电桥通常又分为直流单臂电桥和直流双臂电桥。直流单臂电桥又叫惠斯登电桥,适用于中值电阻的测量。直流双臂电桥用于测量小电阻。测量大电阻可用超高阻电桥。直流单臂电桥如图 7-4 所示,图中 R_1、R_2 是固定电阻,构成比率臂,比例系数 $K = R_1 / R_2$,R_N 为标准电阻,R_x 为被测电阻,G 为零位指示器。测量时接通直流电源,调节 K 和 R_N,使电桥平衡,即零位指示器指零,根据当前的 K 和 R_N,可求得 $R_x = \dfrac{R_1}{R_2} R_N = K R_N$。

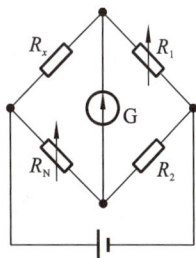

图 7-4　直流单臂电桥

2. 电桥法测电容

图 7-5(a)为维恩电桥,主要测量电容器的串联等效电路参数,适合测量损耗因数 D 较小的电容器。若电桥平衡,则有

$$R_1 \left(R_n + \frac{1}{\mathrm{j}\omega C_n} \right) = R_2 \left(R_x + \frac{1}{\mathrm{j}\omega C_x} \right) \tag{7-4}$$

整理后得

$$C_x = \frac{R_2}{R_1} C_n \tag{7-5}$$

$$R_x = \frac{R_1}{R_2} R_n$$

$$D = \frac{1}{Q} = \frac{P_0}{P_C} = 2\pi f R_n C_n$$

图 7-5(b)用来测量电容器的并联等效电路参数,适合测量损耗因数 D 较大的电容器。若电桥平衡,则有

$$R_1 \cdot \frac{R_n \dfrac{1}{\mathrm{j}\omega C_n}}{R_n + \dfrac{1}{\mathrm{j}\omega C_n}} = R_2 \cdot \frac{R_x \dfrac{1}{\mathrm{j}\omega C_x}}{R_x + \dfrac{1}{\mathrm{j}\omega C_x}} \tag{7-6}$$

整理后得

$$C_x = \frac{R_2}{R_1} C_n$$

$$R_x = \frac{R_1}{R_2} R_n \tag{7-7}$$

$$D = \frac{1}{Q} = \frac{P_0}{P_C} = \frac{1}{2\pi f R_n C_n}$$

3. 电桥法测电感

若将 R_n 和 C_n 并联作为一个桥臂,则是麦克斯韦电桥。该电桥主要用来测量低 Q 值电

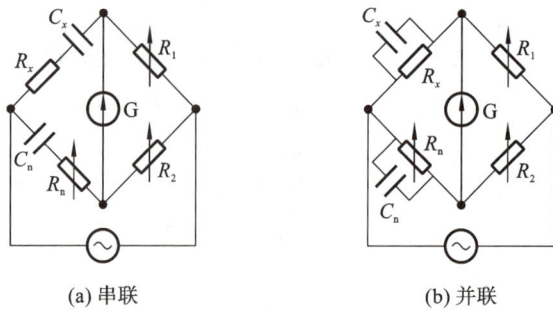

(a) 串联　　　　　　　　　　　(b) 并联

图 7-5　交流电桥测量电容

感,如图 7-6(a)所示,若电桥平衡,则有

$$R_1 R_3 = (R_x + j\omega L_x) \frac{1}{\dfrac{1}{R_n} + j\omega C_n} \tag{7-8}$$

整理后得

$$\begin{aligned} R_x &= \frac{R_1 R_3}{R_n} \\ L_x &= R_1 R_3 C_n \\ Q &= \omega R_n C_n \end{aligned} \tag{7-9}$$

若将 R_n 和 C_n 串联作为一个桥臂,则是海氏电桥,主要用来测量高 Q 值电感,如图 7-6(b)所示,若电桥平衡,则有

$$R_1 R_3 = \frac{j\omega L_x R_x}{j\omega L_x + R_x} \left(R_n + \frac{1}{j\omega C_n} \right) \tag{7-10}$$

整理后得

$$\begin{aligned} R_x &= \frac{R_1 R_3}{R_n} \\ L_x &= R_1 R_3 C_n \\ Q &= \frac{1}{\omega R_n C_n} \end{aligned} \tag{7-11}$$

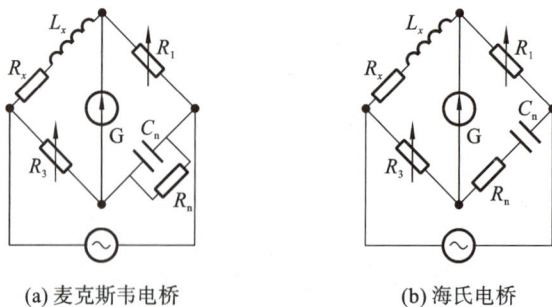

(a) 麦克斯韦电桥　　　　　　　　(b) 海氏电桥

图 7-6　交流电桥测量电感

7.2.2　谐振法测量阻抗

谐振法是测量阻抗的另一种基本方法,它是利用谐振特性而建立的测量方法,其测量精度低于交流电桥法,但是由于测量线路简单、方便,技术上的困难要比高频电桥小(主要是杂散耦合的影响),加之调谐回路大多使用高频电路元件,故用谐振法比较符合其工作的实际情况,所以在测量高频电路参数中,谐振法是一种重要的手段。谐振法典型的测量仪器是 Q 表,所以谐振法又称 Q 表法,其工作频率范围相当宽。

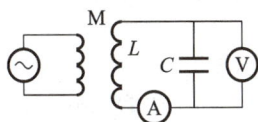

图 7-7　谐振法原理

谐振法由振荡源,已知元件、被测元件组成的谐振回路,以及谐振指示器组成,如图 7-7 所示。

当回路达到谐振时,有

$$\omega = \omega_0 = \frac{1}{\sqrt{LC}} \tag{7-12}$$

且回路总阻抗为零,即

$$X = \omega_0 L - \frac{1}{\omega_0 C} = 0 \tag{7-13}$$

$$L = \frac{1}{\omega_0^2 C}$$

$$C = \frac{1}{\omega_0^2 L}$$

测量回路与振荡源之间采用弱耦合,可使振荡源对测量回路的影响小到忽略不计。谐振指示器一般用电压表并联在回路上,或用热偶式电流表串联在回路上,它们的内阻对回路的影响应尽量小。将回路调至谐振状态,根据已知的回路关系式和已知元件的数值,可求出未知元件的参量。

下面主要介绍谐振法测量电容。

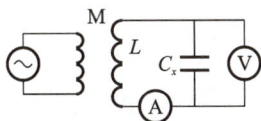

图 7-8　直接法测量电容

1. 直接法测量电容

直接法测量电容,可通过调节振荡频率 f,使电压表指示最大,此时被测电容为 $C_x = \dfrac{1}{(2\pi f)^2 L}$,如图 7-8 所示。

2. 替代法测量电容

替代法测电容可以消除由于分布电容引起的测量误差,如图 7-9 所示。C 是一只已定度好的可变电容器,其容量变化范围大于被测的电容量。在不接 C_x 的情况下,将可变电容 C 调到某一容量较大的位置,设其电容值为 C_1,调节信号源频率,使回路谐振。然后接入被测电容 C_x,信号源频率保持不变,此时回路失谐,重新调节 C 使回路再次谐振,这时 C 为 C_2,那么被测电容 $C_x = C_1 - C_2$。这种方法叫并联替代法,它适合于测量小电容。其测量误差主要取决于可变标准电容的刻度误差。

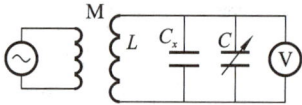

图 7-9　并联替代法测量小电容

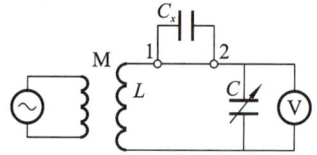

图 7-10　串联替代法测量大电容

当被测电容的容量大于标准电容器的最大电容值时,必须用串联接法,如图 7-10 所示。先将图中 1、2 两端短路,调到电容值较小位置,调节信号源频率使回路谐振,这时电容值为 C_1。然后拆除短路线,将 C_x 接入回路,保持信号源频率不变,调节 C 使回路再次谐振,此时可变电容 C 为 C_2,显然 C_1 等于 C_2 与 C_x 的串联值,即 $C_1 = \dfrac{C_2 C_x}{C_2 + C_x}$。由此得

$$C_x = \frac{C_1 C_2}{C_2 - C_1} \tag{7-14}$$

在被测电容比可变标准电容大很多的情况下,C_1 和 C_2 的值非常接近,测量误差增大,因此这种测量方法也有一定的适用范围。

3. 谐振法测量电感

在测量小电感时,用串联替代法,如图 7-11 所示。首先将 1、2 两端短接,调节 C 到较大电容值 C_1 位置,调节信号源频率,使回路谐振,此时有

$$L = \frac{1}{(2\pi f)^2 C_1} \tag{7-15}$$

然后去掉 1、2 之间的短路线,将 L_x 接入回路,保持信号源频率不变,调节 C 至 C_2 位置,回路再次谐振,此时

$$L_x + L = \frac{1}{4\pi^2 f^2 C_2} \tag{7-16}$$

将式(7-15)与式(7-16)相减,整理得

$$L_x = \frac{C_1 - C_2}{4\pi^2 f^2 C_1 C_2} \tag{7-17}$$

测量较大的电感常采用并联替代法,如图 7-12 所示。先不接 L_x,将可变电容 C 调到小电容值位置,这时 C 为 C_1,调节信号源频率,使回路谐振,此时有

$$\frac{1}{L} = 4\pi^2 f^2 C_1 \tag{7-18}$$

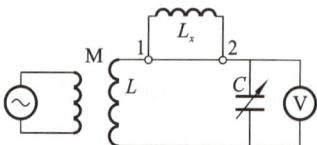

图 7-11　串联替代法测量电感

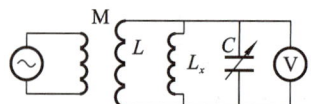

图 7-12　并联替代法测量电感

然后接入 L_x，保持信号源频率固定不变，C 使回路再次谐振，记下可变电容器 C 的电容值 C_2，此时有

$$\frac{1}{L} + \frac{1}{L_x} = 4\pi^2 f^2 C_2 \tag{7-19}$$

将式(7-18)与式(7-19)相减，取倒数，得

$$L_x = \frac{1}{4\pi^2 f^2 (C_2 - C_1)} \tag{7-20}$$

7.2.3　阻抗变换法测量阻抗

阻抗变换法也是阻抗测量的常用方法之一，将被测阻抗变换成相应的电压，再经过 A/D 转换实现数字化，就能实现阻抗快速、精确、自动化的测量。因此，现代的 LCR 测量仪多采用阻抗变换法。

阻抗变换法直接来源于阻抗的定义，先取一个已知的正弦交流电流 I_0 流过被测阻抗 Z_x，然后测量 Z_x 两端的电压 U_x，再通过计算即可得到 Z_x 值，如图 7-13 所示。

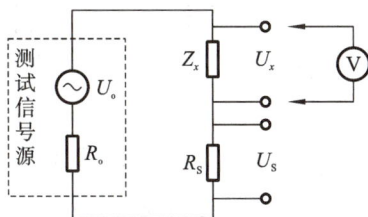

图 7-13　阻抗变换法测量原理

U_0 是测试信号源的电压，Z_x 为被测阻抗，为了测试流经 Z_x 上电流 I_0 的大小，可接入标准电阻 R_S，与 Z_x 串联，则 R_S 两端的电压 U_S 可以代表 I_0 的大小。因而，只要分别测出 R_S 和 Z_x 两端的电压 U_S 和 U_x，便可通过计算得到待测阻抗 Z_x，为

$$Z_x = \frac{U_x}{U_S} \times R_S = \frac{U_1 + jU_2}{U_3 + jU_4} \times R_S \tag{7-21}$$

在实际测量时，由于 U_x 和 U_S 是矢量电压，无法直接测量，需分别测量其对应的实部和虚部电压分量 U_1、U_2、U_3 和 U_4，进而合成其对应的矢量电压。因此，矢量伏安法的关键是实现矢量电压(U_x 和 U_S)实部和虚部的分离。

1. 矢量电压实部和虚部的分离方法

矢量电压实部和虚部分离的关键器件是相敏检波器，它包括模拟乘法器和低通滤波器两部分，也称为模拟乘法器式相敏检波器，如图 7-14 所示。

图 7-14　模拟乘法器式相敏检波器的组成

在 LCR 参数测试仪中，相敏检波器通过把被测电压 $u_x(t)$ 与代表坐标轴方向的参考电

压 $u_r(t)$ 相乘,实现被测电压实部与虚部的分离。设代表坐标轴方向的参考电压 $u_r(t)=U_r\cos\omega t$,被测电压 $u_x(t)=U_x\cos(\omega t+\varphi)$,其中 φ 为被测电压与指定坐标轴的夹角,则 u_r 与 u_x 相乘,得

$$u_r(t)\times u_x(t)=U_rU_x\cos\omega t\cos(\omega t+\varphi)$$
$$=\frac{1}{2}U_rU_x\cos(2\omega t+\varphi)+\frac{1}{2}U_rU_x\cos\varphi \tag{7-22}$$

上式说明两电压相乘后得到两个分量,第一项为交流分量,该分量将被低通滤波器滤除;第二项为直流分量,该分量将被保留作为相敏检波器的输出。以上结果说明,相敏检波器既能鉴幅,也能鉴相,即它的输出不仅取决于被测信号的幅度 U_x 和参考信号的幅度 U_r,也取决于被测电压与参考电压的相位差 φ。由于参考电压的幅度 U_r 是已知的,所以相敏检波器的输出与 $U_x\cos\varphi$ 成正比,即输出等于被测电压在与其夹角为 φ 的坐标轴上的投影。

被测矢量电压实部与虚部分离的原理图如图 7-15 所示,两个相位相差 90° 的参考信号分别驱动两个相敏检波器,输出 U_1 即为被测电压 u_x 的实部,U_2 为被测电压 u_x 的虚部。以上两电压再经过 A/D 转换,即可实现数字化。

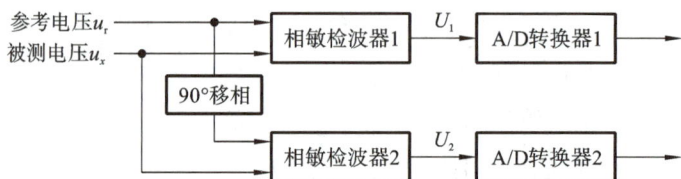

图 7-15　被测矢量电压实部与虚部分离的原理图

2. 基于相敏检波器的 LCR 参数测试仪

基于相敏检波器的 LCR 参数测试仪有固定轴和自由轴两种测量方法,其区别在于选取相敏检波器相位参考信号不同。

固定轴法要求式(7-21)分母上的矢量电压与相敏检波器的相位参考电压一致,即 U_s 与 x 轴同方向,如图 7-16(a)所示。这样,式(7-21)分母只有实部,使矢量除法简化为标量除法。利用双积分式 A/D 转换器的比例除法特性即可实现这一运算,所以在计算机引入电子仪器之前,该方法被大量采用。但是为了固定坐标轴,确保参考信号与信号之间的精确相位关系,这种方法的硬件电路比较复杂。

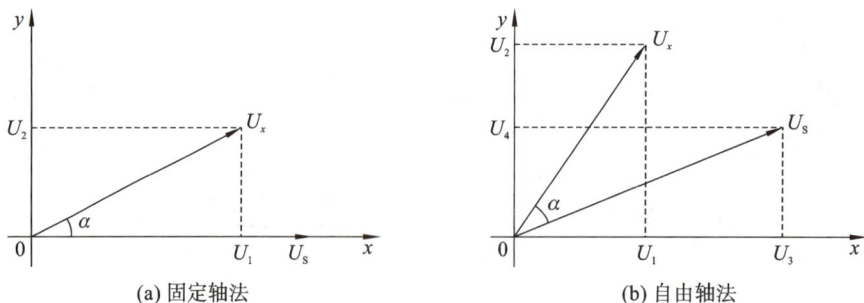

(a) 固定轴法　　　　　　　　(b) 自由轴法

图 7-16　固定轴与自由轴法的矢量图

自由轴法中相敏检波器的相位参考电压的方向可以任意选择，即 x 轴、y 轴可以任意选择，只要保持两个坐标轴准确正交（相差 90°）即可，如图 7-16(b)所示。该方法克服了固定轴法的同相误差的缺点，硬件电路得以简化，准确度提高。但是，自由轴法要求分别测得 U_x、U_S 在直角坐标轴上的两个投影值，再经过四则运算才能求出最后的结果。智能仪器容易实现计算，因而近年来智能 LCR 测量仪大多采用这种方案。

通过开关 S 缓冲放大器选择 U_x、U_S，对每一个 U_x、U_S 分别进行两次测量，这两次测量时相位参考信号要求保持精确的 90°，以得到预期的投影分量，然后分别由 A/D 转换器变换成数字量，经接口电路送到微处理器计算存储，得到待测参数，如图 7-17 所示。

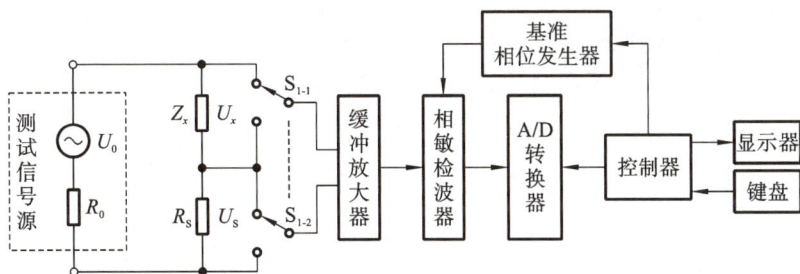

图 7-17　自由轴法 LCR 参数测试仪框图

所谓投影分量，就是测量矢量与相位参考信号在相敏检波器上相乘的结果，为了得到相应正交的两个分量，以及建立起对应的直角坐标系，对每一个 U_x 和 U_S 的两次测量必须保持精确的 90°，这就要求基准相位发生器产生彼此相差 90°的方波控制信号作为相敏检波器的参考电压。

以电容并联电路的测量为例，推导被测参数的数学模型，图 7-14 中

$$U_x = U_1 + jU_2 = eN_1 + jeN_2$$
$$U_S = U_3 + jU_4 = eN_3 + jeN_4 \qquad (7\text{-}23)$$

式中，e 为 A/D 转换器的刻度系数，即每个数字所代表的电压值；N_i 为 U_i 对应的数字量（$i=1,2,3,4$)，则坐标系一旦设定，两矢量之商就表示为

$$\frac{U_S}{U_x} = \frac{eN_3 + jeN_4}{eN_1 + jeN_2} = \frac{N_1N_3 + N_2N_4}{N_1^2 + N_2^2} + j\frac{N_1N_4 - N_2N_3}{N_1^2 + N_2^2} \qquad (7\text{-}24)$$

根据式(7-21)及式(7-24)，有

$$Y_x = G_x + j\omega C_x = -\frac{U_S}{U_x} \times \frac{1}{R_S} = -\frac{1}{R_S}\left(\frac{N_1N_3 + N_2N_4}{N_1^2 + N_2^2} + j\frac{N_1N_4 - N_2N_3}{N_1^2 + N_2^2}\right) \quad (7\text{-}25)$$

上式的负号由测量电路中的反相器引入，则其实部、虚部分别等于

$$C_x = -\frac{1}{\omega R_S} \times \frac{N_1N_4 - N_2N_3}{N_1^2 + N_2^2}$$

$$G_x = -\frac{1}{R_S} \times \frac{N_1N_3 + N_2N_4}{N_1^2 + N_2^2} \qquad (7\text{-}26)$$

由 D 值的定义可求出

$$D_x = \frac{G_x}{\omega C_x} = \frac{1}{R_S} \times \frac{N_1N_3 + N_2N_4}{N_1N_4 - N_2N_3} \qquad (7\text{-}27)$$

用完全类似的方法，可以推导出表 7-1 所示的被测参数 R,L,C 的计算公式。

表 7-1 被测参数的计算公式

等效电路	主参数	副参数
电容并联	$G_P = \dfrac{1}{\omega R_S} \times \dfrac{N_2 N_3 - N_1 N_4}{N_1^2 + N_2^2}$	$D_x = \dfrac{N_1 N_3 + N_2 N_4}{N_1 N_4 - N_2 N_3}$
电容串联	$G_S = \dfrac{1}{\omega R_S} \times \dfrac{N_3^2 + N_4^2}{N_2 N_3 - N_1 N_4}$	
电感并联	$L_P = \dfrac{R_S}{\omega} \times \dfrac{N_1^2 + N_2^2}{N_1 N_4 - N_2 N_3}$	$Q_x = \dfrac{N_2 N_3 - N_1 N_4}{N_1 N_3 + N_2 N_4}$
电感串联	$L_S = \dfrac{R_S}{\omega} \times \dfrac{N_1 N_4 - N_2 N_3}{N_3^2 + N_4^2}$	
电阻并联	$R_P = -R_S \times \dfrac{N_1^2 + N_2^2}{N_1 N_3 + N_2 N_4}$	$Q_x = \dfrac{N_2 N_3 - N_1 N_4}{N_1 N_3 + N_2 N_4}$
电阻串联	$R'_S = -R_S \times \dfrac{N_1 N_3 + N_2 N_4}{N_3^2 + N_4^2}$	

3. LCR 测量仪电路分析

采用自由轴法构成的 LCR 测量仪主要由正弦信号源、基准相位发生器、前端测量电路、相敏检波器等部分组成。

1）正弦信号源与基准相位发生器

从自由轴法工作原理及表 7-1 可以看出，仪器的工作频率直接影响测量精度。因此，测试信号源需满足频率精确度、频谱纯度和幅度稳定度的高要求。除此之外，相敏检波系统还要求信号源频率和相敏检波器相位基准信号的频率严格同步，因此，在电路上正弦信号源与基准相位发生器密切相关。

图 7-18 所示的正弦信号源与基准相位发生器由晶体振荡器、分频器、滤波器、基准相位发生器等部分组成。晶体振荡器产生 19.2 MHz 的信号，经微处理器控制分频后得到 1 kHz 或 100 Hz 的方波，经基准相位发生器产生 0°和 90°相位的参考电压，供相敏检波器分离被测电压的虚、实部。0°相位的方波再经低通滤波器变为正弦信号，该正弦信号经缓冲级激励被测元件。输入缓冲器带有 2 V 的偏置电压电路，用于偏置被测的电解电容器。

基准相位发生器由双 D 触发器 74LS74 构成，同时还实现了 4 分频，如图 7-19（a）所示。设初始状态 Q_1、Q_2 为 0，在第一个脉冲的上升沿，Q_1 为 1，Q_2 为 0；在第二个脉冲的上升沿，Q_1 为 1，Q_2 为 1；在第三个脉冲的上升沿，Q_1 为 0，Q_2 为 1……以此类推，其波形如图 7-19（b）所示。Q_1 为 0°，Q_2 为 90°，$\overline{Q_1}$ 为 180°，$\overline{Q_2}$ 为 270°，故得到所需参考相位且实现了 4 分频。1 kHz 或 100 Hz 滤波电路由 4 级二阶有源低通滤波电路组成，用于提高正弦信号源的

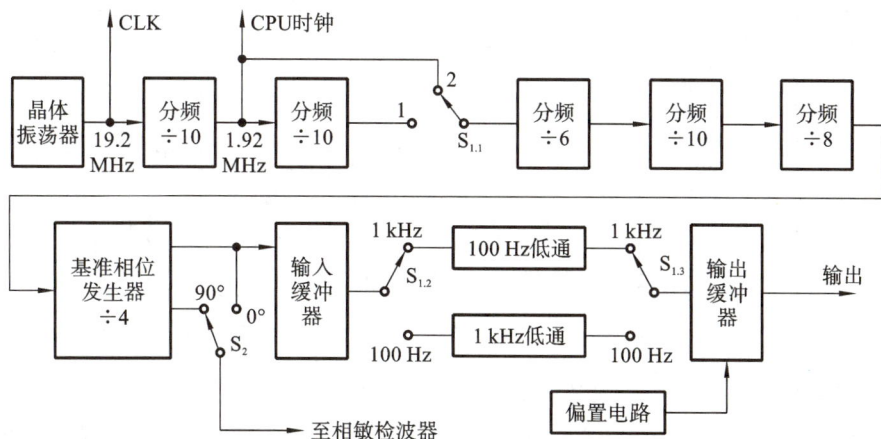

图 7-18　正弦信号源与基准相位发生器组成

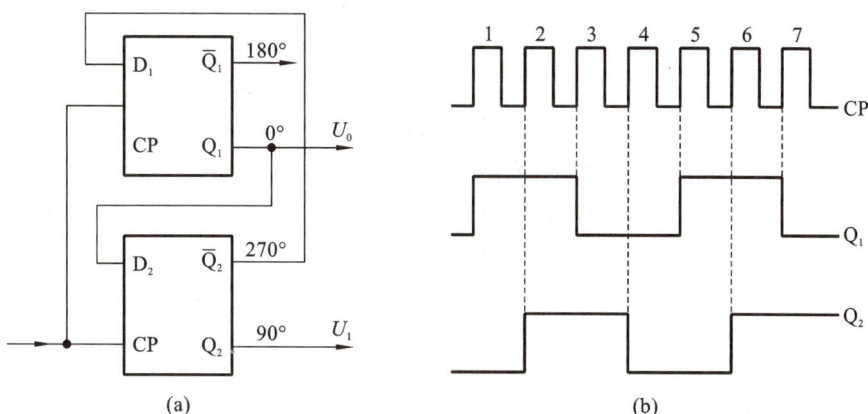

图 7-19　基准相位发生器电路及波形图

频谱纯度。

另一种方案的信号源电路采用数字合成技术，如图 7-20 所示。ROM 中存储一个周期的正弦曲线样点表，每一个存储单元存储的样点数据与其地址的关系和正弦波的幅值与时间轴的关系一致。这样，当按顺序逐单元读出 ROM 的样点数据时，就得到量化的正弦曲线，若周期地重复这一过程，并经数/模转换与平滑滤波后输出，就得到一个连续的正弦波信号。图 7-20 中晶体振荡器产生的时钟频率为 18.432 MHz，经分频链 I 后信号频率变为 $256f$（f 为选定的测试信号频率 100 Hz 或 1 kHz），再经分频链 II 的一系列二分频后得到 $128f$，$64f$，$32f$，…，f 共 8 个信号，作为 ROM 的地址输入线，读出正弦曲线样点数据，再经 D/A 转换、滤波放大，得到作为测试信号用的正弦波信号。

由于数字合成信号源采用石英晶体振荡器，故信号的频率稳定度和精确度都较高，失真也非常小，根据周期波的沃尔什理论，可推出总失真系数为

$$r = 1 - \left(\frac{\sin\left(\frac{\pi}{2N}\right)}{\frac{\pi}{2N}} \right)^2 = \left(\frac{\sin\frac{\pi}{256}}{\frac{\pi}{256}} \right)^2 \approx 0.005\%$$

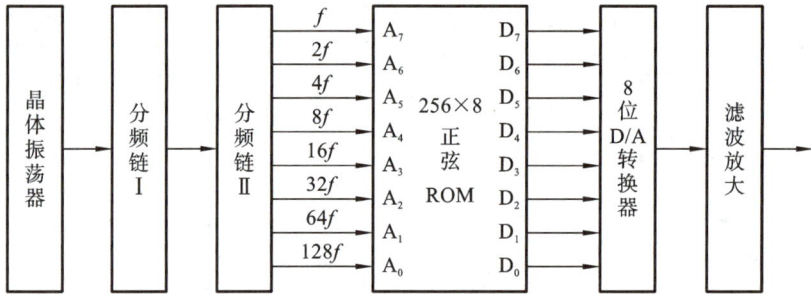

图 7-20　采用数字合成技术的信号源电路

在此基础上滤波,失真可减至忽略的程度。

在图 7-21(a)中,微处理器首先通过可编程并行口采集 f、$2f$、$4f$、$8f$ 线上的逻辑电平值,然后再与一组和预定相位相对应的预置数比较,最后由输出口适时地输出相应的控制信号。这个信号经由 D 触发器中的 $8f$ 信号同步后,即得相位精确预定的参考电压 U_r。选定不同的预置数,可生成不同相位的基准信号,使坐标轴具有旋转的功能。

在图 7-21(b)中,若预定 t_3 处输出 U_r,则可确定 1110 为起点预选数。令程序监视 f～$8f$ 线的逻辑电平,当发现其值为预选数 1110 时,则立即使 PB_2 线呈高电平,经过 $8f$ 同步,使 U_r 为高,于是从 Q 端得到控制信号 U_r。若令坐标轴旋转 $-90°$,则可确定 1101 为起点预选数,重新执行程序,Q 端得到控制信号 U_r',与 U_r 相差恰好 $90°$,于是通过改变预选数便可完成准确的坐标轴旋转功能,用来校正谐波误差。

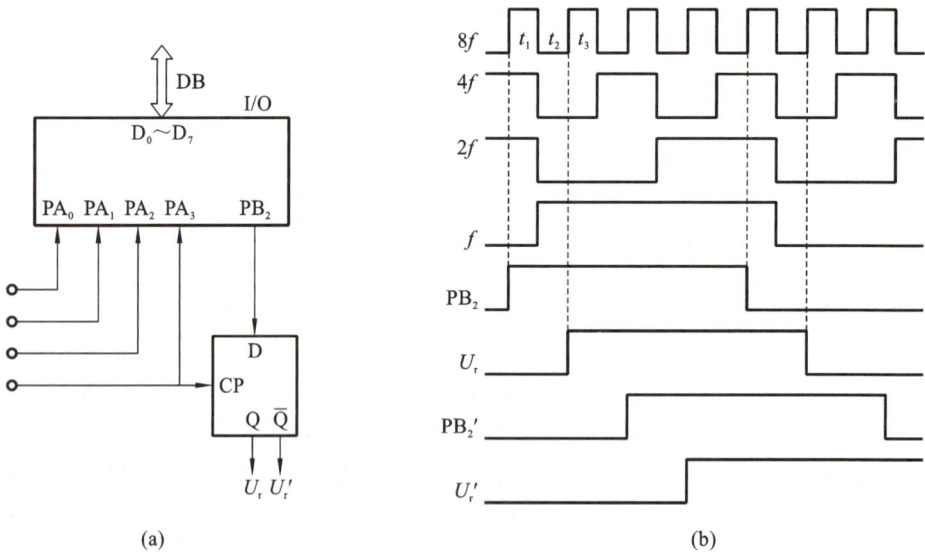

图 7-21　具有坐标轴旋转功能的基准相位发生器及波形图

2)前端测量电路

前端测量电路分别测量被测件的电压 U_x 及代表恒定电流的电压 U_S,如图 7-22 所示。A 为高性能的运算放大器,当转换开关 S 先后置 1 和 2 端时,分别测量 U_x 和 U_S。

如图 7-23 所示,为了扩大测量范围,实际的 LCR 参数测试仪的前端电路设置了标准电

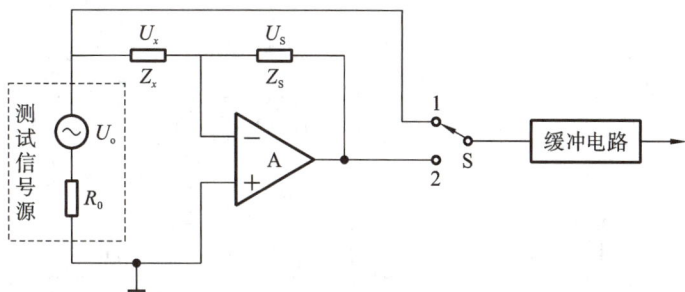

图 7-22　典型前端测量电路原理图(1)

阻 R_{S_1}、R_{S_2} 和 R_{S_3}，也称量程电阻。在测量时，通过程控先后使开关 S_1 置 1、2 端，测量 Z_x、R_S 上的电压 U_x、U_S，经差分、输入放大器放大后，由开关 S_3 设置放大器的增益为 1 或 8 倍。当开关 S_2 接地时，还可测出输入放大器、相敏检波器和 A/D 转换器的总漂移，以修正测量结果。

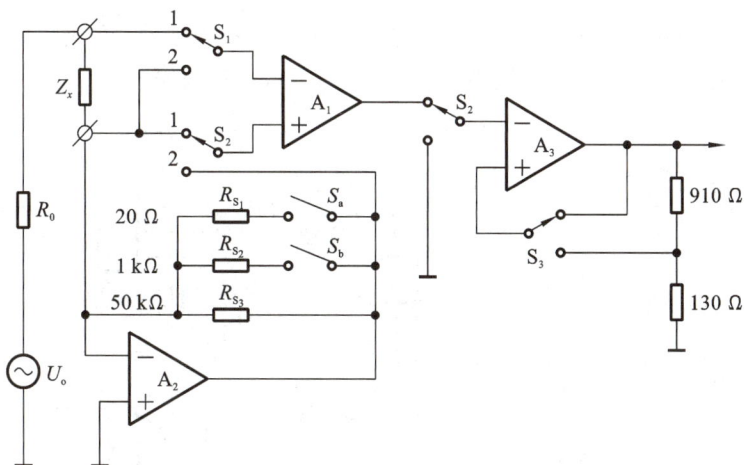

图 7-23　典型前端测量电路原理图(2)

3)相敏检波器

相敏检波器有模拟乘法器式和电子开关式两种。实际上电子开关式相敏检波器相当于参考信号为方波的模拟乘法器式相敏检波器，因此两者的功能是一致的，如图 7-24 所示。

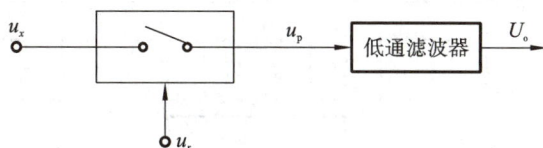

图 7-24　模拟乘法器式相敏检波器

当 $u_x(t)$ 和 $u_r(t)$ 相位差 $\varphi=0°$ 时，$\cos\varphi=1$，检波后的信号输出最大，经低通滤波器得到的平均值最大；当相位差 $\varphi=90°$ 时，$\cos\varphi=0$，因 $u_p(t)$ 正负各半周期，平均值为零；当相位差 $\varphi=180°$ 时，$\cos\varphi=-1$，平均值负向最大，如图 7-25(a)～(c)中的虚线所示。

在实际设计中，许多 LCR 参数测试仪巧妙地运用双积分式 A/D 转换器中的电子开关

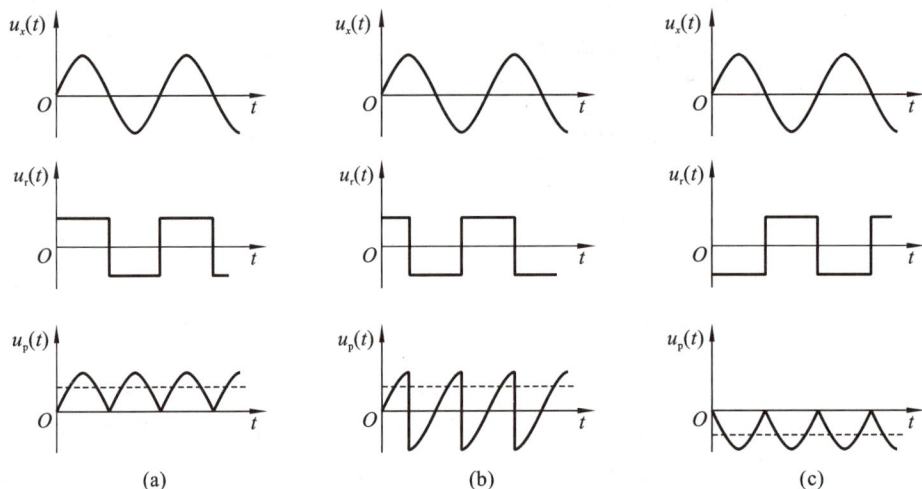

图 7-25　不同相移时相敏检波器的波形

和积分器,完成电子开关式相敏检波器的功能,并通过软、硬件配合,完成相敏检波和双积分式 A/D 转换,如图 7-26 所示为相敏检波和双积分式 A/D 转换原理图。

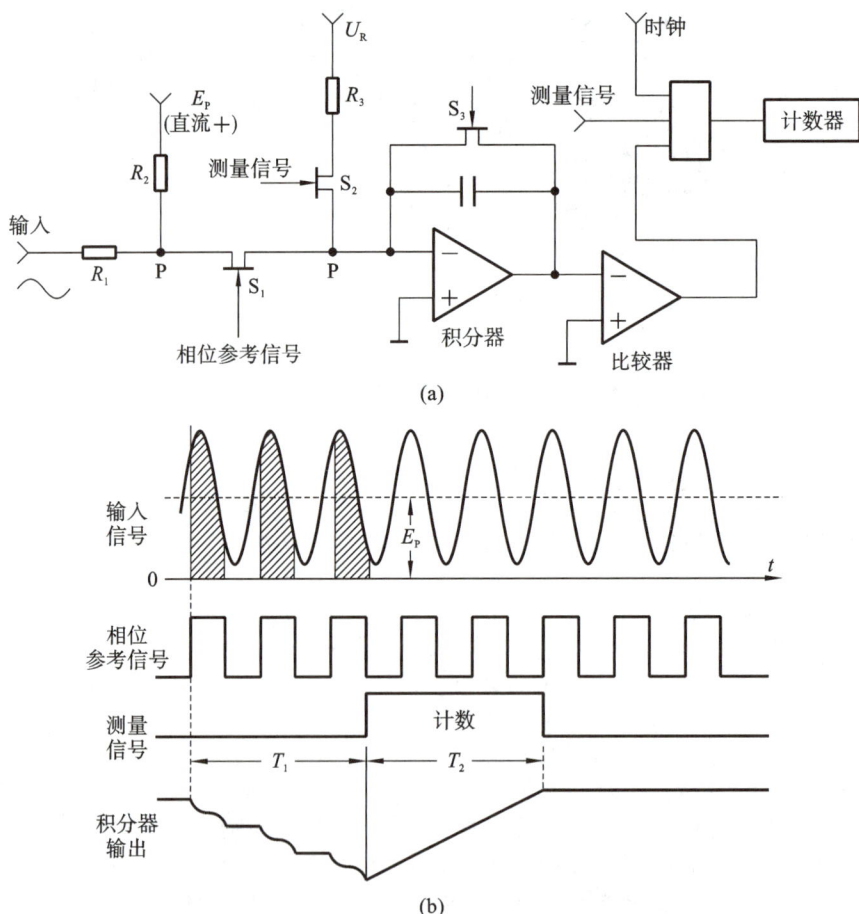

图 7-26　相敏检波和双积分式 A/D 转换原理图

在正向积分阶段,当由基准相位发生器产生的相位参考信号 $U_r(t)$ 控制 S_1 导通时,正比于各待测电压投影分量 $U_i(i=1,2,3,4)$ 及直流信号,使积分器输出负向斜变;而当 S_1 截止时,积分器输出电压保持恒定。在一次正向积分阶段,S_2 一直处于关断状态,积分器进行积分使输出电压达到一定的负值。在正向积分结束后,S_1 关断,S_2 闭合,负基准电压 U_R 经电阻 R_3 开始反向定值积分。同时,在微处理器的控制下计数器工作,当比较器检测到积分器输出为零时,关闭计数闸门,关断 S_2,结束积分,同时闭合 S_3,使积分电容短路,直至下次积分开始。此时计数器中的数值(经扣除 +3.3 V 叠加部分)N_i 正比于待测投影分量 U_i,即 $U_i = eN_i$,所得 N_i 值输入微处理器存储。电路中模拟开关 $S_1 \sim S_3$ 及其他逻辑电路都在软件支持下工作。

7.2.4　项目化案例

设计一台元件参数测试仪。测量范围为电阻 100 Ω～1 MΩ,电容 100 pF～10000 pF,电感 100 μH～10 mH;测量精度为 ±5%;显示所测元件的类型、数值和单位。

1. 总体方案

若采用交流电桥法,则需要调节两个参数才能使电桥平衡,且不便于自动化测量;而比例测量法虽然较为简单,但是忽略了待测元件的损耗,所以测量精度不高,并且为适用不同挡位的测量,所需的标准参考元件较多。因此,这里选择矢量测量法。

2. 硬件设计

1)基准信号产生器

LCR 测量仪需要一个正弦信号源且与该信号同频正交(相差 90°)的测相参考信号。为此,采用直接数字频率合成(DDS)技术产生以上信号,其基本组成原理见 4.3.2 节。

DDS 电路采用大规模可编程逻辑电路实现,如图 7-27 所示。CPLD 的输出信号经 U202、U203、U201 实现差分信号输出,电阻 R_B 可调节其幅度。滤波器的输出信号经 U204 缓冲后作为测量电路的激励信号。其输出信号幅度与 DAC 参考电压的关系如表 7-2 所示。

表 7-2　输出信号幅度与 DAC 参考电压的关系

输入数据 MSB LSB	模拟输出	输入数据 MSB LSB	模拟输出
11111111	$U_{REF}(127/128)$	01111111	$-U_{REF}(127/128)$
10000001	$U_{REF}(1/128)$	00000001	$-U_{REF}(1/128)$
10000000	0	00000000	$-U_{REF}$

采用二阶巴特沃斯低通滤波器滤除 DDS 波形中的高次谐波,使得通带内的起伏最小,其截止频率为 $f = 1/2\pi RC$。由于只需产生 1 kHz 的正弦信号,因此本系统设计的滤波器的截止频率为 2 kHz,选取 $C = 1$ μF,$R = 802$ Ω。

2)信号调理电路

信号调理电路产生阻抗端测量电压,它由标准电阻构成的挡位变换电路、可变增益放大

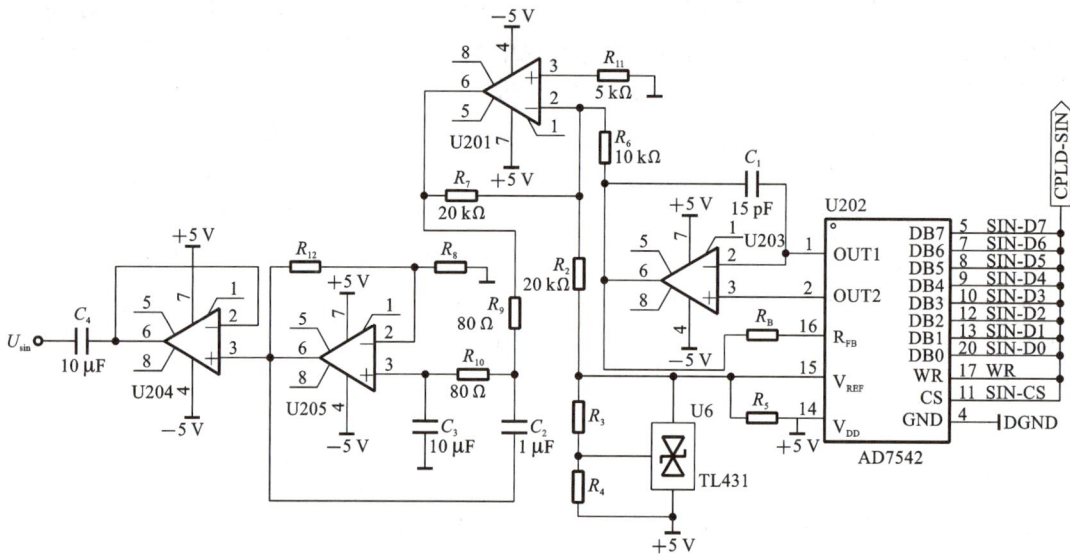

图 7-27 DDS 电路

电路组成,如图 7-28 所示。电路的前级放大采用输入偏置电流较小的 OP07 单运放,挡位及测量电压切换采用 CD4051 多路模拟开关,可变增益放大采用 PGA203,其增益与控制逻辑的关系如表 7-3 所示。测量激励信号由 U_{sin} 输入,经待测阻抗、标准电阻、挡位切换开关至放大器 U104 的输出。假设 U104 的输入偏置电流很小,则流经待测阻抗和标准电阻的电流相同。U104 运放的反向输入端相当于"虚地",电压切换芯片 U103 切换的电压即为待测阻抗和标准电阻的端电压。

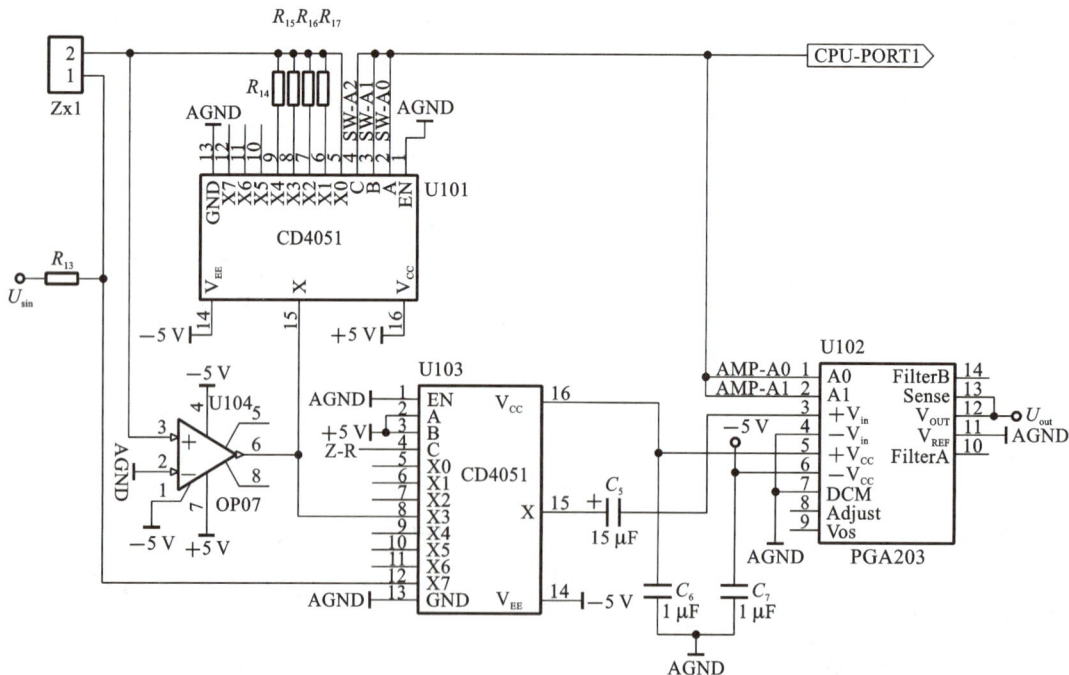

图 7-28 信号调理电路

表 7-3   **PGA203 增益与控制逻辑的关系**

A_1	A_0	增益	误差
0	0	1	0.05%
0	1	2	0.05%
1	0	4	0.05%
1	1	8	0.05%

3）准数字相敏检波电路

准数字相敏检波电路完成矢量电压虚、实部电压值的转换，准数字相敏检波器原理框图及准数字相敏检波电路分别如图 7-29 和图 7-30 所示。矢量信号由 U_{out} 端输入至 AD7524 的参考电压 U_{REF} 端，AD7524 的数字输入端输入 CPLD 产生的与激励信号正交、同步的波形数据，其输出端经二阶巴特沃斯滤波接至 D/A 转换器的模拟输入端。

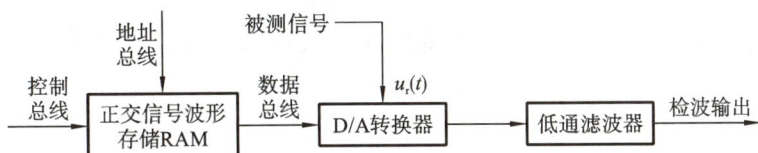

图 7-29   准数字相敏检波器原理框图

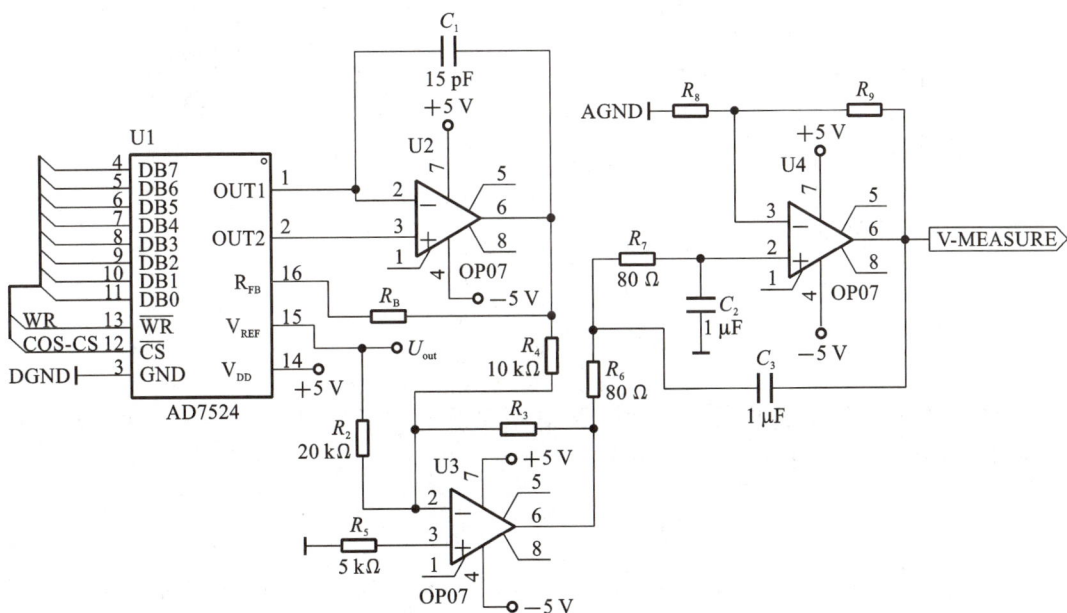

图 7-30   准数字相敏检波电路

7.2.5   典型智能 LCR 测量仪

ED2814 LCR 测量仪可以自动测量无源元件的各项基本参数，其主、副参数分别用 5、4

位数字显示。操作者可通过前面板的按键设定符合 IEC 标准的测试条件。当被测元件接入测试夹具后,仪器视不同测量对象自动进入最佳工作状态。该仪器的测量范围 R 为 $2\,\Omega\sim2$ $M\Omega$,Q 为 $0.0001\sim9.999$,C 为 $0.2\,nF\sim2000\,\mu F$,D 为 $0.000l\sim9.999$,L 为 $0.2\,mH\sim2000$ H,Q 为 $0.01\sim9.999$;主、副参数的基本精度为读数的 $\pm0.1\%$ 和 $\pm1\times10^{-3}$;测量频率有 1 kHz、100 Hz 两种;误差分选挡 D/Q 值共 1 挡(第 0 挡),LCR 值共 8 挡(第 1~8 挡),超预置数 1 挡(第 9 挡)。

ED2814 LCR 测量仪整机原理框图如图 7-31 所示,晶振产生的方波经分频器产生供发生测试信号频率为 $265f$ 的信号(f 为测试频率)和供建立自由轴坐标用的 $8f$、$4f$、$2f$、f 的参考信号。$265f$ 信号驱动正弦 ROM 得到频率为 f 的正弦测试信号 U。测试信号经限流电阻 R_0 加到被测阻抗,通过虚线框内简化的前端电路后输出相量电压 U_X 和 U_S,后经开关 S 输入到相敏检波器。同时,在微处理器的控制下基准相位发生器产生任意方向的精确正交的直角坐标系。于是得到 U_X 和 U_S 坐标轴上的 4 个投影值 U_1、U_2、U_3 和 U_4,再由双积分式 A/D 转换器转换成相应的数字量 N_1、N_2、N_3 和 N_4,送到 RAM 中暂存。最后,微处理器根据键盘输入的信息,从表 7-1 中选择适当的公式进行计算,得到被测参数并由显示器进行显示。

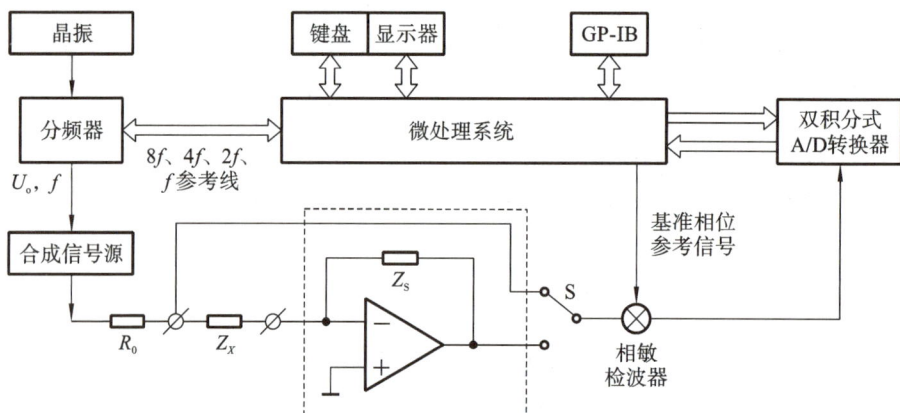

图 7-31　ED2814 LCR 测量仪整机原理框图

该仪器软件包括主程序、键盘分析程序、通用程序和 GP-IB 接口管理程序 4 大部分。下面介绍主程序和键盘分析程序。

1. 主程序

主程序流程图如图 7-32 所示,开机后,仪器的计算机部分开始自检,自检正常后进行仪器初始化工作,包括:设置中断及栈区、可编程 I/O 接口芯片的工作状态,以及赋予各标志初始测量状态。仪器在正常工作时,用户通过操作键盘随时改变测量条件,键盘分析程序采用中断方式,当键盘程序建立相应的条件标志后将再次返回主程序。接着,把初始化设定的或经键盘选择的标志输入锁存器,输出相关的控制信号。在标志输出后,程序进行判断:如果显示方式选定为"预置",这时主要工作均在键盘程序中进行,则主程序只是把已经存放在显示缓冲区 RAM 中的数值取出显示或处理;如果测量方式选定为"连续",程序进行连续循环测量;如果测量方式选定为单次测量,则程序暂停,等待启动命令,启动命令一经实行,主程序就进行一次设定的测量,然后再等待下一次启动命令。注意,在一次测量过程中,必须设置清除工作,否则,单次测量就和连续测量方式一样无休止地循环下去。

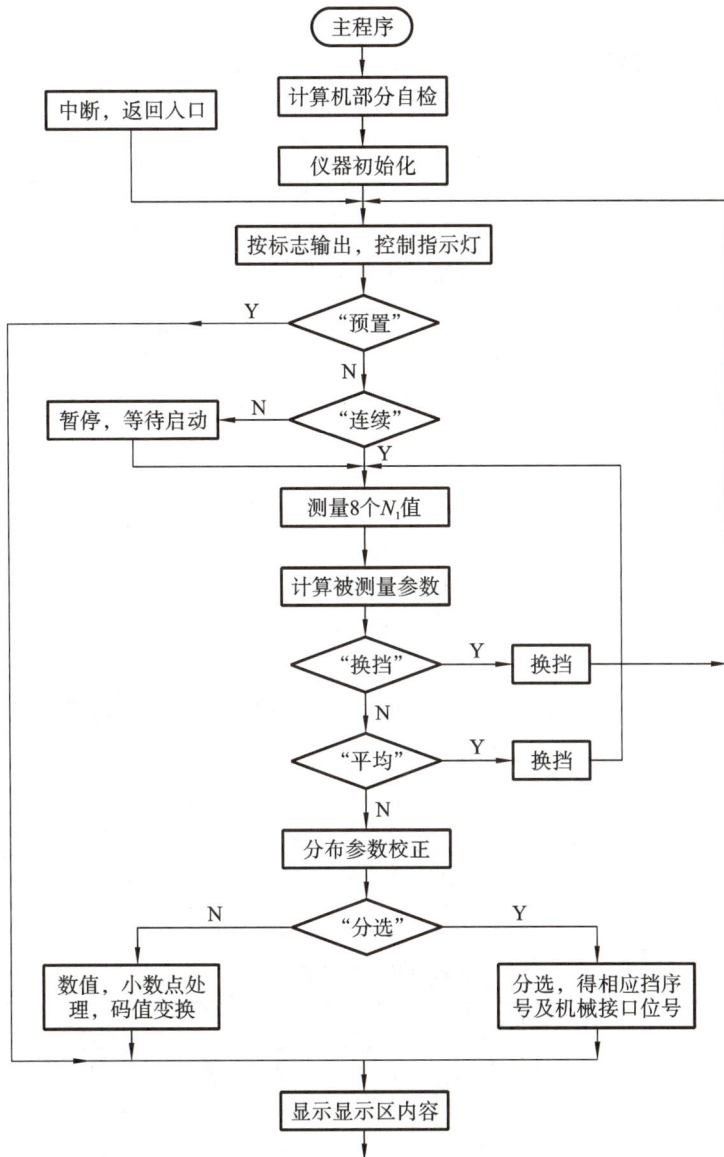

图 7-32　主程序流程图

下一步,在测量中断服务程序中进行 8 次 N_i 值的测量。这一部分是仪器测量工作的关键环节,其任务是在模拟电路的配合下精确地得到数学模型需要的 N_i 值,以供下一步计算被测参数。依据表 7-1 所提供的公式计算被测参数。注意,当测试速度选为慢速(约 1 次/秒)时,程序还将旋转坐标轴进行谐波校正工作。

仪器共有 3 个量程,并设置了"自动"/"保持"按键,以使用户选择量程自动转换方式或量程保持方式。在量程保持方式下,操作者可以得到所需的单位量程。通过程序自动判断,量程自动转换方式可以选择出最佳量程,得到较高的测量精度。因此,判断量程是否"换挡",一方面取决于被测参数是否超出标准;另一方面还要看是否选择了量程自动转换方式。然后程序查询"平均"标志,若操作者通过键盘建立了"平均"标志,则程序转入"平均测量方式"。这时程序进行重复测量并记录测量次数,当达到预定次数后,进行平均计算。显然,平均测量方式的测量速度要比一般方式慢得多。

在分布参数校正中,程序将根据"开路校正"和"短路校正"所建立的校正条件,选择合适的误差公式进行校正计算。注意,校正是在特定条件下进行的,如特定量程、特定等效电路、特定夹具等,所以这两种校正的测量,一定要在与校正时完全相同的条件下进行。

程序的最后一步是决定显示方式。若仪器处于元件"分选"状态,则将测量计算出的元件值与人工预置的分挡标准比较,并将被测元件所属挡的序号写入显示区,同时输出相应的位选通信号。若仪器处于元件"测量"状态,则程序将根据测量数据的大小和单位量纲,正确选择小数点位置。最后将需要显示的数值存放在显示区,调用输出子程序,显示数值。至此,程序完成一次完整的测量过程,重新返回总入口开始新的循环。

2. 键盘分析程序

键盘扫描采用中断方式。该仪器键盘共有 27 键,其中,11 个键是"功能键",按一键一义定义,此时键盘分析程序宜采用直接分析法;剩余的 16 个键组成用于分选的"数据输入"键盘,使用时必须按一定顺序按下多个按键才能构成一个确切的意义,此时键盘分析程序宜采用状态分析法。

在确定有键按下之后,键盘分析程序应先求出键值,然后根据键值将单义键和多义键区分开,最后再分别转入各自的分析处理程序。

1)功能键分析程序

由于 11 个功能键都是单义键,因此分析程序只需识别出某个键的闭合,求出键值,然后直接转移到相应的动作程序中即可。转移表如表 7-4 所示,功能键分析程序流程图如图 7-33 所示。

表 7-4 转移表

键名	键码	子程序序号	入口地址	说明
测量频率	00	CCS0	223CH	选择信号频率:100 Hz 或 1 kHz
等效电路	01	CCS1	2246H	选择等效电路:并联或串联
测量速度	02	CCS2	2250H	选择测量速率:快或慢
LCR 测量	03	CCS3	225AH	选择测量参数 C_X/D_X、L_X/Q_X 或 R_X/Q_X
	04	CCS4	2272H	
自动/保持	05	CCS5	227CH	量程保持选择
测量方式	06	CCS6	2284H	测量方式选择:连续、单次或平均测量
启动	07	CCS7	228BH	启动(与单次测量配合)
显示方式	08	CCS8	2293H	显示选择:数值、分选或数据输入显示

键名	键码	子程序序号	入口地址	说明
自诊	09	CCS9	229AH	
开路校准	0A	CCSA	22A4H	
短路校准	0B	CCSB		

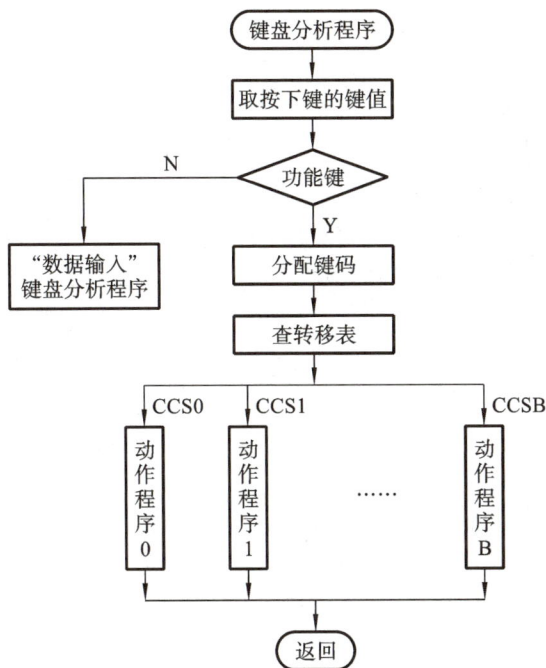

图 7-33 功能键分析程序流程图

2)"数据输入"键盘分析程序

"数据输入"键盘专门用于元件参数误差分选测量,其键盘排列图如图 7-34 所示。用户通过键盘输入被测元件参数的标称值、各分挡的序号及各挡次的极限值,以便实现对量程范围内任意阻抗值的误差分挡。

"数据输入"键盘分析采用状态分析法,其状态图如图 7-35 所示,程序流程框图如图 7-36 所示,状态表如表 7-5 所示。

每当一个按键被按下时,分析程序就根据现行状态和按键的键码找出对应的子程序序号

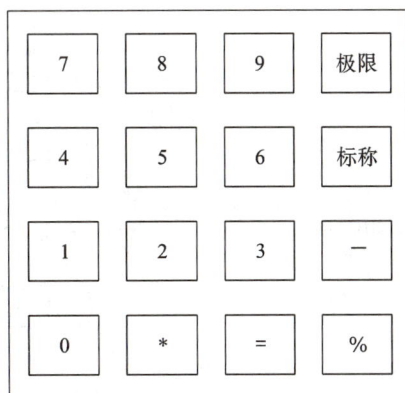

图 7-34 "数据输入"键盘排列图

和应变迁的下一状态,并用次态的编号代替现态的内容,然后转向对应的动作程序。从状态表到形成键盘分析程序,需要给各按键赋予键码和键号,还需要把表 7-5 形成的状态表按适当形式编码并固化在仪器的 ROM 中。

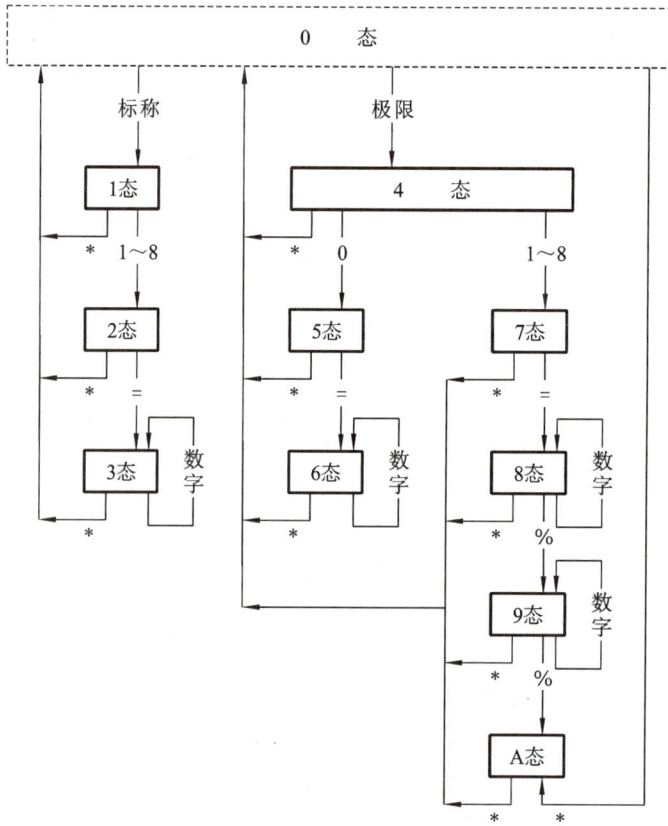

图 7-35 "数据输入"键盘分析状态图

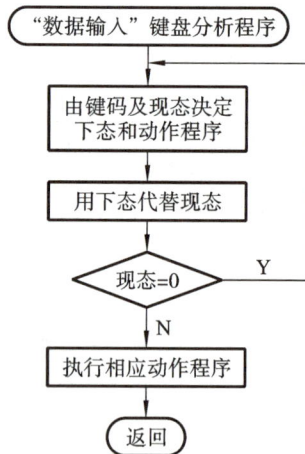

图 7-36 "数据输入"键盘分析程序流程框图

表 7-5　"数据输入"键盘分析状态表

现态	按键	下态	子程序序号	现态	按键	下态	子程序序号
0	标称	1	0	6	[0～9]	6	5
	极限	4	0		[—][·]	6	5
	[＊]	A	0		[＊]	0	0
1	[1～8]	2	1	7	[＝]	8	0
	[＊]	0	0		[＊]	0	0
2	[＝]	3	0	8	[0～9]	8	6
	[＊]	0	0		[—][·]	8	6
					[％]	9	7
					[＊]	0	0
3	[0～9]	3	2	9	[0～9]	9	8
	[—][·]	3	2		[—][·]	9	8
	[＊]	0	0		[％]	A	7
					[＊]	0	0
4	[0]	5	3	A	[＊]	0	0
	[1～8]	7	4				
	[＊]	0					
5	[＝]	6	0				
	＊	0	0				

习　题　7

7.1　测量电阻、电容、电感的方法有哪些? 它们各有什么特点, 对应于每种方法列举一种测量仪器。

7.2　画出电阻、电容和电感的等效模型。

7.3　QS18A 型万能电桥由哪几部分组成? 简述其工作原理。

7.4　在用万能电桥测某空心电感时, 量程开关在 100 mH 处, 电桥的读数盘示值分别为 0.9 和 0.098, 倍率开关在 $Q=1$ 处, 损耗平衡旋钮指示值为 2.5, 则 L_x 和 Q_x 分别是多少?

7.5　在用万能电桥测某标称值为 510 pF 的电容时, 量程开关在 1000 pF 处, 电桥的读数盘示值分别为 0.4 和 0.078, 倍率开关在 $D=0.01$ 处, 损耗平衡旋钮指示值为 1.2, 则 C_x 和 D_x 分别是多少?

7.6　Q 值的物理意义是什么? QBG-3 型 Q 表由哪几部分构成? 简述其工作原理。

项目 8

基于时频测量的智能电子计数器设计

频率和时间是电子测量技术领域中基本的参量。电子计数器是指能完成频率、时间测量及计数等功能的所有电子测量仪器的通称,因此,电子计数器是一类重要的电子测量仪器。随着微电子学的发展,电子计数器广泛采用高速集成电路和大规模集成电路,使仪器在功耗、体积、可靠性等方面都大为改善。尤其是与微处理器结合实现智能化,使得这类仪器发生了重大的变化。

8.1 概　述

时间和频率是电子技术中两个重要的基本参量,目前,在电子测量中,时间和频率的测量精确度是最高的,在检测技术中,常常将一些非电量或其他电参量转换成频率进行测量。另外,在现代信息传输和处理的电磁波频谱资源利用的技术活动中,对频率源的准确度和稳定度提出了越来越高的要求,也大大促进了时间、频率测量技术的发展。

8.1.1　频率测量方法

根据测量方法的原理,对频率测量的方法大体上作如图 8-1 所示的分类。

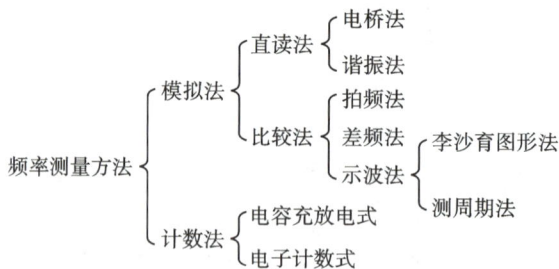

图 8-1　频率测量的方法

频率测量的方法分为模拟法和计数法两类。模拟法有直读法和比较法两种,直读法又称为利用无源网络频率特性测频法,分为电桥法和谐振法;比较法是将被测频率信号与已知频率信号相比较,通过观、听比较结果,获得被测信号的频率,分为拍频法、差频法、示波法。

计数法有电容充放电式和电子计数式两种,前者是利用电子电路控制电容充放电的次数,再用磁电式仪表测量充、放电电流的大小,从而指示出被测信号的频率值;后者是根据频率的定义进行测量的一种方法,它是利用电子计数器显示单位时间内通过被测信号的周期个数来实现频率的测量。

8.1.2　电子计数器的分类

根据仪器所具有的功能,电子计数器有通用计数器和专用计数器之分。

通用计数器是一种具有多种测量功能、多种用途的电子计数器,它可以测量频率、周期、时间间隔、频率比、累加计数、计时等,配上相应插件还可以测量相位、电压等电量。一般凡具有测频和测周两种以上功能的电子计数器都归类为通用计数器。SYN5636 型高精度通用计数器的测频范围为 1 mHz~24 GHz;时间间隔的测量范围为 10 ns~100000 s,分辨率为 100 ps~20 ps;相位测量范围为 0°~360°或−180°~+180°;功率测量范围为−50 dBm~+20 dBm(1 MHz~200 MHz),测量精度为±2 dBm;闸门时间为 1 ms~100000 s,步进为 1 μs。

专用计数器指专门用于测量某单一功能的电子计数器。例如,专门用于测量高频和微波频率的频率计数器;以测量时间为基础的时间计数器,时间计数器测时分辨力很高,可达 PS 量级;具有某种特殊功能的特种计数器,主要用于工业自动化方面,如可逆计数器、预置计数器、差值计数器等。

智能电子计数器是一种采用微处理器的电子计数器。由于智能电子计数器的一切"动作"都在微处理器的控制下进行,因而可以很方便地采用许多新的测量技术,并能对测量结果进行数据处理、统计分析等,从而使电子计数器的功能发生重大变化。

8.2　电子计数法

8.2.1　频率测量原理

通用计数器具有多种测量功能,但最基本的测量功能是测频、测周和测时间间隔(T_{A-B})。

频率是指周期信号每秒钟出现的次数。频率测量的基本原理就是在确定的时间 T 内对周期信号出现的次数 N 进行计数。图 8-2 为传统的频率测量原理图。频率的被测信号由 A 输入端输入,经 A 通道放大整形后输往主门(闸门)。同时,晶体振荡器的输出信号经分频器逐级分频之后,可获得各种时间标准(称时标),通过闸门时间选择开关将所选时标信号加到门控双稳,再经门控双稳形成控制主门启闭的作用时间(称闸门时间)。在所选闸门时间 T 内主门开启,被测信号通过主门进入计数器实现计数。若计数器的计数值为 N,则被测信号的频率 f_x 为

$$f_x = \frac{N}{T} \tag{8-1}$$

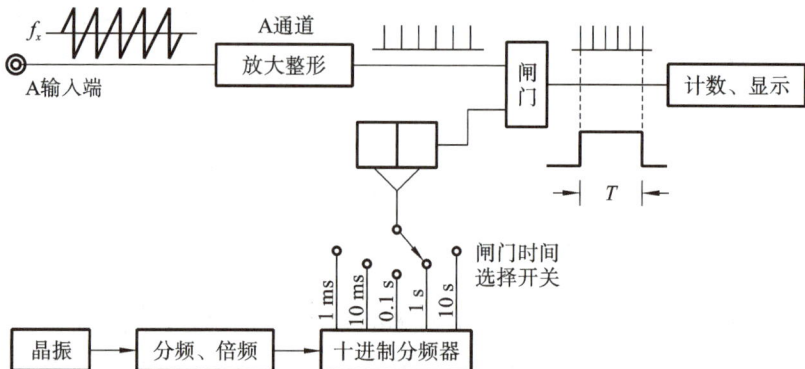

图 8-2 传统的频率测量原理图

8.2.2 周期测量原理

图 8-3 为传统的周期测量原理图。周期为 T_x 的被测信号由 B 输入端输入,经 B 通道处理后再经门控双稳输出作为主门启闭的控制信号,使主门仅在被测周期 T_x 时间内开启。同时,晶体振荡器输出的信号经倍频、分频得到了一系列的时标信号,通过时标选择开关,所选时标即经 A 通道送往主门,在主门的开启时间内,时标进入计数器计数。若所选时标为 T_0,计数器的计数值为 N,则被测信号的周期为

$$T_x = NT_0 \tag{8-2}$$

如果被测周期较短,则可以采用多周期测量的方法提高测量精度,即在 B 通道和门控双稳之间插入十进制分频器,这样使被测周期得到倍乘(即主门的开启时间得到倍乘)。若周期倍乘开关选为 $\times 10^n$,则计数器所计脉冲个数将扩展 10^n 倍,所以被测信号的周期为

$$T_x = \frac{NT_0}{10^n} \tag{8-3}$$

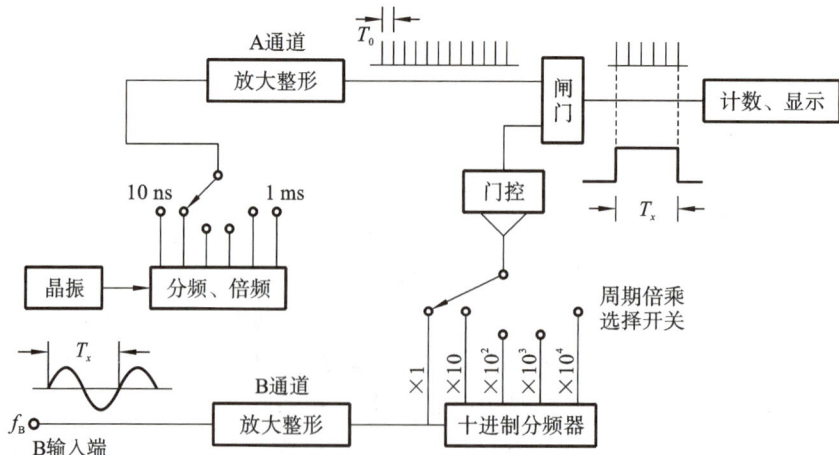

图 8-3 传统的周期测量原理图

8.2.3　时间间隔测量原理

时间间隔 T_{A-B} 测量原理图如图 8-4 所示。在周期测量原理的基础上,它将门控双稳改为分别由两个通道输出的脉冲信号来控制,其中,信号 f_A 产生的脉冲与被测时间间隔的起点相对应,称为启动信号,它使门控双稳置位而开启闸门;信号 f_B 产生的脉冲则与被测时间间隔的终点相对应,称为停止信号,它使门控双稳复位而关闭闸门。于是,控制闸门开启的信号宽度就等于被测的时间间隔 T_{A-B}。在这段时间内,时标脉冲将进入计数器计数,因此这段被测时间间隔为

$$T_{A-B} = NT_0 \tag{8-4}$$

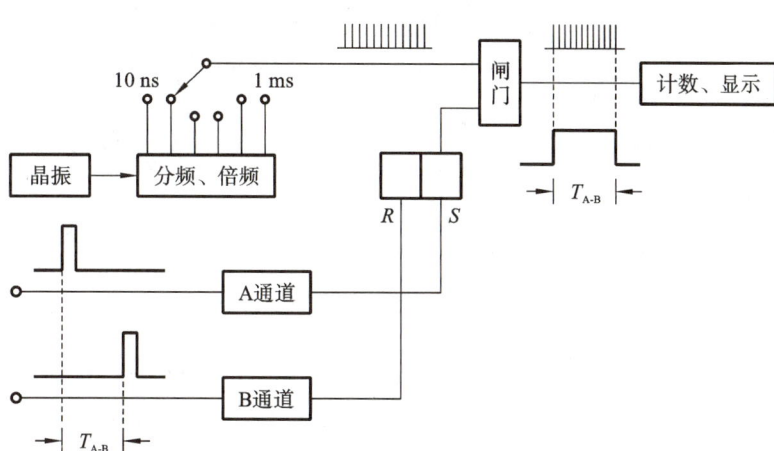

图 8-4　时间间隔 T_{A-B} 测量原理图

8.3　通用电子计数器

8.3.1　通用电子计数器的组成

通用电子计数器(简称通用计数器)由输入通道、计数单元、时基电路、控制单元与电源5大部分组成,如图 8-5 所示。

输入通道包括 A 输入、B 输入两个通道,它们均由衰减器、放大整形电路等组成。凡是需要计数、测频的外加信号,均由 A 通道输入,后经过适当的衰减、放大整形之后,变成符合主门要求的脉冲信号。而 B 通道的输出与一个门控双稳相连,若需测周,则被测信号就要经过 B 通道输入,作为门控双稳的触发信号。

计数单元由主门(闸门)和计数与显示电路组成,主门是用于实现量化的比较电路,通常由"与门"或者"或门"实现;计数与显示电路用于对来自主门的脉冲信号进行计数,并将计数

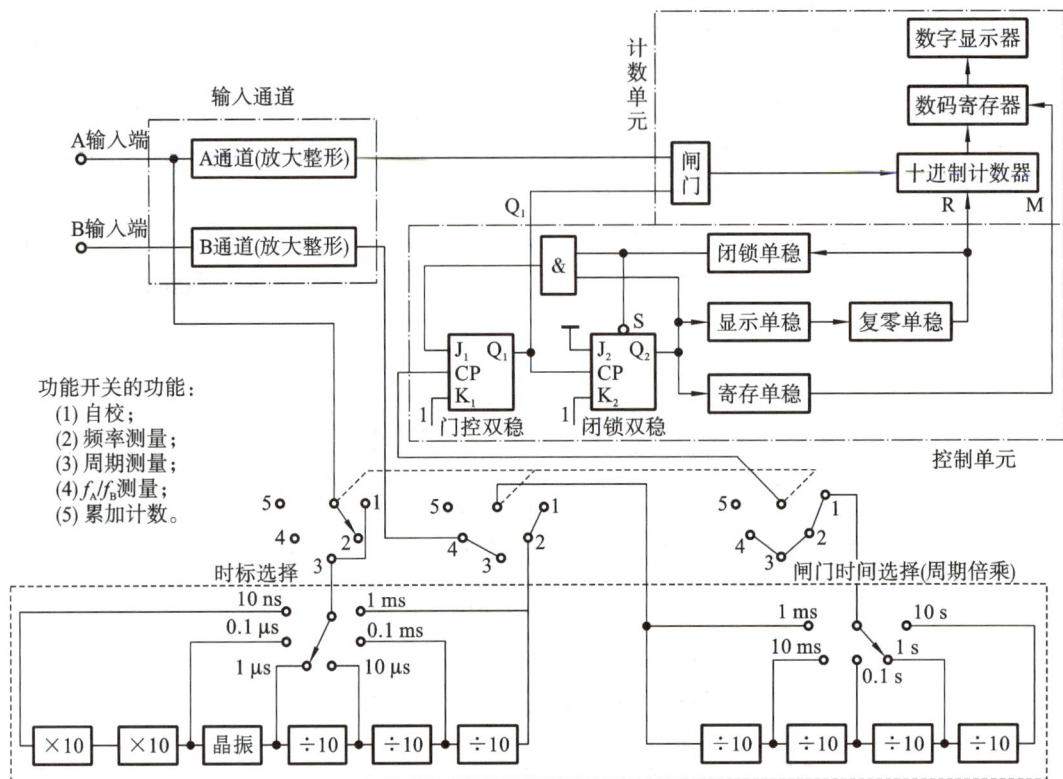

图 8-5　通用计数器基本组成框图

的结果以数字的形式显示出来。为了便于读数,计数器通常采用十进制计数电路。带有微处理器的仪器也可用二进制计数器计数,然后转换成十进制并译码后再送入显示器。

　　时基电路主要用于产生各种标准时间信号。由于电子计数器类仪器采用的是基于被测时间参数与标准时间进行比较的方法,其测量精度与标准时间有直接关系,因而要求时基电路具有高稳定性和多值性。为了使时基电路具有足够高的稳定性,时基信号源采用了晶体振荡器,在一些精度要求更高的通用计数器中,为了使精度不受环境温度的影响,还对晶体振荡器采取了恒温措施;为了实现多值性,在高稳定晶体振荡器的基础上,又采用了多级倍频和多级分频器。电子计数器共需时标和闸门时间两套时间标准,它们由同一晶体振荡器和一系列十进制倍频和分频产生。例如,图 8-5 中 1 MHz 晶体振荡器经各级倍频及前几级分频得到 10 ns,0.1 μs,1 μs,10 μs,0.1 ms,1 ms 7 种时标信号;若再经后几级分频可继而得到 1 ms,10 ms,0.1 s,1 s,10 s 5 种闸门时间信号。

　　控制单元的作用是产生门控(Q_1)、寄存(M)和复零(R)3 种控制信号,使仪器的各部分电路按照准备→测量→显示的流程有条不紊地自动进行测量工作。例如,在测频功能准备时,计数器复零,门控双稳也复零,闭锁双稳置"1",门控双稳解锁(即 J_1 为 1),等待时标信号触发;在第一个时标信号的作用下,门控双稳翻转(Q_1 为 1),使主门(闸门)打开,被测信号通过主门进入计数器计数,仪器进入测量期,当第二个时标信号到来时,门控双稳再次翻转,使主门关闭,于是测量期结束,进入显示期。由于门控双稳翻转的同时,也使闭锁双稳翻转(Q_2 为 0),因此门控双稳闭锁(J_1 为 0)时避免了显示期门控双稳被下一个时标信号触发翻转,同时寄存单稳产生寄存信号 M,将计数结果送入寄存器寄存并译码,驱动显示器进行显示。为了使显示的读数保持一定的时间,显示单稳产生了用作显示时间的延时信号,当显示延时结束时,驱动复零单稳电路产生计数器复零信号 R 和解锁信号,使仪器恢复到准备期的状态,于是上述过程又将自动重复。通用计数器控制信号的时间波形图如图 8-6 所示。

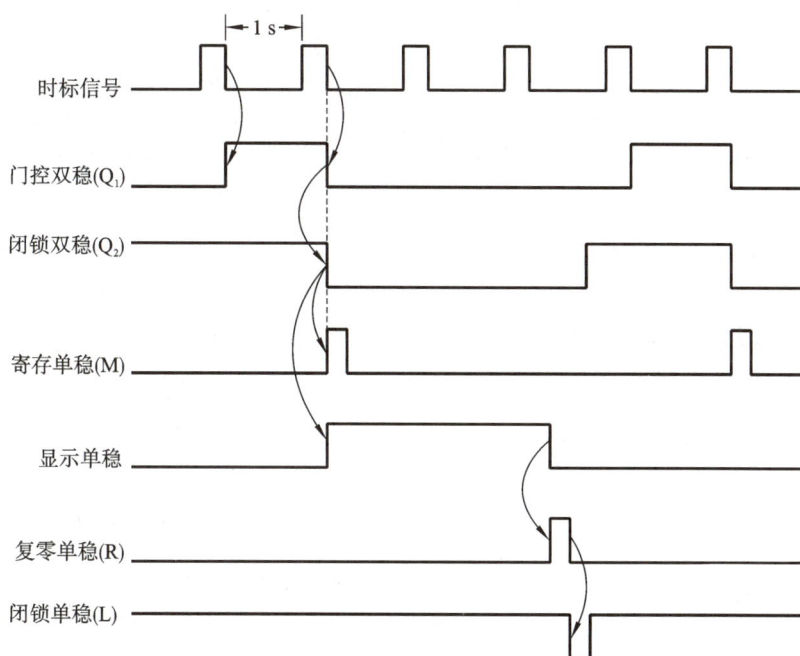

图 8-6　通用计数器控制信号的时间波形图

图 8-5 所示的通用计数器共含 5 个基本功能,通过功能开关选择。

当功能开关置于位置"2"和"3"时,仪器分别具有频率和周期测量功能,此时电路连接与图 8-2、图 8-3 所示的原理图相同,被测信号从 A 输入端和 B 输入端输入,其测量原理不再赘述。

当功能开关置于位置"4"时,仪器具有 A 与 B 信号频率比(f_A/f_B)测量功能。被测信号 A 和 B 分别由 A 输入端和 B 输入端输入,信号 B 经过 B 通道处理后,作为门控双稳的触发脉冲,然后通过功能开关控制门控电路启闭,从而使主门开启的时间恰好为 B 信号的一个周期 T_B。同时,被测信号 A 经 A 通道处理后再经主门送往计数器,从而使计数器累计 B 信号周期内通过的 A 信号的脉冲数量 N,N 即为 A 信号频率 f_A 与 B 信号频率 f_B 之比($N=f_A \times T_B=f_A/f_B$)。为了提高 f_A/f_B 功能的测量精度,可将 B 信号经通道处理后再经周期倍乘器进行分频。

当功能开关置于位置"5"时,仪器具有累加计数功能。累加计数指在一定的人工控制时间内记录 A 信号的脉冲个数,其人工控制的时间通过开关 S 实现(图中未画出)。

当功能开关置于位置"1"时,仪器具有自校功能。电路连接形式如同频率测量电路,但是在自校功能下被测信号是机内的时标信号,因而计数与显示的结果已知,若不一致,则说明仪器工作不正常。例如,若闸门时间 T 选为 1 s,时标 T_0 选为 1 ms,则 8 位计数器应显示的数字为 $N=00\ 001.000$,单位为 kHz;若闸门时间 T 选为 10 s,时标 T_0 仍选为 1 ms,则 8

位计数器应显示的数字为 $N = 0\,001.000\,0$,单位为 kHz。如果 T 选为 1 s 时显示测量结果正确,而 T 选为 10 s 时显示结果不正确,则可初步断定电路故障点在最后一级分频器或在该处的开关连接点或连接线断路。

8.3.2 通用电子计数器测量误差

1. 测量误差的类型

通用计数器的每种测量功能的误差表达方式不同。根据误差分析,各功能的测量误差主要有 3 种类型。

1)计数误差(±1 误差)

通用计数器在计数时,如果主门的开启时刻与计数脉冲的时间不相关,那么同一信号在每次主门开启时间内记录的脉冲数 N 可能是不一样的,如图 8-7 所示,对于任何一次测量,其结果可能为 N,也可能为 $N+1$ 或 $N-1$,可见计数误差的范围为 ±1,所以常称计数误差为 ±1 误差,即 $\Delta N = \pm 1$。

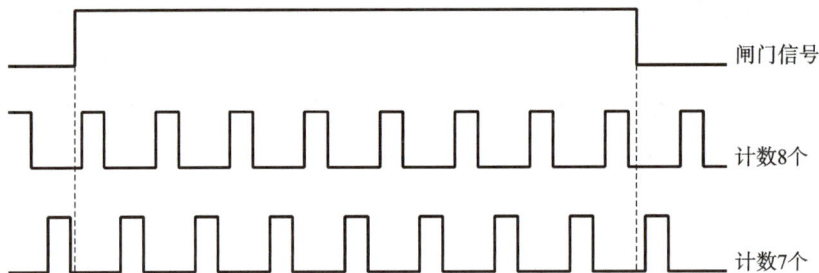

图 8-7 ±1 误差示意图

在测频误差分析中,计数误差常使用 ±1 误差的相对值表达,即

$$\frac{\Delta N}{N} = \frac{\pm 1}{N} = \pm \frac{1}{f_x T} \tag{8-5}$$

显然,在测频、测周、测 f_A/f_B 等功能中,由于主门开启信号与被测信号的时间不相关,因此都存在 ±1 误差。但在自校功能中,由于时标和闸门信号来自同一信号源,因此不存在 ±1 误差。

无论计数 N 的大小为多少,ΔN 的最大值都为 ±1。因此,为了减少最大计数误差对测量精度的影响,应尽量使计数值 N 大,$\frac{\Delta N}{N}$ 的数值则小。例如,在频率测量时,尽量选用大的闸门时间;在周期测量时,尽量选用小的时标信号,必要时使用周期倍乘开关,进行多周期平均测量。由于每次测量的计数误差可能不一样,还会使仪器显示时有一个字的闪动。

2)时基误差(标准频率误差)

通用计数器的时基误差取决于本机内部(或外部)接入的晶体振荡器频率(标准频率)的准确度、稳定度,分频电路和闸门开关的速度和稳定性等因素。在频率测量时,时基误差将影响闸门时间的准确度,从而影响测频精度;在周期测量时,时基误差将影响时标的准确度,从而影响测周精度。

设晶振输出的频率为 f_0（周期为 T_0），分频系数为 m，则闸门时间或时间标准 $T = mT_0$ $= m\dfrac{1}{f_0}$。由误差合成定理，对上式微分，得 $\dfrac{\mathrm{d}T}{T} = \dfrac{\mathrm{d}f_0}{f_0}$。考虑相对误差定义使用增量符号 Δ，所以上式可改写为

$$\frac{\Delta T}{T} = \frac{\Delta f_0}{f_0} \tag{8-6}$$

上式表明，时基误差在数值上等于本机晶体振荡器的频率准确度 $\dfrac{\Delta f_0}{f_0}$，所以，时基误差也称标准频率误差。

综上所述，使用时标或闸门时间标准信号的功能（如频率、周期、时间间隔测量等），都存在此项误差，而测 f_A/f_B、累加计数等功能不存在该项误差。

为了使时基误差对测量结果产生的影响尽量小，应认真选择晶振的准确度。一般来说，通用计数器显示器的值数越多，所选择的内部晶振准确度就越高。例如，7 位数字的通用计数器一般采用准确度优于 10^{-7} 数量级的晶振。这样，在任何测量条件下，由标准频率误差引起的测量误差，都不会大于由 ± 1 误差所引起的测量误差。

3）触发误差

在周期测量时，可通过 B 通道的被测信号控制门控信号。当无噪声干扰时，主门开启时间刚好等于被测信号的一个周期 T_x。如果被测信号受到干扰，则信号通过 B 通道时，会使整形电路（斯密特触发器）出现超前或滞后触发，致使整形后波形的周期与实际被测信号的周期发生偏离（ΔT_n），引起所谓的触发误差。经推导，触发误差 $\dfrac{\Delta T_n}{T_x}$ 的大小为

$$\frac{\Delta T_n}{T_x} = \pm \frac{1}{\sqrt{2}\,\pi} \times \frac{U_n}{U_m} \tag{8-7}$$

式中，U_m 为信号的振幅；U_n 为干扰或噪声的振幅。可见信噪比（U_m/U_n）越大，触发误差就越小，若无噪声干扰，便不会产生该项误差。

综上所述，凡是由被测信号形成闸门的各项功能均存在触发误差。在进行频率等测量时，由于门控信号由仪器内部产生，可以不考虑触发误差。而在进行周期测量、f_A/f_B 测量等时，如果进入 B 通道的被测信号含有干扰，便会存在触发误差。

采用周期倍乘开关进行多周期测量，可减弱此项误差。例如，周期倍率取 10，则只在第一个周期开始与第 10 个周期结束时产生触发误差，触发误差减弱为原来的 $\dfrac{1}{10}$。

2. 总测量误差

1）频率测量的总测量误差

根据 $f_x = N/T$ 及误差合成公式，频率测量的总测量误差主要有计数误差和时基误差。

一般情况下，总误差可采用分项误差绝对值合成，即

$$\frac{\Delta f_x}{f_x} = \pm \left(\frac{1}{f_x T} + \left| \frac{\Delta f_0}{f_0} \right| \right) \tag{8-8}$$

式中,T 为闸门时间。

当 f_x 一定时,增加闸门时间 T 可以提高测频分辨力和准确度。当闸门时间一定时,输入信号频率 f_x 越高,则测量准确度越高。在这种情况下,随着计数误差减小到 $\dfrac{\Delta f_0}{f_0}$ 以下,$\dfrac{\Delta f_0}{f_0}$ 的影响不可忽略。这时,可以认为 $\dfrac{\Delta f_0}{f_0}$ 是计数器测频准确度的极限。

在测量低频时,由于 ± 1 误差产生的测频误差非常大。例如,$f_x = 10$ Hz,$T = 1$ s 时,由 ± 1 误差引起的测量误差可达 10%,所以测量低频信号时不宜采用直接测频方法。

2)周期测量的总测量误差

根据 $T_x = NT_0$ 及误差合成公式,周期测量的总测量误差主要有计数误差、时基误差和触发误差。在考虑多周期测量的情况下,令周期倍乘系数 $K = 10^n$,则其误差可按下式计算

$$\frac{\Delta T_x}{T_x} = \pm \left(\frac{T_0}{10^n T_x} + \left| \frac{\Delta f}{f_c} \right| + \frac{V_n}{\sqrt{2} \times 10^n \pi V_m} \right) \tag{8-9}$$

式中,T_0 为选择的时标信号。通过上述分析可知,在进行周期测量时,选择尽量小的时标单位(T_0),可提高周期测量分辨率;采用多周期测量,不仅可以进一步提高周期测量分辨率,而且可以减小触发误差,从而提高测量的准确度。触发误差对总测量误差影响很大,测量时应尽可能提高被测信号的信噪比 V_m / V_n。

3)其他功能的测量误差

通过分析各项误差产生的原因,可以直接推出通用计数器其他测量功能的合成误差公式。例如,频率比(f_A / f_B)测量功能的误差应包含计数误差和触发误差,而与时基误差无关;时间间隔(T_{BC})测量功能的误差应包括计数误差、时基误差和触发误差;累加计数功能的误差应仅含计数误差;自校功能原则上不存在上述误差,这是因为被测信号与闸门信号都是由同一标准时钟分频后形成的。

8.3.3 多周期同步测量

如果按图 8-2 所示的原理,那么当测量频率很低时,由 ± 1 误差引起的测量误差将大到不能允许的程度,例如,$f_x = 1$ Hz,闸门时间为 1 s 时,由 ± 1 误差引起的测量误差高达 100%。因此,为了提高低频段频率测量的精度,通常使用电子计数器测量周期,然后再利用频率与周期互为倒数的关系,得到频率值,这样便可得到较高的精度。同时,当测量周期很小时,宜先测频率,再换算出周期。

测频、测周的量化误差与被测信号频率关系图如图 8-8 所示,测频和测周两条量化误差曲线交点所对应的被测信号频率称为中界频率(f_{xm})。由式(8-7)、式(8-8)推出中界频率的公式为

$$f_{xm} = \sqrt{\frac{1}{T \times T_0}} = \sqrt{\frac{f_0}{T}} \tag{8-10}$$

在中界频率点处,测频和测周引起的量化误差相等。很显然,当被测信号的频率 $f_x > f_{xm}$ 时,宜采用测频的方法;当被测信号的频率 $f_x < f_{xm}$ 时,宜采用测周的方法。中界频率 f_{xm} 与测频时所取的闸门时间及测周时所取的时标有关,如果测频时取闸门时间为 1 s,测周

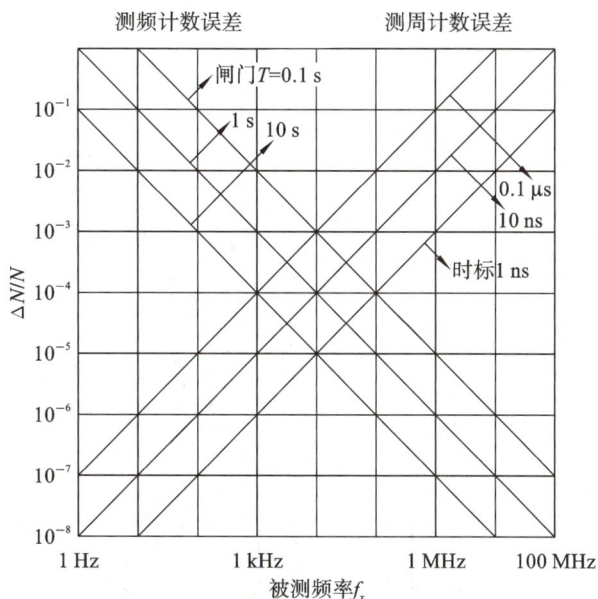

图 8-8　测频、测周的量化误差与被测信号频率关系图

时取时标为 10 ns,则中界频率 $f_{xm}=10$ kHz。对于频率值为 f_{xm} 的被测信号,采用测频或测周所引起的量化误差均为 10^{-4}。

上述测量方法是减少由 ±1 误差引起测量误差的一种有效方法,但该方法不能直接读出被测信号的频率值或周期值,同时,在中界频率附近,仍不能达到较高的测量精度。若采用多周期同步测量方法,则可解决上述问题。

多周期同步测量原理与传统的频率和周期的测量原理不同,其测量原理图如图 8-9(a)所示。

预置闸门时间产生电路产生预置闸门时间 T_P,经同步电路产生与被测信号(f_x)同步的实际闸门时间 T。在时间 T 内,主门Ⅰ、Ⅱ被同时打开,于是计数器Ⅰ、Ⅱ分别累计被测信号(f_x)和时钟信号(f_0)的周期数。在 T 内,计数器Ⅰ的累计数值 $N_A=f_x\times T$;计数器Ⅱ的累计数值 $N_B=f_0\times T$。再由运算部件计算得出 $f_x=\dfrac{N_A}{N_B}\times f_0$,即为被测频率。

计数器Ⅰ记录被测信号的周期数,通常称为事件计数器。由于闸门的开、关与被测信号同步,因而实际的闸门时间 T 已不等于预置的闸门时间 T_P,且大小也不是固定的,为此设置了计数器Ⅱ,用来在 T 内对标准时钟信号计数,以确定实际开门的闸门时间 T,所以计数器Ⅱ通常称为时间计数器。

由图 8-9(b)所示的工作波形图看出,由于 D 触发器的同步作用,计数器Ⅰ所记录的 N_A 值已不存在 ±1 误差的影响。但时钟信号与闸门的开、关无确定的相位关系,即计数器Ⅰ所记录的 N_B 的值仍存在 ±1 误差的影响,只是由于时钟频率很高,±1 误差的影响很小,所以测量精度与被测信号的频率无关,且在全频段的测量精度是均衡的。

设闸门时间为 1 s,取时钟频率 $f_0=10$ MHz,则由 ±1 误差引起的相对误差固定为 10^{-7},即由 ±1 误差而引起的误差在全频段均为 10^{-7}。若要进一步减少这项误差的影响,必

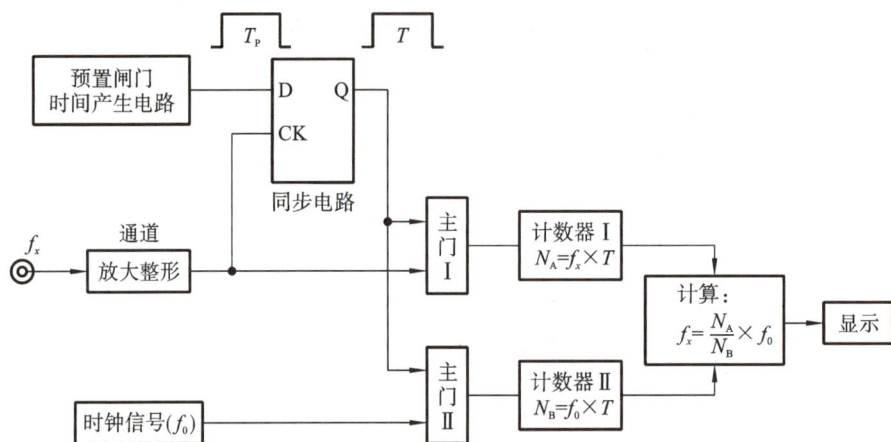

(a) 测量原理框图

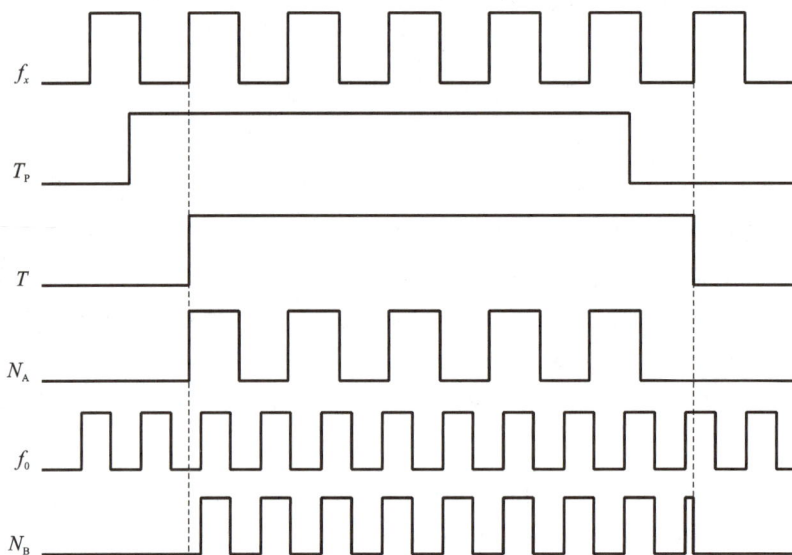

(b) 工作波形图

图 8-9　多周期同步测量原理图

须增大时钟频率 f_0。同时，N_B 实际是 N_A 个被测信号周期的时钟脉冲，即 $f_x = \dfrac{N_A}{N_B} \times f_0$ 的值为多周期测量的平均值，所以这种测量方法称为多周期同步测量法。实际上该方法测量信号周期和频率是经过倒数运算求出来的。因此，从测频的角度来看，该方法也称为倒数计数器法。

多周期同步测量需要计算电路且要有两个计数器，因而电路的实现比传统的测量电路复杂，若使用微处理器，则可使测量电路大大简化。

在传统的电子计数器中，测量时间间隔的分辨能力取决于所用的时钟频率 f_0。单纯地通过提高时钟频率 f_0 来提高测量时间间隔分辨率非常有限，即使 f_0 为高达 100 MHz 的时钟，测量时间间隔分辨率也只能达到 10 ns。采用模拟内插扩展技术可在时钟频率不变的情况下，使测量时间间隔分辨率提高 2、3 个数量级或更高。

内插法测量原理如图 8-10 所示，实际测量时间 $T_x = T_0 + T_1 - T_2$，采用内插法测时间，不仅要累计 T_0 内的时钟脉冲数，而且还要把产生 ± 1 误差的时间 T_1 和 T_2 扩大 N 倍，然后在扩大后的时间间隔内用同一个时钟脉冲计数。若时钟频率为 10 MHz(100 ns)，模拟内插扩大倍数 $N = 1000$，并设 N_0 为 T_0 内的计数值，N_1 为 $1000T_1$ 内的计数值，N_2 为 $1000T_2$ 内的计数值，则被测时间间隔表示为

$$T_x = T_0 + T_1 - T_2 = \left(N_0 + \frac{N_1}{1000} - \frac{N_2}{1000}\right) \times 100 \text{ ns}$$

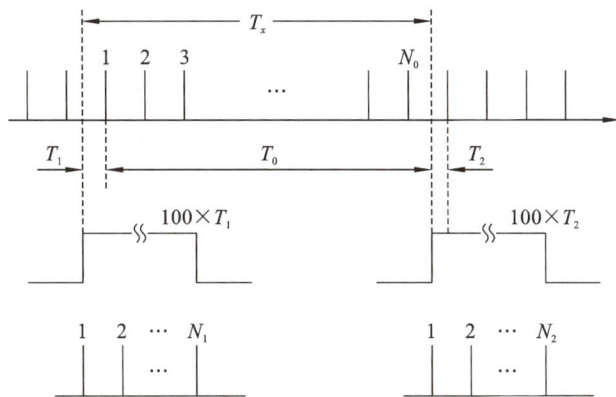

图 8-10　内插法测量原理

虽然测量 T_1、T_2 时仍然存在 ± 1 误差，但其影响可缩小为原来的 1/1000，从而使计数器的分辨率提高 1000 倍。例如，若时钟频率为 10 MHz，则普通计数器的时间分辨率为 100 ns，采用内插法后其分辨率可提高到 0.1 ns，相当于普通计数器使用了频率为 10 GHz 时钟时的分辨率。

当扩大倍数 $N = 1000$ 时，首先在 T_1(或 T_2)内对一个电容以恒定电流充电，然后以慢 999 倍的速度放电，则对电容充放电的总时间是 T_1(或 T_2)的 N 倍，再用同一时钟对其进行测量计数即可得到 N_1(或 N_2)，并将 T_1 和 T_2 展宽。

一个实际的模拟扩展器电路原理图如图 8-11 所示，它主要由一对高速电流开关 VT_1 和 VT_2，恒流源 $I_1(=10 \text{ mA})$，恒流源 $I_2(=10 \text{ μA})$，阈值检测管 VT_3 等部分组成。在初始状态下，VT_1 导通、VT_2 截止，10 μA 恒流源 I_2 对电容 C 充电，当 A 点电位上升到约 5.7 V 时，VT_3 导通，B 点电压为 0.1 V(10 μA × 100 kΩ)。

在 T_1(或 T_2)内，电流开关 VT_1 截止、VT_2 导通，电容 C 通过 VT_2 放电，放电电流为 $I_1 - I_2$，A 点电位下降，VT_3 截止，则在 T_1(或 T_2)时间内放走的电荷 $Q_1 = (I_1 - I_2)T_1$，由于 VT_3 截止，T_1 期间 B 点的电压为 0 V。T_1 结束后，电流开关使 VT_1 导通、VT_2 截止，10 μA 恒流源 I_2 重新对电容 C 充电，A 点电压逐步上升到约 5.7 V，VT_3 重新导通而使充电结束，则在 T_1' 内充得电荷 $Q = I_2 \times T_1'$。显然，$Q_1 = Q_2$，于是可得

$$T_1' = \frac{I_1 - I_2}{I_2} T_1 = 999T_1$$

即
$$T_1 + T_1' = 1000T_1 \tag{8-11}$$

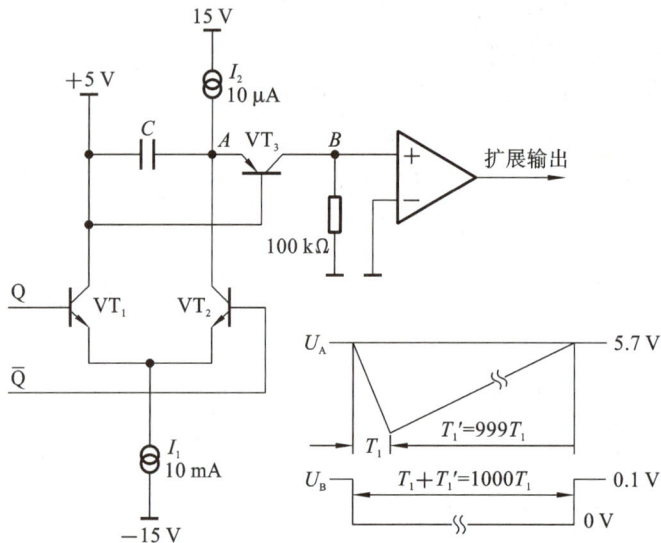

图 8-11　模拟扩展器电路原理图

在 T_1+T_1' 这段时间内，VT_3 一直处于截止状态，B 点的电压为 0 V；VT_3 导通时 B 点电压为 0.1 V（10 μA×100 kΩ），则 B 点出现了一个宽度为 $1000T_1$ 的脉冲，再经运算放大器放大，形成主门开启控制信号，实现对扩展后时间间隔的计数测量。

内插法测量原理需要多个计数器工作，过程较复杂，需微处理器参与控制。工作时先启动一次测量，然后对各计数器的计数值分别读入，最后再执行一次运算并显示其运算结果。

8.3.4　典型部件的分析

1. 输入通道

被测信号往往是未知的，并且还可能带有一定的噪声，可利用输入通道调理被测信号。因此，电子计数器的许多技术指标，如频率范围、输入阻抗、灵敏度、抗干扰性等都是由输入通道决定的。输入通道由调整电路、放大整形电路、触发电平调节电路等几部分组成。其中，调整电路又由阻抗变换器、衰减器、保护电路等组成。

在图 8-12 所示的 HP 5386A 频率计数器的调整电路中，C_1 为隔直电容，R_{13}、R_{15}、R_{18}、C_7、C_{10} 及继电器 S_1 组成×1、×20 两挡衰减器。当 S_1 的开关释放时为×1 挡，此时 R_{13} 短路，R_{18} 断开，信号通过 R_{16}、R_{15} 和 C_7 送到 VT_2。当 S_1 的开关闭合时为×20 挡，R_{15} 及与其并联的高频补偿网络 R_{13}、C_7，与 R_{18}、C_{10} 组成了 20∶1 的分压衰减器。S_1 由 VT_3 驱动，VT_3 由微处理器实施控制。VD_1 和 VD_2 与 R_{13}、R_{15}、R_{16}、C_7 构成限幅器，因此，即使当输入信号很大时，仪器也不会损坏。VT_1 和 VT_2 为阻抗变换器，以获得较高的输入阻抗。R_{22} 和 C_{16} 组成了截止频率为 100 kHz 的低通滤波器，C_{16} 通过 VT_4 接地。当来自微处理器的控制信号为低电平时，VT_4 截止，使低通滤波器断开，同时 VT_4 集电极为高电平，使 VT_5 导通，信号通过 C_{13} 建立起高频通道。

输入通道中的放大电路是一个宽带放大器，其带宽应满足仪器被测信号的频率范围。

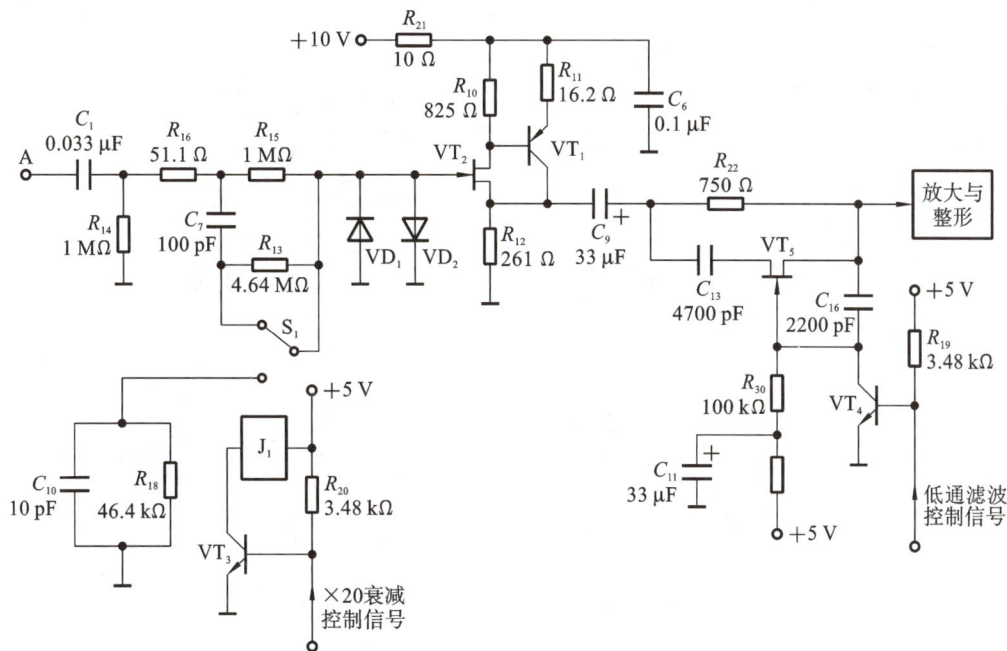

图 8-12　HP 5386A 频率计数器的调整电路

输入通道中的整形电路一般采用施密特触发器,从而起到整形作用,其滞后带宽度 ΔE 可有效地抑制信号中的干扰,如图 8-13 所示。为此,许多现代电子计数器都具备自动增益控制电路(AGC),调节加到触发器的信号电压,使信号的电压幅度刚好超过滞后宽度,以便抑制信号中的干扰,得到准确的计数。

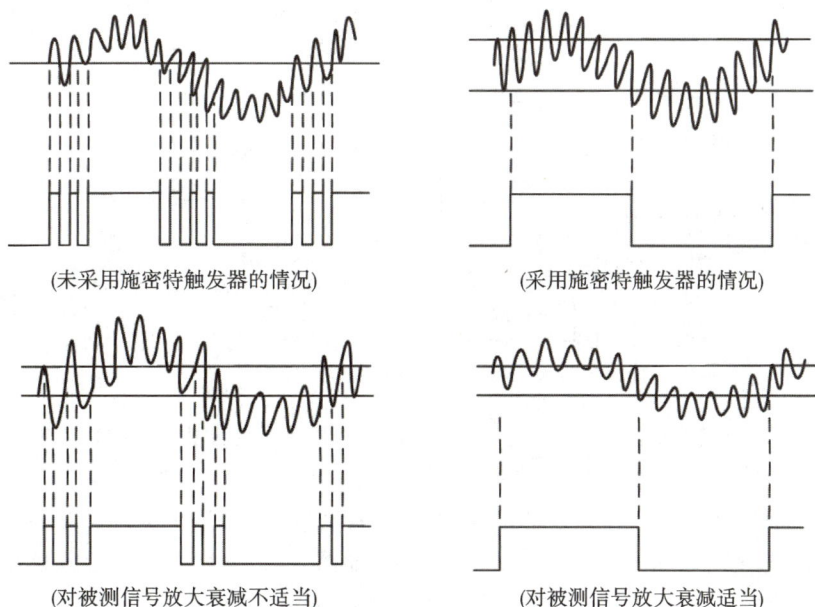

(未采用施密特触发器的情况)　　　　(采用施密特触发器的情况)

(对被测信号放大衰减不适当)　　　　(对被测信号放大衰减适当)

图 8-13　施密特触发器对信号干扰的抑制

正确选择滞后带相对于被测信号的位置,对提高测量精确度也是非常重要的。一般情况下,滞后带应移动在信号波形的中部;特殊情况下,应移动在信号的某个确定的部位上,如图 8-14 所示。为此,某些计数器还设计有监视触发器的输出插孔,以便接到示波器上进行观察,并通过调节电位器,使被测信号电平移到适当的部位。

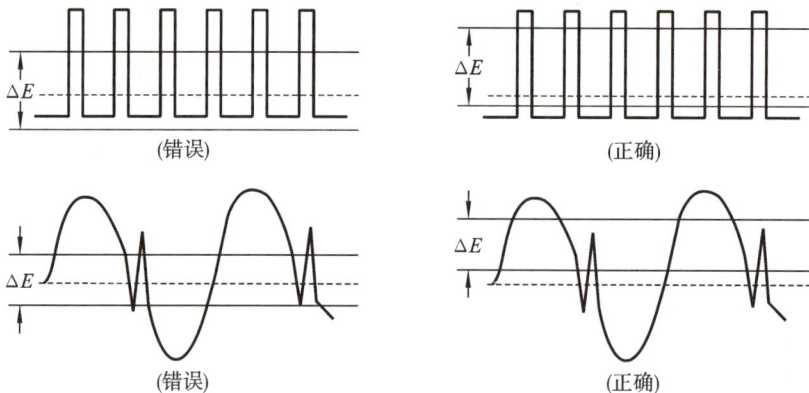

图 8-14　正确选择滞后带相对于被测信号的位置

通过调整差分放大器中一个输入端的直流电位,可改变移动滞后带与信号之间的相对位置,如图 8-15 所示,继电器 K 释放,电路处于手动预置触发电平调节方式,通过调节电位器 R_w,可使触发器的滞后带移动在信号适当的位置上。当继电器 K 吸合时,电路处于自动触发电平调节方式,微处理器控制系统通过触发探测器,测量信号的上峰值和下峰值,然后计算出其算术平均值或其他的数值,再由 D/A 转换器转换成直流电压,输入差分放大器。

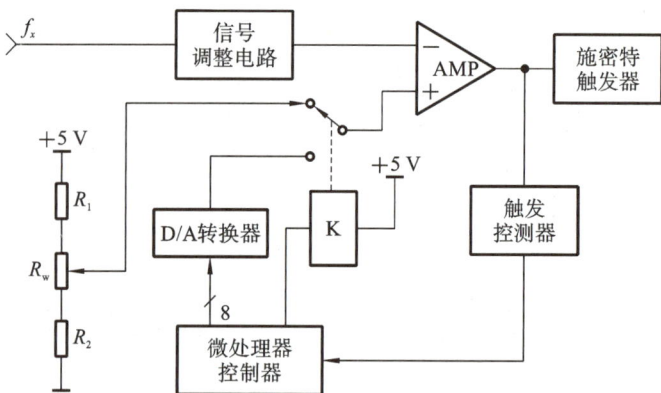

图 8-15　触发电平调节电路

为了更好地处理输入信号,有些电子计数器还将输入通道分为低频和高频通道。其中,低频通道一般接收 100 MHz 以下的信号,其输入阻抗为 1 MΩ;高频通道输入阻抗为 50 Ω,为了能与低频通道共用一套主计数器,高频通道设计有预分频器,使经过高频通道的信号先分频为 100 MHz 以下的信号,再进入主计数电路,如图 8-16(a)所示。微处理器根据通道识别器的输出状态控制通道选择门。通道识别器主要包括电压比较器,如图 8-16(b)所示,当高频通道无信号输入时,比较器 2 端电压高于 3 端,输出低电平;反之,当高频信号经二极管检波后叠加到比较器 2 端,则输出高电平。微处理器根据通道识别器的状态,一方面,输出通道选择门控制信号接通相应通道,另一方面,由于高频通道含有预分频器,微处理器可存储高频通道的状态,用以作为确定测量结果的小数点及单位的依据。

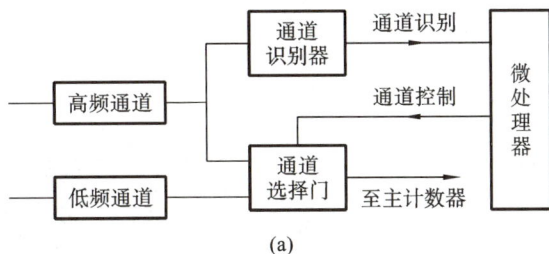

(a)

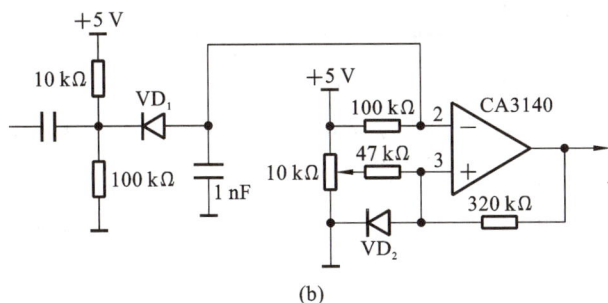

(b)

图 8-16　高/低频通道自动选择电路

2. 计数器电路

计数器电路是电子计数器类仪器的一个重要组成部分。在智能化的仪器中,计数器一般采用二进制,也有的采用十进制。在设计过程中,前级计数芯片的最高时钟频率(f_{max})应高于被测信号的最高频率,随着逐级分频,后级可考虑采用中低速计数芯片,以降低成本和功耗。图 8-17 为国产 AS3341 通用计数器的主计数器电路。该计数器最高计数频率为 100 MHz,字长为 8 个字节,由前、中、后 3 级计数器构成。前级计数器采用了 3 类计数器芯片:前部采用了高速 ECL D 触发器 E1013($f_{max} \geqslant 150$ MHz);中间部分采用了高速 TTL 触发器 74LS112($f_{max} = 80$ MHz);后部采用中速低耗计数器 74LS93($f_{max} = 35$ MHz)。中级计数器由可编程计数器 CTC 的通道 1 构成 2^8 减法计数器,由前级产生的进位脉冲触发,当 CTC-1 回零时,向 CPU 请求中断,响应中断后进行后级的软件计数。每次计数之前,微处理器对各级计数器清零,计数结束后读取前、中级硬件计数器的值,其中通过输入口 IC_1、IC_2 读入前级计数器的值。最后再由微处理器将 3 级计数器的值组合成一组完整的计数值。

目前,计数器广泛采用大规模集成电路,图 8-18 为大规模集成计数器 HEF 4737 原理框图。HEF 4737 由 4 级十进制计数器和 1 级二进制计数器组成,每级计数器都带有锁存器。当信号由 CP 端输入,由 C10000 输出时即为 4 级十进制计数器。各级计数器的 BCD 码输出可由内部的多路转换器通过位选器 S_A,S_B,S_C 选择,如果只使用 4 级十进制计数器,则必须由 S_A,S_B 控制。BCD 码的输出端具有三态门,由片选信号 OE 控制,高电平时有输出。

图 8-19 为国产 AW 3372 型等精度频率计的计数电路,它是由 HEF 4737 等构成的 10 MHz 计数器与微型计算机的接口电路,计数器前部由两个计数速度高于 10 MHz 的 D 触发器组成两级二进制计数器,再级联两片 HEF 4737 组成的 8 位十进制计数器。测量前,单片

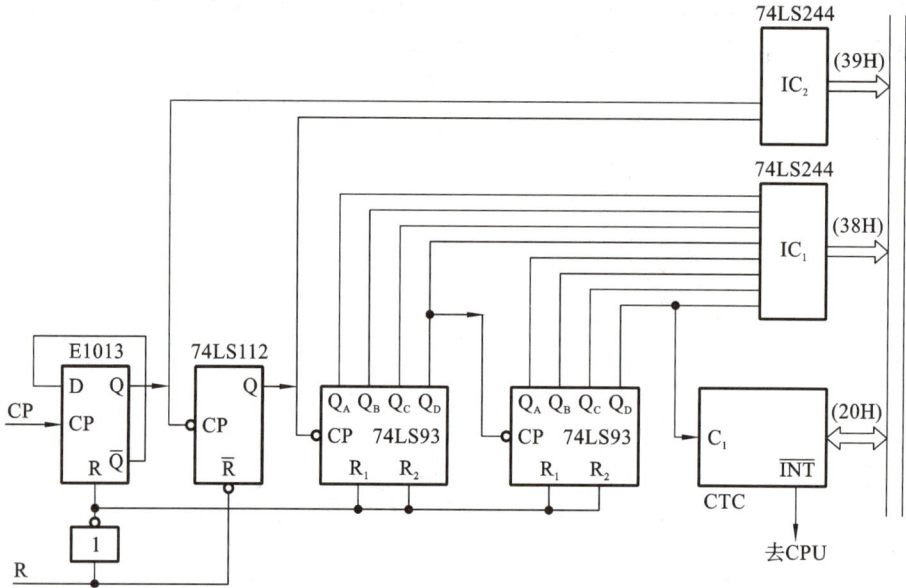

图 8-17 国产 AS3341 通用计数器的主计数器电路

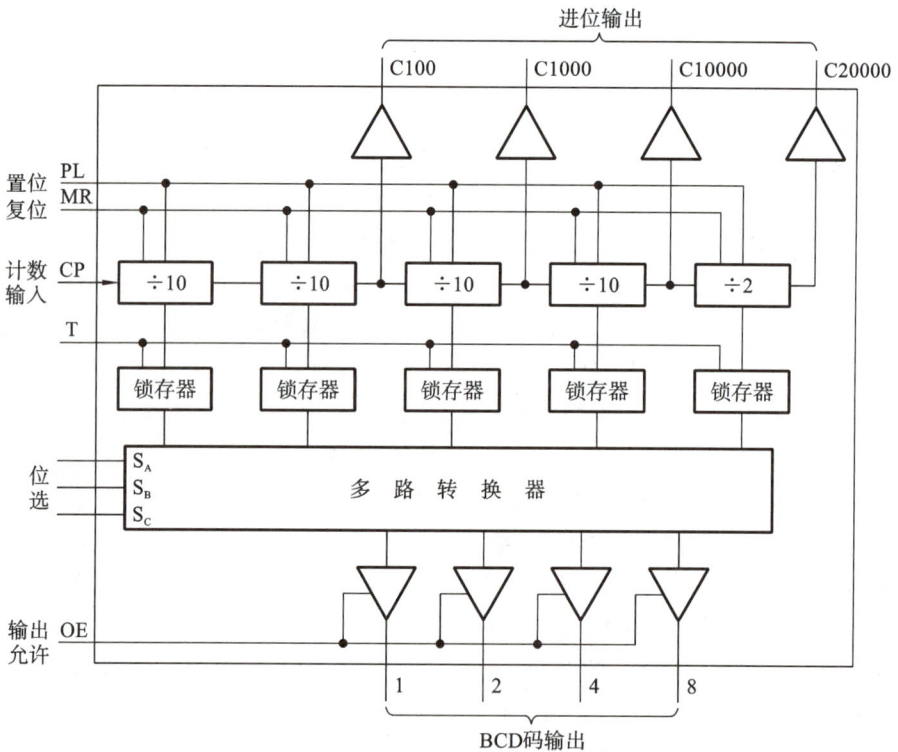

图 8-18 HEF 4737 原理框图

机的 $P_{2.6}$ 和 $P_{2.7}$ 发出复位脉冲,使各级计数器复零。计数结束后,各计数器的代码可由单片机读出。当 $P_{2.2}$ 和 $P_{2.3}$ 为高时,分别读取第一、二片 HEF 4737 的计数值。单片机的 $P_{2.0}$ 和 $P_{2.1}$ 与两片 HEF 4737 多路转换器的位选控制线 SA 和 SB 并接,组成 4 种代码,分别读取 4

级十进制计数器的 BCD 码。两片 HEF 4737 的 BCD 码输出端与单片机的 $P_{1.0} \sim P_{1.3}$ 相连，作为单片机读取数据的入口。由此可见，改变单片机 P_2 口的低 4 位输出代码，即可依次读出两片 HEF 4737 中 8 级十进制计数器的 BCD 码并存入单片机内部的 4 个数据存储器内。前两级二进制计数器的计数值可由单片机的 $P_{1.4}$ 和 $P_{1.5}$ 读取。整个计数器的计数值应为两片 HEF 4737 的 8 级十进制计数器的读数乘以 4 再加 12 级二进制计数器的读数。

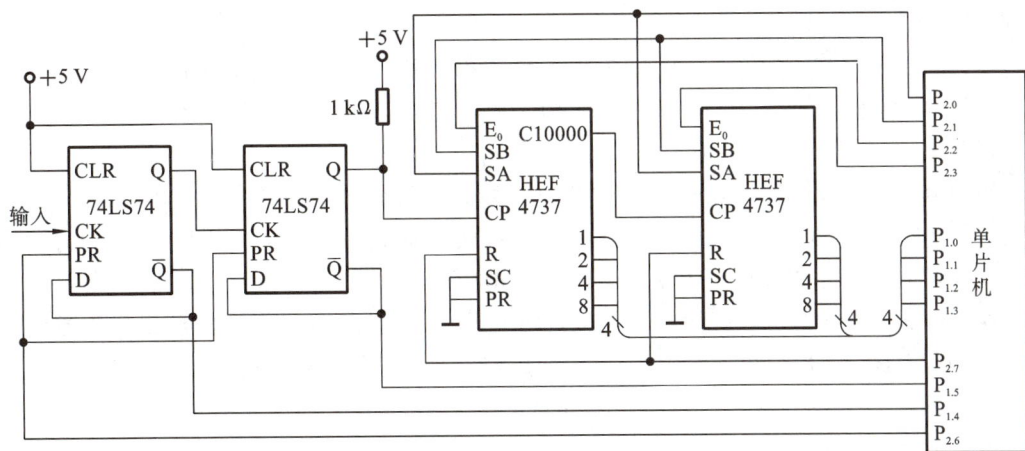

图 8-19　国产 AW 3372 型等精度频率计的计数电路

8.4　等精度智能电子计数器的设计

图 8-20 为等精度频率计整机硬件框图，等精度频率计主要由单片机控制电路、通道、同步电路、计数器、键盘/显示器 5 部分组成。

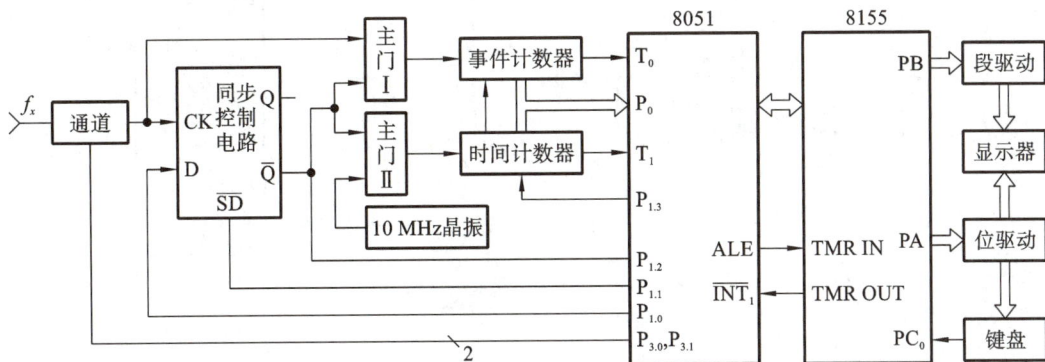

图 8-20　等精度频率计整机硬件框图

8.4.1　等精度频率计的主要硬件电路

8051 单片机的任务是控制整机测量过程、自动检测故障，以及处理与显示测量结果等。$P_{1.0}$ 为预置闸门时间的控制线；$P_{1.1}$ 为同步门控制电路的复位信号线；$P_{1.2}$ 为查询实际闸门时间的状态线；$P_{1.3}$ 为计数器复位信号线；$P_{1.4} \sim P_{1.7}$ 用作控制仪器键盘灯；$P_{3.0}$、$P_{3.1}$ 作为通道部分的控制线。

8051 单片机的两个 16 位二进制定时/计数器作为本机中两个主计数器的一部分，并通过 T_0，T_1 分别与外部的事件计数器和时间计数器的进位端相接。其测量结果分别通过扩展输入口与 P_0 口相连。

8155 单片机作为 8051 单片机的扩展 I/O 口与键盘/显示器电路接口。此外，8155 单片机内部的 14 位计数器被用作本机预置闸门时间的定时器，输入信号取自 8051 单片机的 ALE 端，定时器的输出与 8051 单片机的 $\overline{\text{INT}_1}$ 端相接，作为中断请求信号。

通道部分主要由放大整形电路和 10 分频的预分频电路组成。设计本机测频范围为 20 Hz ～ 100 MHz。当被测频率大于 10 MHz 时，需先经预分频电路进行分频后再送入计数器电路。

同步电路由主门Ⅰ、主门Ⅱ及同步控制电路组成。主门Ⅰ、Ⅱ分别控制被测信号 f_x 和时钟信号 f_0，两门的启闭都由同步控制电路控制。

计数器包括事件计数器和时间计数器两组完全相同的计数电路，分别由前后两级电路组成。前级电路由高速的 TTL 计数器 74LS393 构成 8 位二进制计数器；后级电路由 8051 单片机内的定时/计数器构成 16 位二进制计数器，如图 8-21 所示，计数前由 $P_{1.3}$ 发出计数器清零信号，计数后通过 74LS244 缓冲器将测量结果读入内存。

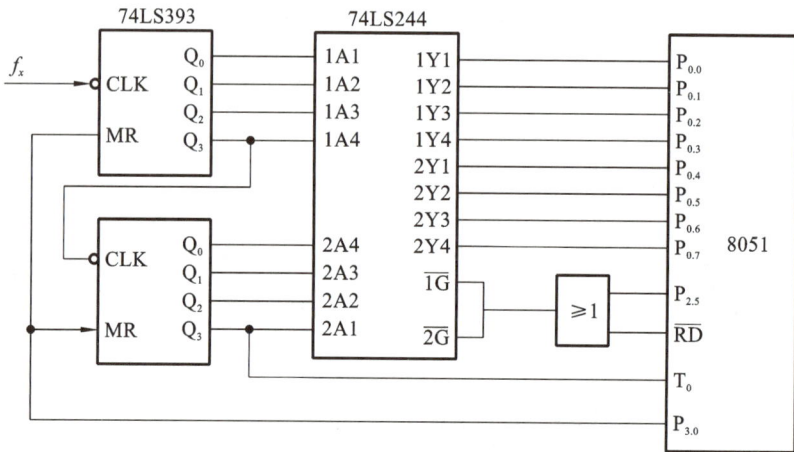

图 8-21　计数器及接口电路

8.4.2　等精度频率计的软件系统

等精度频率计的监控程序流程如图 8-22 所示。仪器复位或通电后，首先进行故障自诊断，检查 RAM、EPROM、数码管和键盘等是否正常。若一切正常，则进入系统初始化，并启动一次测量,使闸门时间开始计时,为仪器正常工作做好准备,然后进入显示和键盘查询程序。若此时无键按下,则继续扫描显示程序;反之,则进入各自的键功能控制程序。

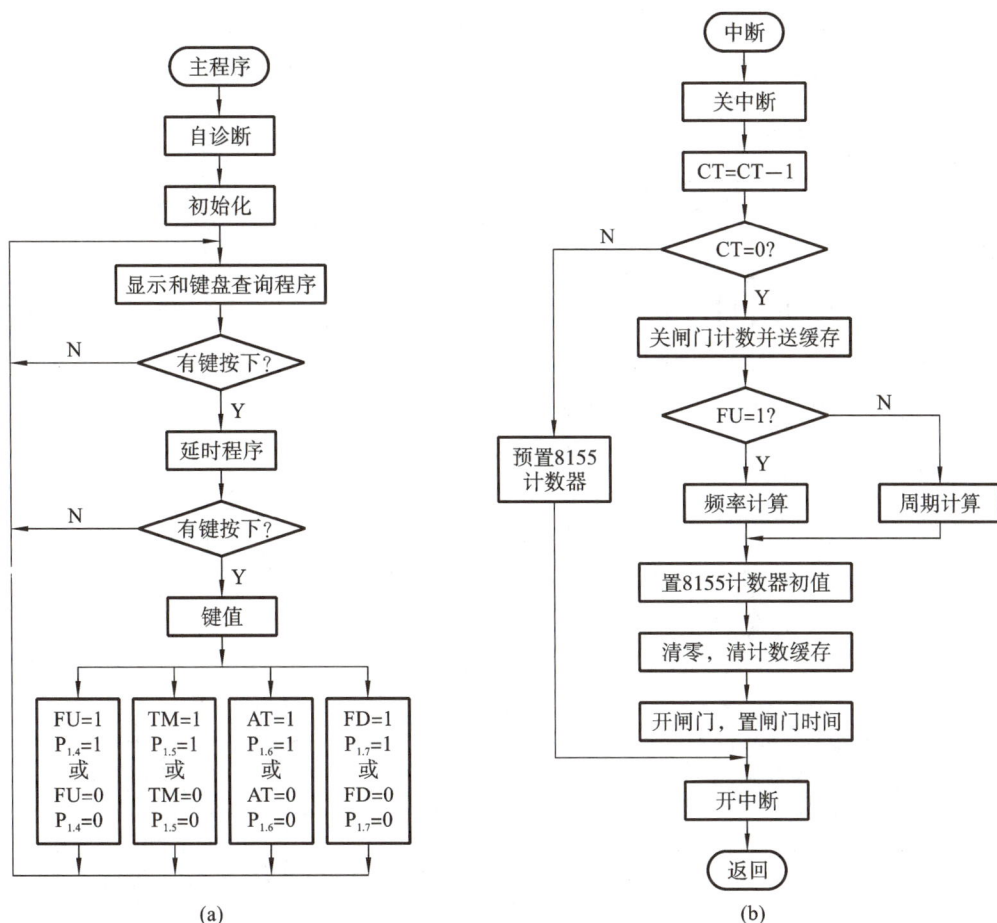

图 8-22　等精度频率计的监控程序流程

本仪器共设 4 个按键,"1"键用于选择测频或测周,用标志字 FU 表示选择结果;"2"键用于选择闸门时间为 1 s 或 0.1 s,用标志字 TM 表示;"3"键用于选择是否使用×10 衰减器,用 AT 表示;"4"键用于选择是否加入预置分频器,用 FD 表示。每个按键功能程序模块主要包括设置标志字、送相应的键盘灯控制字,而将测量和测量结果的处理放在计时中断中完成。当按键功能控制程序处理完毕之后,又进行下一轮的显示与键盘查询。

若设置的闸门时间结束,则 INT1 接受中断请求并进入中断服务程序,其中当累计时间达到设定值时,停止计数,同时对测量结果进行处理,并启动下一次的测量。本仪器的闸门时间(0.1 s 或 1 s)由 8155 单片机的 14 位计数器确定,它的输入时钟为 8051 单片机的 ALE信号(周期约为 0.5 μs),因而它的最大定时时间 $T = 0.5 \mu s \times 2^{14} = 0.008192$ s,达不到 1 s 或 0.1 s 的定时要求,为此设立计数器 CT 对中断次数进行计数,即当中断次数达到 120 次(相当于 1 s)或 12 次(相当于 0.1 s)时,才转入关闸门、取数及数据处理,然后再启动下一次的测量,否则,中断服务程序,仅对中断次数进行计数。

8.4.3 时间间隔 T_{A-B} 测量功能的实现

在图 8-20 的基础上再增加一个同步控制电路 2(D 触发器)和一个 B 通道,就可以实现平均模式下时间间隔 T_{A-B} 的测量,其测量原理框图及工作波形图如图 8-23 所示。

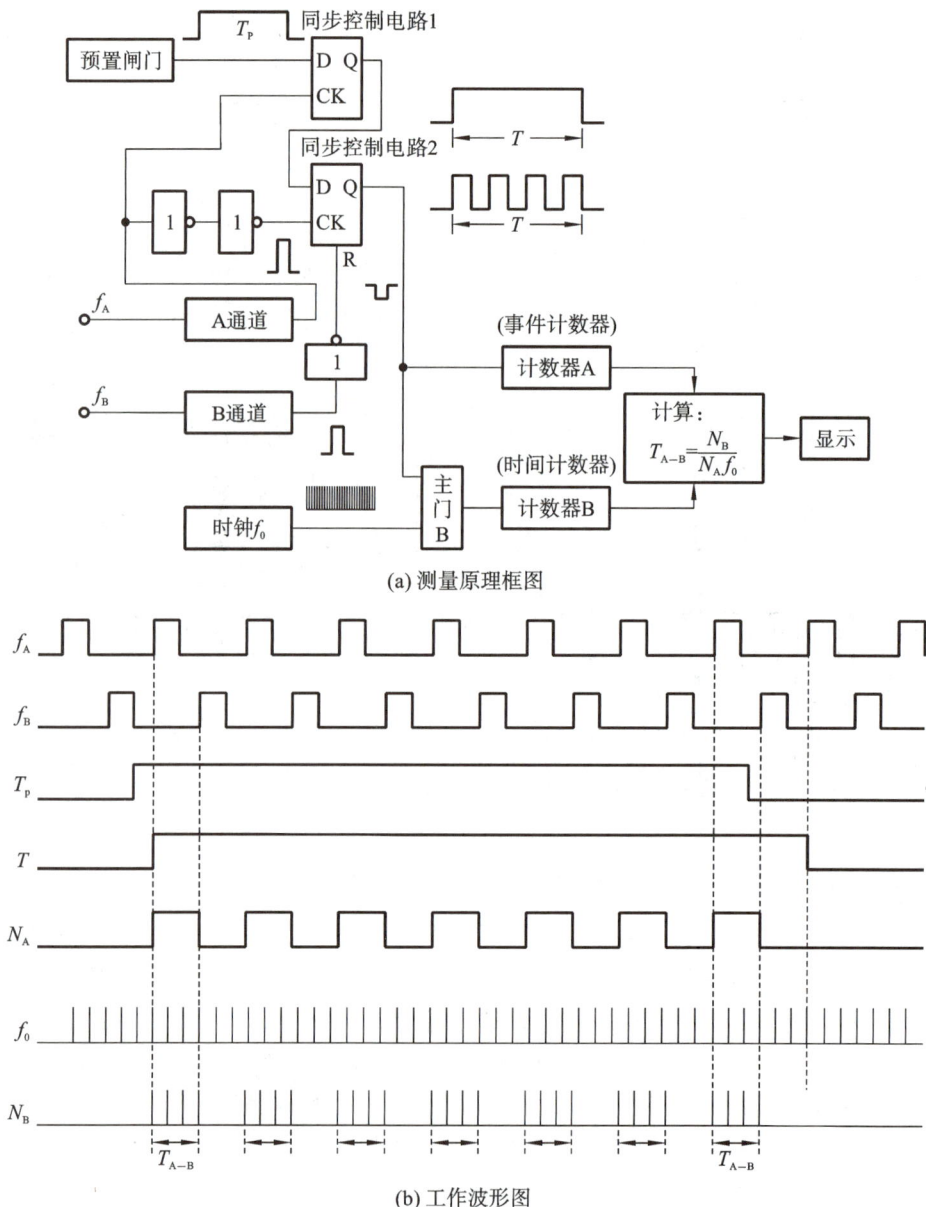

(a) 测量原理框图

(b) 工作波形图

图 8-23 时间间隔 T_{A-B} 测量原理框图及工作波形图

实际的闸门时间 T 仍由同步控制电路 1(D 触发器)经信号 f_A 同步后产生,并施加在同步控制电路 2 的 D 输入端。同时,信号 f_A 经 A 通道输出,并经两级反相器延时后输入同步控制电路 2 的 CK 端。当信号 f_A 到来时,同步控制电路 2 的 Q 端为高电平,闸门 B 开启,计数器 B 对时钟信号计数;信号 f_B 经 B 通道输出,并经反相后输入同步控制电路 2 的复位端。

当信号 f_B 到来时,同步控制电路 2 复位使 Q 端为低电平,闸门 B 关闭,于是计数器 B 就记录了 T_{A-B} 所对应的时钟脉冲的数目。在一次测量过程中(即实际闸门时间 T 内),计数器 A 记录 T_{A-B} 重复测量的次数。设计数器 A 记录的次数为 N_A,计数器 B 记录的次数为 N_B,时钟信号的频率为 f_0,则时间间隔 T_{A-B} 的计算公式为

$$T_{A-B} = \frac{N_B}{N_A f_0} \tag{8-12}$$

从上述分析看出,最后的测量结果实际是 N_A 次时间间隔测量结果的平均值,所以这种方法也称为平均模式的测量方法。与单次测量模式的时间间隔测量相比较,平均测量模式的测时分辨力提高了 $\sqrt{N_A}$ 倍,触发误差减少至 $\frac{1}{\sqrt{N_A}}$。

在测得两个同频信号 f_A 和 f_B 之间的时间间隔 T_{A-B} 及周期后,通过计算即可求出两信号的相位差。

若将两个通道的输入端连接,并分别选择两个通道的触发极性和触发电平,就能实现对脉冲宽度的测量,再通过计算可得到被测脉冲信号的占空比。

8.4.4　项目化案例

设计并制作一台闸门时间为 1 s 的数字频率计。要求:①具有频率和周期测量功能。被测信号为正弦波,频率范围为 1 Hz～100 MHz;被测信号有效值电压范围为 10 mV～1 V;测量相对误差的绝对值不大于 10^{-4}。②具有时间间隔测量功能。被测信号为方波,频率范围为 100 Hz～1 MHz;被测信号峰-峰值电压范围为 50 mV～1 V;被测时间间隔的范围为 0.1 μs～100 ms;测量相对误差的绝对值不大于 10^{-2};测量数据刷新时间不大于 2 s,测量结果稳定,并能自动显示单位。

1. 总体方案

系统由前级放大电路、增益可调电路、整形电路、数据采集、处理及显示器等组成,如图 8-24 所示。宽带高速运放 OPA843 和增益可控放大器 VCA821 完成对输入信号幅值的调理,然后通过高速比较器 TLV3501 对放大后的波形进行整形,输出标准的方波。A 路比较器分成两路,一路直接输出给 FPGA 完成频率测量及低频脉冲信号的占空比测量,另一路经过二阶低通滤波器滤波后送入 STM32 实现高频矩形波占空比的测量。B 路比较器主要用于两路信号时间间隔的测量。FPGA 通过 SPI 通信将数据传送给 STM32 后,选择合适的挡位进行数据处理并显示。

2. 理论分析

1)宽带放大器

考虑到被测信号的带宽达 100 MHz,要求运算放大器具有足够的带宽。为了使输出信号的质量不受频率影响,要求运算放大器有足够高的压摆率。项目要求输入信号的有效值为 10 mV～1 V,1 V/10 mV=100,单级放大很难满足要求,同时也要考虑放大倍数的关系,大信号进行限幅,小信号进行放大。所以,使用可控增益放大器能够很好地满足要求。

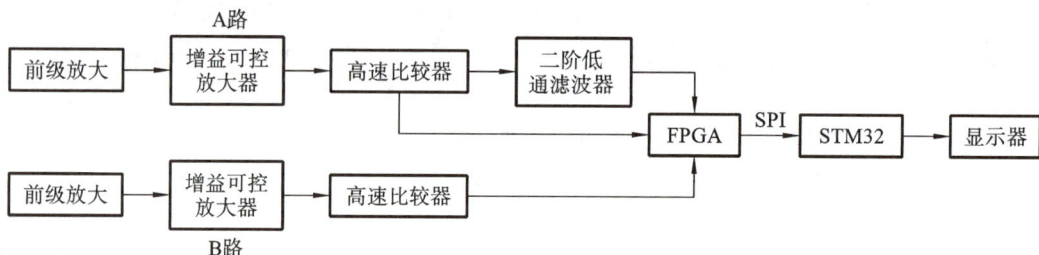

图 8-24　系统框图

2）系统频率特性

项目要求系统在输入信号的频段（1 Hz～100 MHz）内频率特性稳定，所以系统应采用直接耦合方式，避免对低频信号造成影响。电源的去耦及印刷电路板中地线的处理非常重要。可将信号线做得短而直，并采用整面铺地等方法减少高频干扰。

3）系统幅值调理

因为输入信号幅度的最大值和最小值之比达 100 倍，为了更好地测量输入信号的频率，利用二极管对输入电压钳位，再通过固定增益、可调增益的两级宽带放大器将电压放大到合适的幅值。由于系统的主要目标是测量被测信号的频率，故信号失真度是考虑的次要因素。

4）脉冲占空比的测量

脉冲波包括直流分量、一次谐波分量和高次谐波分量。经过分析，脉冲波的直流分量的大小与其占空比呈线性关系，即 $V_{de}=V_P/D$（其中 D 为占空比）。因此，通过低通滤波器把脉冲波中的一次谐波和高次谐波滤掉，就可根据其直流电平的大小计算出占空比，其中滤波器的截止频率 $f_c=1/2\pi RC$。当频率较高时，计数法测量占空比的误差较大，所以该项目采用间接测量的方法。

5）测频的精度和灵敏度

由于输入信号的频率范围为 1 Hz～100 MHz，FPGA 对低频采用测量周期法，对高频采用闸门时间为 1 s 的等精度测频法。相比于传统方案，闸门时间与待测信号同步，避免了被测信号计数产生 ±1 个字的误差，有效减小了测量的误差。在测量频率时，闸门时间内同时对待测信号和标准信号（时钟信号）计数，标准信号的计数值除以待测信号的计数值，再乘以时钟周期即为待测量的周期；在测量两个信号的时间间隔时，通过异或门将时间间隔转化为周期脉冲信号，等精度测量得到时间间隔。将 STM32 强大的数据处理能力和 FPGA 的高速数据采集能力相结合，大大提高了频率计的精度。

3. 硬件电路设计

1）前级放大电路

前级放大电路图如图 8-25 所示。放大倍数设置为 5，R_5 作为阻抗匹配，R_4 限流，二极管对输入大信号钳压到 ±600 mV 左右，再经过放大，对输入信号进行第一级处理。C_1、C_3、C_4 预留，电路中并未焊接。

2）增益调节电路

增益调节电路如图 8-26 所示。增益可控放大器 VCA821 对前级放大电路的输出电压

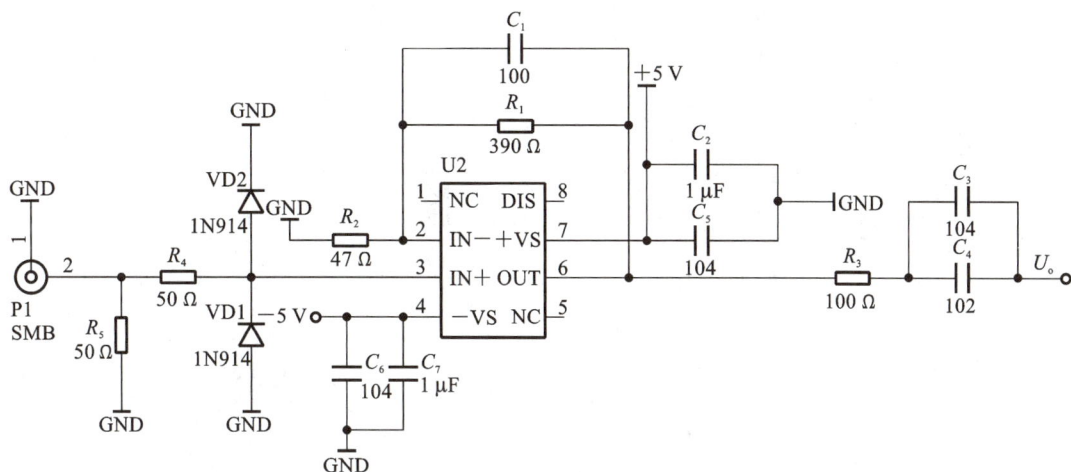

图 8-25 前级放大电路图

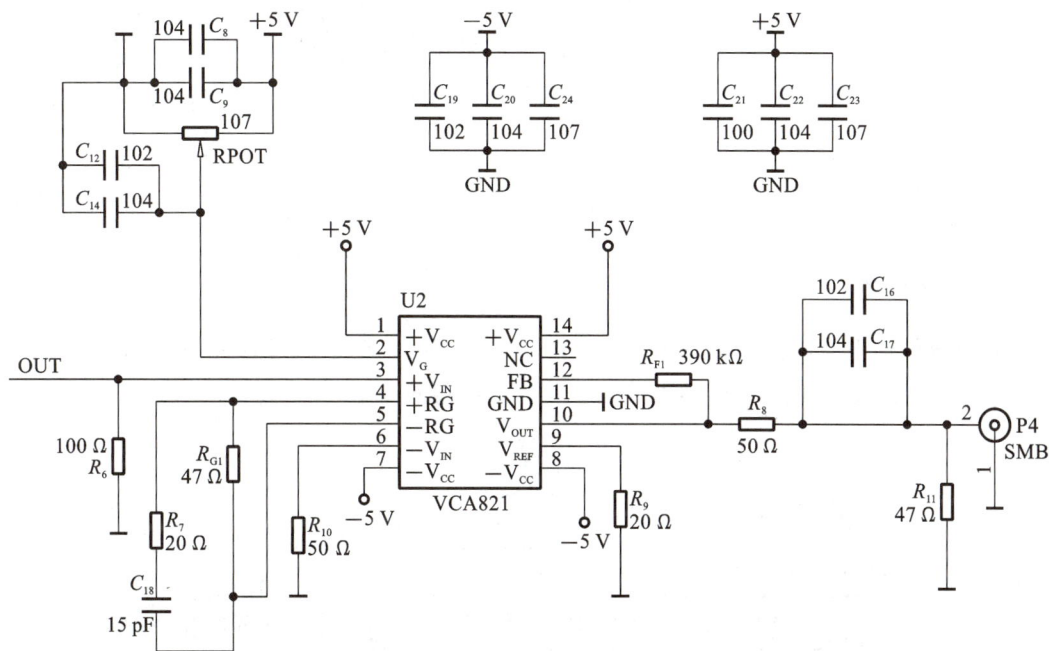

图 8-26 增益调节电路

进一步调理。通过调节滑阻改变控制电压 V_G，即可改变增益大小。

3）比较整形电路

使用高速比较器 TLV3501 对输入的正弦波和方波整形。TLV3501 的动作时间为 4.5 ns，其内部有 6 mV 的迟滞电压，可以通过加正反馈来改变迟滞电压的大小，降低噪声对信号的影响。迟滞电压计算公式为

$$V_{HYST} = \frac{V_{CC}R_5}{R_5 + R_6} + 6 \text{ mV}$$

比较整形电路如图 8-27 所示。比较器的输出分为两路，一路直接输出测频，另一路加

二阶低通滤波器后提取方波的直流分量,为后续测占空比做准备。二阶低通滤波器的截止频率 $f=1/2\pi RC=65.7\ \mathrm{kHz}$。

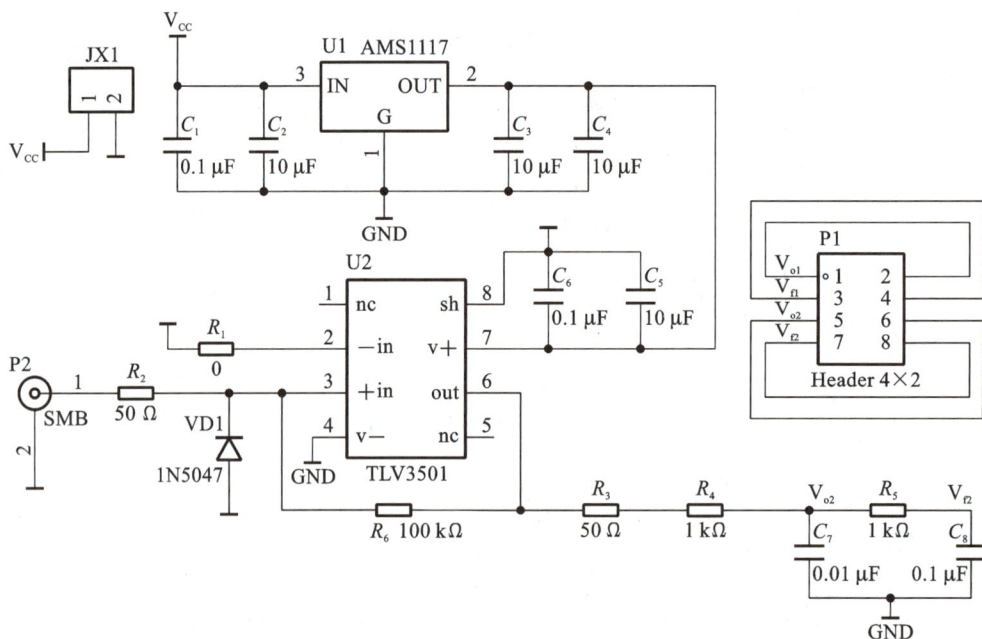

图 8-27　比较整形电路

4. 软件设计

本系统软件设计部分主要完成频率的测量、显示,时间间隔和脉冲占空比的测量,充分利用了 FPGA 高速处理高频信号的能力。程序主流程图如图 8-28 所示。

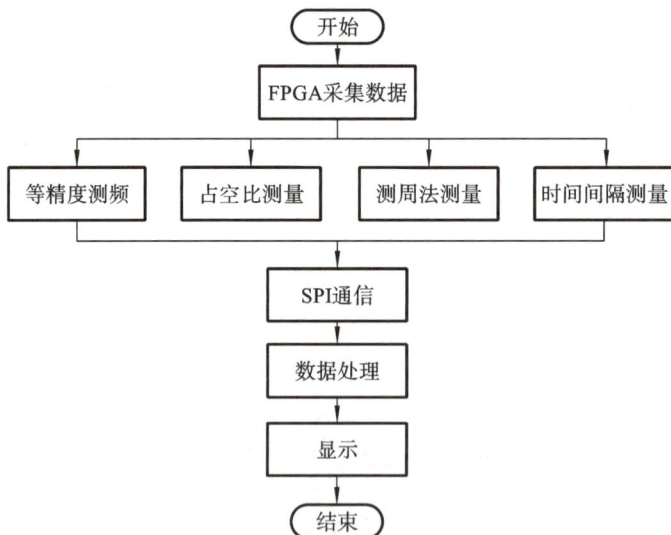

图 8-28　程序主流程图

8.5　频率测量的其他方法

8.5.1　直读法

直读法是指直接利用电路的某种频率响应特性来测量频率的方法。电桥法和谐振法是这类测量方法的典型代表。在工程中,工频信号的频率常用电动系数频率表进行测量,并用电动系数相位表测量相位。因为这种指针式的电工仪表操作简便、成本低,在一般工程测量中,这种电动系数频率表和相位表能满足其测量准确度的要求。例如,在研究频率对谐振回路的电感值、电容的损耗角等其他电参数的影响时,将频率测到 $\pm 1 \times 10^{-2}$ 量级的精度或稍高一点即可。

1. 电桥法

电桥法利用电桥的平衡条件和频率有关的特性进行频率测量,如图 8-29 所示,通常采用文氏电桥测量低频频率。

调节 R_1、R_2,使电桥在被测频率值上达到平衡,根据电桥平衡原理,可得到如下关系

$$\left(R_1 + \frac{1}{\mathrm{j}\omega_x C_1}\right) R_4 = \left(\frac{1}{\frac{1}{R_2} + \mathrm{j}\omega_x C_2}\right) R_3 \quad (8\text{-}13)$$

$$f_x = \frac{1}{2\pi\sqrt{R_1 R_2 C_1 C_2}} \quad (8\text{-}14)$$

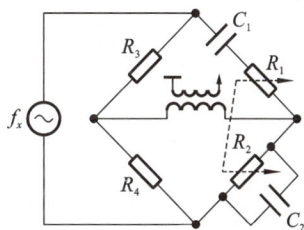

图 8-29　电桥法测频率

通常取 $R_1 = R_2 = R$,$C_1 = C_2 = C$,则 $f_x = \dfrac{1}{2\pi RC}$。

电桥法测量受桥路中各元件的精度、判断电桥平衡的准确程度(取决于桥路谐振特性的尖锐度,即指示器的灵敏度)和被测信号的频谱纯度的限制,因此其准确度不高,一般为 $\pm(0.5\sim1)\%$。

2. 谐振法

谐振法利用谐振回路的谐振特性测量频率值,可测量 1500 MHz 以下的频率,准确度为 $\pm(0.25\sim1)\%$。具体方法是将被测信号作为谐振电路的电源,通过改变电路参数使电路谐振,然后,调节可变电容 C,使回路发生谐振,此时回路电流达到最大(电流表指示),如图 8-30 所示。由电路参数可得被测频率为

$$f_x = f_0 = \frac{1}{2\pi\sqrt{LC}} \quad (8\text{-}15)$$

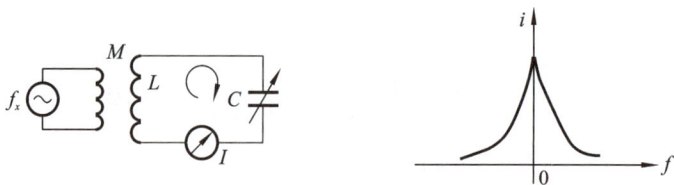

图 8-30　谐振法测频率

8.5.2　比较法

比较法的基本原理是利用标准频率 f_s 和被测频率 f_x 进行比较来测量频率,有拍频法、差频法、示波器法等。比较法的测量精度较高,主要与标准参考频率及判断两者关系所能达到的精度有关。

1. 拍频法

拍频法将被测频率信号与标准频率信号通过线性电路进行叠加,然后将叠加结果显示在示波器上观察波形,或者送入耳机进行监听,拍频法测量原理如图 8-31 所示。当 $f_x = f_s$ 时,线性叠加结果振幅恒定;若 $f_x \neq f_s$,则线性叠加结果振幅是变换的。这种方法适用于测量低频且被测信号与标准信号波形相同的情况,因此目前很少使用。

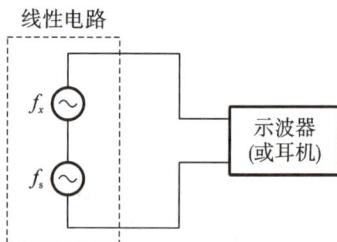

图 8-31　拍频法测量原理

2. 差频法

差频法利用已知的标准频率与被测频率进行差拍,产生差频,再精确测量差频并确定频率值,差频法测量原理如图 8-32 所示。

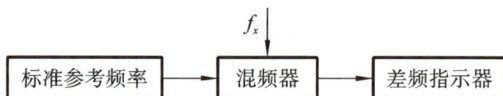

图 8-32　差频法测量原理

3. 示波器法

示波器法测频率主要包括测周期法和李沙育图形法。测周期法根据显示波形通过 X 通道扫描速率得到周期,进而得到被测频率;李沙育图形法的基本操作思路是:示波器于 X-Y 工作方式下,将频率已知的信号与频率未知的信号加到示波器的两个输入端,调节已知信号的频率,使荧光屏上显示李沙育图形,由此可得被测信号的频率。N_H、N_V 分别为水平线、垂直线与李沙育图形的最多交点数;f_Y、f_X 分别为示波器 Y 和 X 信号的频率。李沙育图形存在如下关系,即

$$f_Y = f_X \frac{N_H}{N_V} \tag{8-16}$$

图 8-33 列出了几种不同频率比和相位差的李沙育图形。

f_Y/f_X ＼ φ	0°	45°	90°	135°	180°
1					
$\frac{2}{1}$					
$\frac{3}{1}$					
$\frac{3}{2}$					

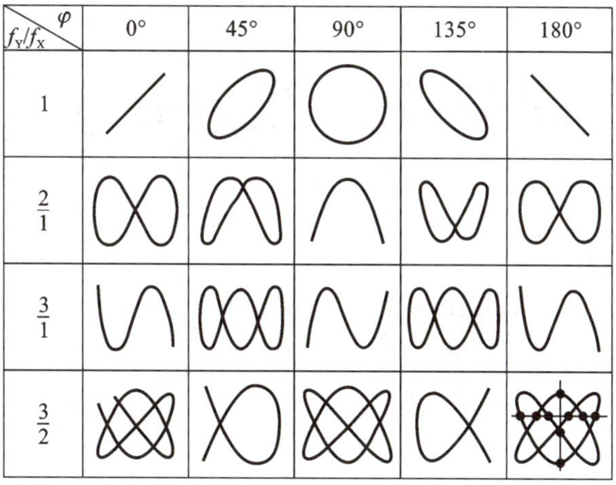

图 8-33　不同频率比和相位差的李沙育图形

8.5.3　计数法

计数法在本质上属于比较法,包括电容充放电法和电子计数法。电容充放电法是利用电子电路控制电容器充、放电的次数,再用磁电式仪表测量充、放电的电流大小,从而指示出被测信号频率值的方法。该方法误差较大,只适用于测量低频。电子计数法是根据频率的定义进行测量的一种方法,它用电子计数器显示单位时间内通过被测信号的周期个数实现频率的测量。利用电子计数器测量频率,精度高、快速、方便,并且易于实现自动测量,是目前测量频率最好的方法,因此,该方法得到了广泛应用。

习　题　8

8.1　电子计数器分为哪几类?用电子计数器测量频率有哪些优点?

8.2　电子计数器由哪几部分组成?有哪些主要的测量功能?

8.3　请简述电子计数器测量频率的主要原理。

8.4　请分析时间间隔、相位差测量的原理。

项目 9

虚拟仪器测试技术

随着电子信息产业的飞速发展,利用计算机软件进行的虚拟仪器测试技术已经广泛应用到电子测量的辅助教学与实验中。课堂教学中可灵活应用虚拟仪器测试技术,直观地演示实验现象,同时不受实验设备和实验时间的限制,也可弥补实验设备不足造成的影响,节约经费。

9.1 Multisim 10 软件介绍

9.1.1 Multisim 10 软件简介

Multisim 10 是 NI Circuit Design Suit 10 中一个重要的组成部分。它可以实现原理图的捕捉、电路分析、交互式仿真、电路板设计、仿真仪器测试、集成测试、射频分析单片机等高级应用。其数量众多的元器件数据库、标准化的仿真仪器、直观的捕获界面、简洁明了的操作、强大的分析测试功能、可信的测试结果,将虚拟仪器测试技术的灵活性扩展到电子设计者的工作平台上,弥补了测试与设计功能之间的缺口,缩短了产品研发的周期,革新了电子实验教学的手段。

9.1.2 Multisim 10 软件基本界面

正常启动 Multisim 10 软件后的基本界面如图 9-1 所示,其基本界面主要由菜单栏、标准工具栏、设计管理窗口、元件工具栏、仿真工作平台、数据表格栏、状态工具栏、虚拟仪器工具栏等组成。

下面对部分组件进行介绍。

(1)菜单栏:Multisim 10 软件所有功能命令均可在此查找。

(2)标准工具栏:包括一些常用的功能命令。

(3)设计管理窗口:用于宏观管理设计项目中的不同类型文件,如原理图文件、PCB 文件、报告清单文件等,同时可以方便地管理分层次电路的层次结构。

(4)元件工具栏:通过该工具栏可选择、放置元件到原理图中。

(5)仿真工作平台:又称工作区,是设计人员创建、设计、编辑电路图和进行仿真分析的区域。

(6)数据表格栏:能方便、快速地显示所编辑元件的参数,如封装、参考值、属性等,设计人员可通过该窗口改变部分或全部元件的参数。

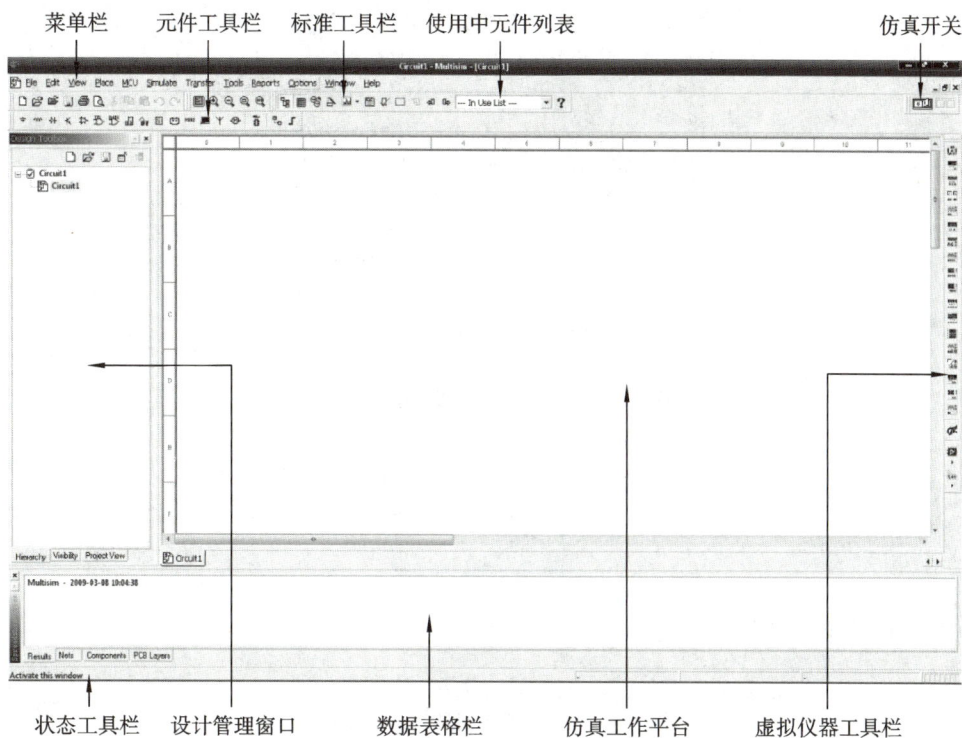

图 9-1　Multisim 10 的基本界面

9.1.3　Multisim 10 菜单栏和工具栏简介

1.菜单栏

Multisim 10 的菜单栏中包括 12 个菜单,如图 9-2 所示,从左至右分别为:File(文件)、Edit(编辑)、View(窗口)、Place(放置)、MCU(微控制器)、Simulate(仿真)、Transfer(文件输出)、Tools(工具)、Reports(报告)、Options(选项)、Window(窗口)和 Help(帮助)。

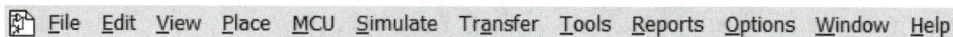

图 9-2　Multisim 10 的菜单栏

下面展示部分菜单。

(1)File 菜单,如图 9-3 所示。

New		建立新的Multisim电路图文件
Open...	Ctrl+O	打开已存在的Multisim电路图文件
Open Samples...		打开Multisim电路图例子
Close		关闭当前电路图文件
Close All		关闭所有已打开的文件
Save	Ctrl+S	保存当前电路图文件
Save As...		保存当前电路图并另存为其他文件名
Save all		保存所有已打开的电路图文件
New Project		建立一个新的工程项目文件
Open Project...		打开已存在的工程项目文件
Save Project		保存当前工程项目文件
Close Project		关闭当前工程项目文件
Version Control...		版本控制
Print...	Ctrl+P	打印
Print Preview		打印预览
Print Options		打印选项设置
Recent Designs		打开最近的电路图文件
Recent Projects		打开最近的工程项目文件
Exit		退出并关闭Multisim程序

图 9-3　File 菜单

(2)Edit 菜单,如图 9-4 所示。

Undo	Ctrl+Z	撤销最近一次操作
Redo	Ctrl+Y	重复最近一次操作
Cut	Ctrl+X	剪贴所选内容
Copy	Ctrl+C	复制所选内容
Paste	Ctrl+V	粘贴所选内容
Delete	Delete	删除所选内容
Select All	Ctrl+A	选中当前全部电路图
Delete Multi-Page		删除多页面电路文件中的某一页电路文件
Paste as Subcircuit		将剪贴板中的电路图作为一个子电路放到指定位置
Find...	Ctrl+F	查找电路图中的元器件
Graphic Annotation		图形注释选项
Order		改变电路图中所选元器件和注释的叠放次序
Assign to Layer		指定所选的层为注释层
Layer Settings		层设置
Orientation		对元器件进行旋转、翻转操作
Title Block Position		设置电路图标题栏位置
Edit Symbol/Title Block		编辑元器件符号或标题栏
Font...		字体设置
Comment		表单编辑
Forms/Questions		编辑与电路有关的问题
Properties	Ctrl+M	打开属性对话框

图 9-4　Edit 菜单

（3）View 菜单，如图 9-5 所示。

Full Screen	全屏显示电路窗口
Parent Sheet	显示子电路或者分层电路的父节点
Zoom In　　　　　　F8	放大电路窗口
Zoom Out　　　　　F9	缩小电路窗口
Zoom Area　　　　　F10	放大所选区域
Zoom Fit to Page　　F7	显示完整电路图
Zoom to magnification　F11	按所设倍率放大
Zoom Selection　　　F12	以所选电路部分为中心进行放大
Show Grid	显示栅格
✓ Show Border	显示电路边界
Show Page Bounds	显示图纸边界
Ruler Bars	显示标尺
Statusbar	显示状态栏
✓ Design Toolbox	显示设计管理窗口
✓ Spreadsheet View	显示数据表格栏
Circuit Description Box　Ctrl+D	显示或隐藏电路窗口的描述窗口
Toolbars	显示或隐藏工具栏
Show Comment/Probe	注释、探针显示
Grapher	显示或隐藏仿真结果的图表

图 9-5　View 菜单

（4）Place 菜单，如图 9-6 所示。

Component...　　　　　　Ctrl+W	选择并放置元器件
Junction　　　　　　　　Ctrl+J	放置节点
Wire　　　　　　　　　　Ctrl+Q	放置连线
Bus　　　　　　　　　　Ctrl+U	放置总线
Connectors	放置连接器
New Hierarchical Block...	建立一个新的层次电路模块
Replace by Hierarchical Block　Ctrl+Shift+H	用层次电路模块替代所选电路
Hierarchical Block from File...　Ctrl+H	从文件获取层次电路
New Subcircuit　　　　　Ctrl+B	建立一个新的子电路
Replace by Subcircuit　　Ctrl+Shift+B	用一个子电路代替所选电路
Multi-Page	产生多层电路
Merge Bus...	合并总线矢量
Bus Vector Connect...	放置总线矢量连接
Comment	放置提示注释
A Text　　　　　　　　　Ctrl+T	放置文本
Graphics	放置线、折线、矩形、椭圆、多边形等图形
Title Block...	放置一个标题栏

图 9-6　Place 菜单

(5)Simulate 菜单,如图 9-7 所示。

▶ Run	F5	运行当前电路的仿真
‖ Pause	F6	暂停当前电路的仿真
■ Stop		停止当前电路的仿真
Instruments	▶	在当前电路窗口中放置各种仪表
Interactive Simulation Settings...		对与瞬态分析相关的仪表进行默认设置
Digital Simulation Settings...		在电路仿真时对数字元件的精度和速度进行选择
Analyses	▶	对当前电路进行各种分析
▦ Postprocessor...		对电路分析进行后续处理
Simulation Error Log/Audit Trail		仿真错误记录/审计追踪
XSpice Command Line Interface		显示XSpice命令行窗口
Load Simulation Settings...		加载仿真设置
Save Simulation Settings...		保存仿真设置
Auto Fault Option...		自动设置电路故障选项
VHDL Simulation		运行VHDL仿真
Dynamic Probe Properties		探针属性设置
Reverse Probe Direction		探针极性反向
Clear Instrument Data		仪器测量结果清零
Use Tolerances		允许误差

图 9-7 Simulate 菜单

(6)Tools 菜单,如图 9-8 所示。

⬈ Component Wizard	创建元件向导
Database ▶	对元件库进行管理、保存、转换和合并
Variant Manager	变更管理
Set Active Variant	设置动态变更
Circuit Wizards ▶	为555定时器、运算放大电路等提供设计向导
Rename/Renumber Components	为元器件重命名、编号
Replace Components...	元器件替换
Update Circuit Components...	更新电路元器件
Update HB/SC Symbols	更新层次电路和子电路模块
⚡ Electrical Rules Check	电气规则检查
✗ Clear ERC Markers	清除电气规则检查标记
✍ Toggle NC Marker	对电路未连接点标识或者删除标识
Symbol Editor...	符号编辑器
Title Block Editor...	标题栏编辑器
▨ Description Box Editor...	电路描述编辑器
Edit Labels...	编辑标签
▢ Capture Screen Area	电路图截图

图 9-8 Tools 菜单

（7）Transfer 菜单，如图 9-9 所示。

Transfer to Ultiboard 10	传送到Ultiboard 10
Transfer to Ultiboard 9 or earlier	传送到Ultiboard 9或更早版本
Export to PCB Layout	导出到其他PCB制图软件
Forward Annotate to Ultiboard 10	将Multisim 10中的元件注释改变并传送到Ultiboard 10
Forward Annotate to Ultiboard 9 or earlier	将Multisim 10中的元件注释改变并传送到Ultiboard 9或更早版本
Backannotate from Ultiboard	将Ultiboard 10中的元件注释改变并传送到Multisim 10
Highlight Selection in Ultiboard	对Ultiboard电路中所选元件以高亮显示
Export Netlist	将电路图文件导出为Spicewang网表文件（*.cir）

图 9-9　Transfer 菜单

2. 工具栏

Multisim 10 的工具栏主要包括 Standard（标准）工具栏、Main（主要）工具栏、View（视图）工具栏、Components（元件）工具栏、Virtual（虚拟）工具栏、Graphic Annotation（图形注释）工具栏、Instruments（仪器）工具栏和 Status（状态）工具栏等。若需打开相应的工具栏，则可通过单击"View"→"Toolbar"菜单项，在弹出的级联子菜单中选择相应的工具栏即可。

下面对部分工具栏进行介绍。

（1）Standard 工具栏：与 Office 软件中的工具栏基本一致，因此不再赘述。

（2）Main 工具栏如图 9-10 所示。

图 9-10　Main 工具栏

该工具栏从左到右的具体功能如下。

：显示/隐藏设计管理窗口按钮，用于显示/隐藏设计管理窗口。

：显示/隐藏数据表格栏按钮，用于显示/隐藏数据表格栏。

：元件库管理按钮，用于打开元件库管理对话框。

：创建元件按钮，用于打开元件创建向导对话框。

：图形/分析列表按钮，将分析结果图形化显示。

：后处理按钮，用于打开 Postprocessor 窗口。

：电气规则检查按钮，用于检查电路的电气连接情况。

：区域截图按钮，将所选区域截图。

:跳转到父电路按钮,用于跳转到相应的父电路。

:Ultiboard 后标注。

:Ultiboard 前标注。

--- In Use List ---:列出当前电路元器件的列表。

?:帮助按钮。

(3)View 工具栏如图 9-11 所示,该工具栏功能与普通应用软件类似。

图 9-11　View 工具栏

(4)Components 工具栏如图 9-12 所示。

图 9-12　Components 工具栏

该工具栏从左到右的具体功能如下。

:电源库按钮,用于放置各类电源、信号源。

:基本元件库按钮,用于放置电阻、电容、电感、开关等基本元件。

:二极管库按钮,用于放置各类二极管元件。

:晶体管库按钮,用于放置各类晶体三极管和场效应元件。

:模拟元件库按钮,用于放置各类模拟元件。

:TTL 元件库按钮,用于放置各类 TTL 元件。

:CMOS 元件库按钮,用于放置各类 CMOS 元件。

:其他数字元件库,用于放置各类单元数字元件。

:混合元件库,用于放置各类数模混合元件。

:指示元件库,用于放置各类显示、指示元件。

:电力元件库,用于放置各类电力元件。

MISC:杂项元件库,用于放置各类杂项元件。

:先进外围设备库,用于放置各类先进外围设备。

:射频元件库,用于放置射频元件。

:机电类元件库,用于放置机电类元件。

:微控制器元件库,用于放置单片机微控制器元件。

:放置层次模块按钮,用于放置层次电路模块。

:放置总线按钮,用于放置总线。

（5）Virtual 工具栏如图 9-13 所示。该工具栏共有 9 个按钮，单击每个按钮都可打开相应的子工具栏。利用该工具栏可放置各种虚拟元件，与元件工具栏中的元件不同的是，虚拟元件都没有封装等特性。

图 9-13　Virtual 工具栏

该工具栏从左到右的具体功能如下。

:虚拟模拟元件按钮，用于放置各种虚拟模拟元件。

:基本元件按钮，用于放置各种常用基本元件。

:虚拟二极管按钮，用于放置虚拟二极管元件。

:虚拟 FET 元件按钮，用于放置各种虚拟 FET 元件。

:虚拟测量元件按钮，用于放置各种虚拟测量元件。

:虚拟杂项元件按钮，用于放置各种虚拟杂项元件。

:虚拟电源按钮，用于放置各种虚拟电源。

:虚拟定值元件按钮，用于放置各种虚拟定值元件。

:虚拟信号源按钮，用于放置各种虚拟信号源。

（6）Graphic Annotation 工具栏如图 9-14 所示。

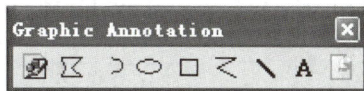

图 9-14　Graphic Annotation 工具栏

（7）Instruments 工具栏如图 9-15 所示。

图 9-15　Instruments 工具栏

该工具栏从左到右如下。

:数字万用表。

:函数信号发生器。

:瓦特计。

:双通道示波器。

:四通道示波器。

:波特图仪。

:频率计数器。

:数字信号发生器。

:逻辑分析仪。

:逻辑转换仪。

:IV 分析仪。

:失真度分析仪。

:频谱分析仪。

:网络分析仪。

:Agilent 函数信号发生器。

:Agilent 数字万用表。

:Agilent 示波器。

:Tektronix 示波器。

:测量探针。

:LabVIEW 仪器。

:电流探针。

9.2　Multisim 10 基本操作

9.2.1　电路的创建

电路主要由元件和导线组成,要创建一个电路,必须掌握元件的操作、元件参数的调整和元件的连线操作。

1. 元件的操作

1)元件的选用

选用元件主要有两种方法。

(1)用元件工具条进行选用。

(2)使用菜单命令 Place Component 进行选用。

一般以第(1)种方法为主。首先在元件工具条中单击该元件的图标,打开元件库,然后从元件库中将其拖曳至电路工作区。

2)元件的选中

在连接电路时,常常要对元件进行移动、旋转、删除、设置参数等一些必要的操作,这就需要选中该元件。要选中某个元件,只需用鼠标单击该元件即可。如果要一次选中多个元件,则必须按住鼠标左键将这些元件一起框起来,此时,这些元件均处于选中状态。单击一次鼠标,即可撤销选中状态。

3)元件的移动

要移动一个元件,只需选中并拖曳该元件即可。要移动一组元件,先选中这组元件,然后用鼠标左键拖曳其中任意一个元件,此时这组元件就会一起移动了。

4)元件的旋转和翻转

在电路中,元件有时需要水平放置,有时又需要垂直放置。Multisim 提供了水平放置、垂直放置、顺时针旋转 90°和逆时针旋转 90°共 4 种旋转方式。有两种操作方法,如下。

(1)右键单击需要旋转的元件,弹出快捷菜单,选择相应的旋转方式,如图 9-16 所示。

(2)选中要旋转的元件,执行 Edit 菜单下的相应命令即可。

✂ Cut		Ctrl+X
📋 Copy		Ctrl+C
水平放置 ── ◤ Flip Horizontal		Alt+X
垂直放置 ── ◣ Flip Vertical		Alt+Y
顺时针旋转90° ── ◪ 90 Clockwise		Ctrl+R
逆时针旋转90° ── ◩ 90 CounterCW		Shift+Ctrl+R
Color...		
Help		F1

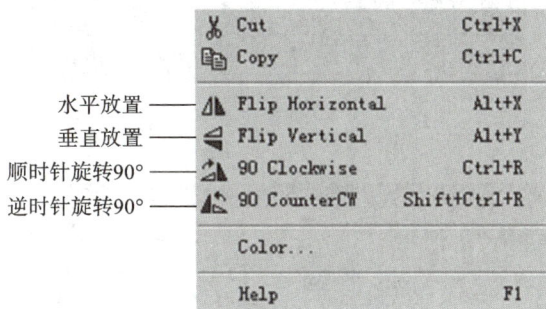

图 9-16　旋转快捷菜单

5)元件的复制、删除

首先选中该元件,然后执行 Edit/Cut(编辑/剪切)、Edit/Copy(编辑/复制)、Edit/Paste(编辑/粘贴)等菜单命令,即可实现元件的复制操作。选中元件,按下 Delete 键即可将其删除。

注意:以上命令均可通过右键快捷菜单完成,因此熟悉快捷菜单十分重要。

2. 元件参数的调整

1)虚拟元件的参数调整

调整虚拟元件的参数,只要用鼠标双击该元件,然后在弹出的对话框中就可以进行修改。

2)真实元件的参数调整

真实元件的参数调整是通过替换(Replace)和编辑模型(Edit Model)来进行的。例如,三极管(BJT_NPN)参数的调整,如图 9-17 所示。

在图 9-17 中,单击 Edit Model 按钮,弹出如图 9-18 所示的元件模型修改对话框。当要修改窗口中的参数时,图 9-18 中的 Change Part Model 和 Change All Models 按钮被激活,单击 Change Part Model 按钮修改选中元件的参数,单击 Change All Models 按钮则修改电路中所有与选中元件型号一致的元件参数。图 9-18 中的 BF 参数就是三极管的值,即 BF 的默认值为 220。若修改为 BF＝300,则该三极管的值就变成 300。

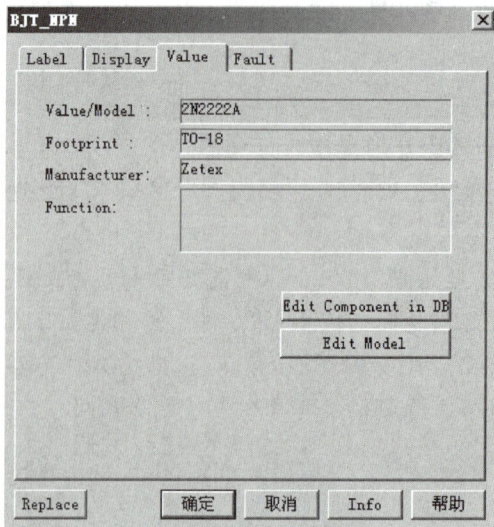

图 9-17　三极管参数的调整

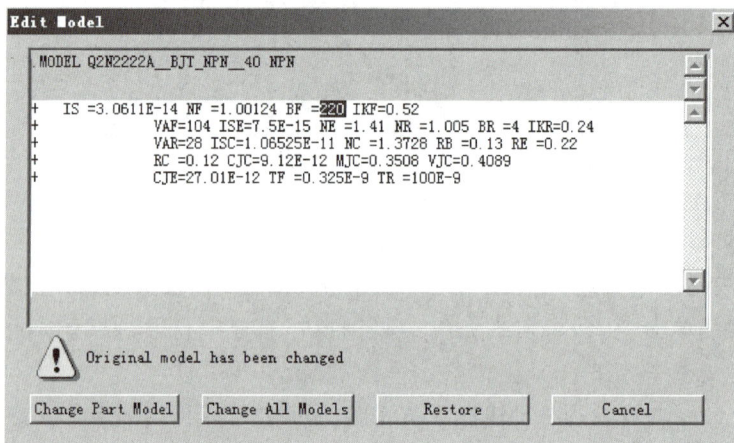

图 9-18　元件模型修改对话框

3)元件故障的设置

Multisim 一般是对电路正常工作时的情况进行仿真分析,但有时也需要仿真某些元件损坏后的电路情况,这就需要设置元件故障。Multisim 具有设置元件开路(Open)、短路(Short)和漏电(Leakage)故障的功能。双击需要设置故障的元件,在弹出的对话框中,进入 Fault 选项就可以设置元件的故障。

3. 元件的连线操作

1)导线的连接

将鼠标指向一个元件的引脚,这时鼠标呈十字形,单击鼠标左键,导线随鼠标的移动而移动。当导线需要拐弯时,单击鼠标左键,当导线到达另一元件对应引脚时再单击左键,即完成了一次导线的连接。此时,系统会自动给绘制的导线标上节点号。如果对所画的导线不满意,则可选中该线,按 Delete 键将其删除。

2)设置导线的颜色

当复杂电路导线较多时,可以将不同的导线标上不同的颜色加以区分。先选中该导线,单击鼠标右键,通过弹出的快捷菜单中的 Color 选项设置颜色。

注意:导线的颜色会改变示波器等测量仪器所显示的波形的颜色。

9.2.2　仿真操作过程举例

1. 新建电路图文件

新建电路图文件有以下方法。

(1)启动 Multisim 软件,同时会新建一个空白的文档。

(2)在已经打开的 Multisim 中,单击标准工具栏中的 ☐ 图标 ,这时会提示保存当前文档,并新建一个空白文档。

(3)执行菜单 File/New 命令,其功能同 ☐ 图标。

2. 放置元件及设置元件参数

绘制电路图的第 2 步是放置元件,并且根据电路的要求设置元件的参数。

1)放置元件

如图 9-19 所示为元件的总体布局,应根据图中元件的种类和参数在相应的元件工具栏中选用元件并对元件进行布局。

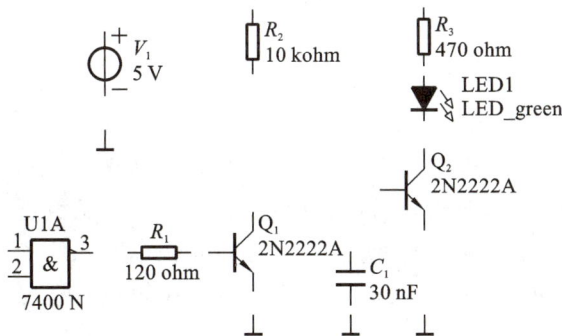

图 9-19　元件的总体布局

2)设置元件参数

在元件库里选取三极管 2N222A 的 $\beta = 220$,而本例中的 2N222A 的 $\beta = 300$ 才能符合正常的工作情况,这就需要通过修改元件的参数加以实现。

3. 连接各元件

在图 9-20 中,U1A 的输入端到 Q_2 集电极连接时需要将 U1A 的输入端 1、2 连在一起,加上一个连接点(可使用 Place/Junction 命令完成),否则无法绘制该连线;另外在绘制该线时,应在相应的拐点处单击鼠标左键,否则不能得到如图 9-20 所示的效果。

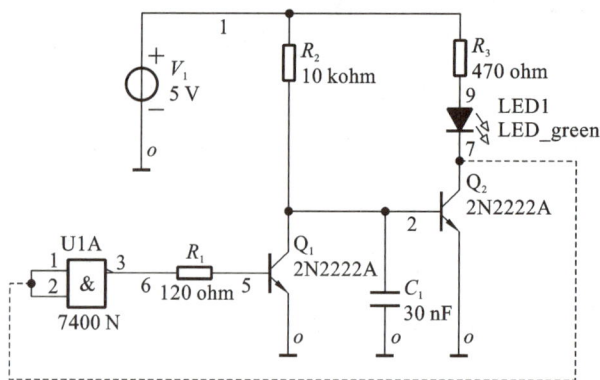

图 9-20   电路的绘制过程

4. 通电观察仿真结果

上面的电路绘制完毕后,可通电进行观察。按下 ▣▣ □ 仿真运行开关按钮,或通过执行 Simulate 菜单下的 Run/Stop 命令,就可以改变电路在通电时的工作状态。如果电路元件参数设置无误且连线正确,可以观察到发光二极管在不停地闪烁,说明该电路绘制正确。

9.3   Multisim 10 虚拟仪器仪表的使用

在 Multisim 10 的仪器库中存放有 21 台虚拟仪器可供使用,它们是数字万用表、函数信号发生器、瓦特计、双通道示波器、四通道示波器、失真度分析仪、频率计数器、Agilent 函数信号发生器、波特图仪、IV 分析仪、数字信号发生器、逻辑转换仪、逻辑分析仪、Agilent 示波器、Agilent 数字万用表、频谱分析仪、网络分析仪、Tektronix 示波器、测量探针、LabVIEW 仪器、电流探针,如图 9-15 所示。这些虚拟仪器在电路中以图标的形式存在,当需要观察测量数据与波形或者重新设置仪器的参数指标时,通过双击可以打开仪器的面板,看到具体的测量数据与波形。

下面对部分虚拟仪器仪表进行介绍。

9.3.1   数字万用表

图 9-21 左边为数字万用表(Multimeter)的图标、面板,它可以自动调整量程,用来测量电流 A、电压 V、电阻 Ω、分贝值 dB,以及测量直流、交流信号。按下面板图中的 Set 按钮,会弹出如图 9-21 右边所示的对话框,可进行万用表的内部参数设置。

在参数设置对话框中,Ammeter resistance(R)用来设置电流挡的内阻,其大小影响电流的测量精度；Voltmeter resistance(R)用来设置电压挡的内阻，其大小影响电压的测量精度；Ohmmeter current(I)用来设置使用欧姆挡进行测量时流过欧姆表的电流值。

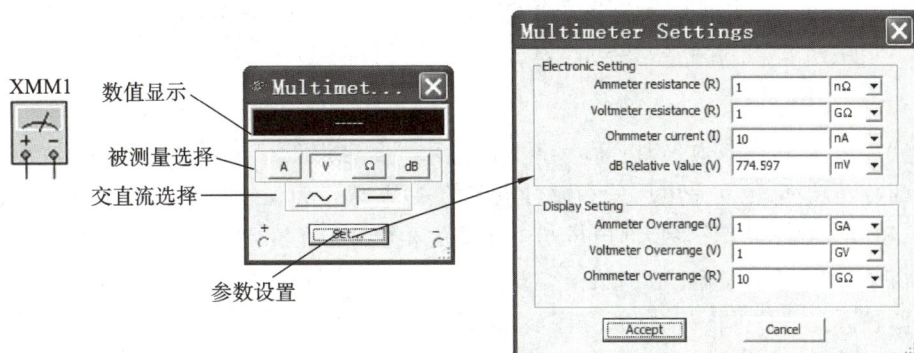

图 9-21　数字万用表的图标、面板和参数设置

图标上的＋、－两个端子用来连接所要测试的端点，连接方法同实际的万用表一样。注意：在测电压或电阻时，应与所要测试的端点并联；在测电流时，应串入被测支路中。

9.3.2　函数信号发生器

Multisim 10 提供的函数发生器(Function Generator)可以产生正弦波、三角波和矩形波。信号的频率、占空比等输出信号参数范围如表 9-1 所示。函数信号发生器的图标、面板如图 9-22 所示。

表 9-1　函数信号发生器的输出信号参数范围

参数	单位	最小值	最大值	备注
频率(Frequency)	Hz	1	999000000	
占空比(Duty Cycle)	%	1	99	方波和三角波使用
振幅(Amplitude)	V	0	999000	"＋"端对"－"端的振幅为设置值的 2 倍
电压偏置(Offset)	V	－999000	999000	指交流输出中含有的直流电压

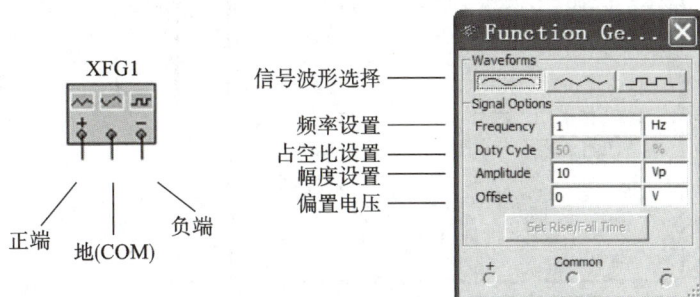

图 9-22　函数信号发生器的图标、面板和参数设置

函数信号发生器的连接方法有两种。

(1)单极性连接。将 COM 端与电路的地相连，"＋"端或"－"端与电路的输入端相连。

这种方式一般用于普通电路。

(2)双极性连接。将"＋"端与电路输入的"＋"端相连,而"－"端与电路输入的"－"端相连。这种方式一般用于信号发生器与差分电路,如差分放大器、运算放大器等。

9.3.3　瓦特计

Multisim 10 提供的瓦特计(Wattmeter)用来测量电路的交流或者直流功率,常用于测量较大的有功功率,也就是电压差和流过电流的乘积,单位为瓦特。瓦特计不仅可以显示功率大小,还可以显示功率因数,即电压与电流间的相位差角的余弦值。瓦特计有 4 个引线端口:电压正极和负极、电流正极和负极。其中,电压输入端与测量电路并联;电流输入端与测量电路串联。瓦特计的图标、面板如图 9-23 所示。

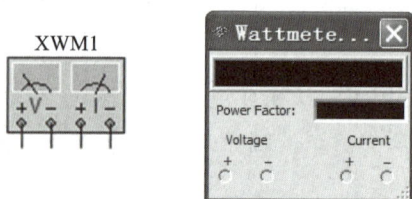

图 9-23　瓦特计的图标、面板

9.3.4　双通道示波器

Multisim 10 提供的双通道示波器(2 Channel Oscilloscope)与实际的示波器外观和基本操作基本相同,该示波器可以观察一路或两路信号波形的形状,分析被测周期信号的幅值和频率。该示波器图标有 6 个连接点:A 通道输入、B 通道输入、Ext Trig 和 3 个接地端。双通道示波器的图标、面板如图 9-24 所示。

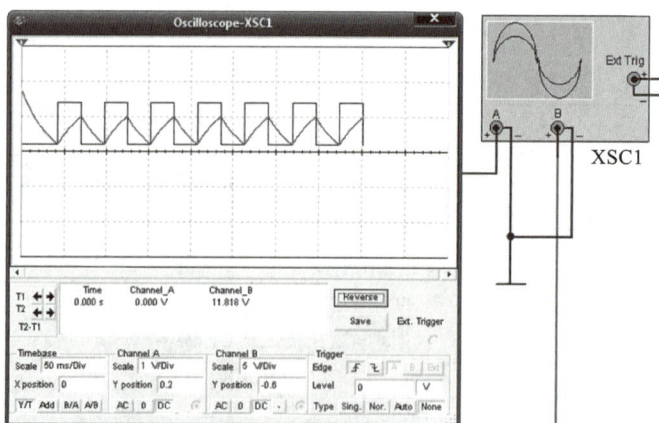

图 9-24　双通道示波器的图标、面板

双通道示波器的面板设置如下。

1. Timebase(时间基准)

(1)Scale(量程):设置显示波形时的 X 轴时间基准。

(2)X position(X 轴位置):设置 X 轴的起始位置。

显示方式设置有 4 种,Y/T 方式指的是 X 轴显示时间,Y 轴显示电压值;Add 方式指的是 X 轴显示时间,Y 轴显示 A 通道和 B 通道电压之和;A/B、B/A 方式指的是 X 轴和 Y 轴都显示电压值。

2. Channel A(通道 A)

(1)Scale(量程):设置通道 A 的 Y 轴电压刻度。

(2)Y position(Y 轴位置):设置 Y 轴的起始点位置,起始点为 0 表明 Y 轴和 X 轴重合,起始点为正值表明 Y 轴原点位置向上移,否则向下移。

触发耦合方式为 AC(交流耦合)、0(0 耦合)或 DC(直流耦合)。交流耦合只显示交流分量;0 耦合为在 Y 轴设置的原点处显示一条直线;直流耦合显示直流和交流之和。

3. Channel B(通道 B)

通道 B 的 Y 轴量程、起始点、耦合方式等内容的设置与通道 A 相同。

4. Trigger(触发)

触发主要用来设置 X 轴的触发信号、触发电平及边沿等。

(1)Edge(边沿):设置被测信号开始的边沿,即先显示上升沿还是下降沿。

(2)Level(电平):设置触发信号的电平,使触发信号在某一电平时启动扫描。

(3)触发信号选择:Auto 为自动触发、通道 A 和通道 B 表明用相应的通道信号作为触发信号;ext 为外触发;Sing 为单脉冲触发;Nor 为一般脉冲触发。

9.3.5　四通道示波器

四通道示波器(4 Channel Oscilloscope)与双通道示波器的使用方法和参数调整方式完全一样,只是多了一个通道控制器旋钮 ，只有当旋钮拨到某个通道位置时,才能对该通道的 Y 轴进行调整。四通道示波器的图标、面板如图 9-25 所示。

9.3.6　波特图仪

波特图仪(Bode Plotter),也称扫频仪,适合于分析和显示电路的频率响应,特别易于观察截止频率。它的图标、面板如图 9-26 所示。图标中有 IN 和 OUT 两对端口,其中,IN 端口的"＋"和"－"分别接输入端的正端和负端;OUT 端口的"＋"和"－"分别接输出端的正端和负端。使用波特图仪时必须在电路的输入端接交流信号源。

波特图仪的面板分为 Magnitude(幅值)或 Phase(相位)的选择、Horizontal(横轴)设置、Vertical(纵轴)设置、显示方式的其他控制信号,面板中的 F 指的是终值,I 指的是初值。在

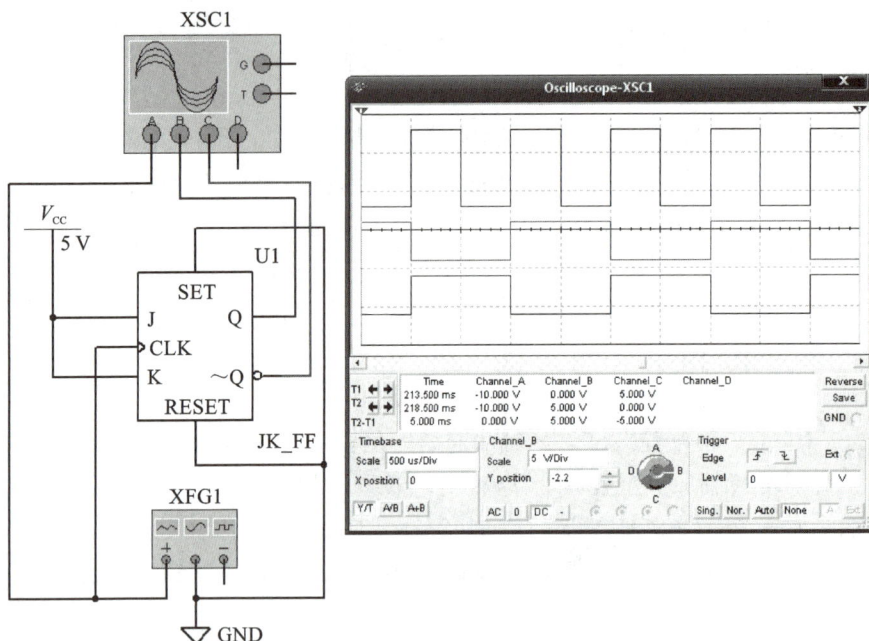

图 9-25　四通道示波器的图标、面板

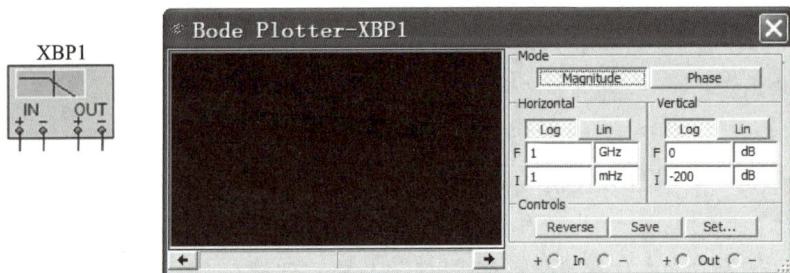

图 9-26　波特图仪的图标、面板

波特图仪的面板上，可以直接设置横轴和纵轴的坐标及其参数。

9.3.7　频率计数器

频率计数器(Frequency Couter)主要用来测量信号的频率、周期、相位，脉冲信号的上升沿和下降沿。频率计数器的图标、面板如图 9-27 所示。使用过程中应注意根据输入信号的幅值调整频率计数器的 Sensitivity(灵敏度)和 Trigger Level(触发电平)。

9.3.8　数字信号发生器

数字信号发生器(Digital Signal Generator)是一个通用的数字激励源编辑器，可通过多种方式产生 32 位的字符串，在数字电路的测试中应用非常灵活。数字信号发生器的图标、面板如图 9-28 所示，其中面板分为 Controls(控制方式)、Display(显示方式)、Trigger(触发)、Frequency(频率)等几个部分。

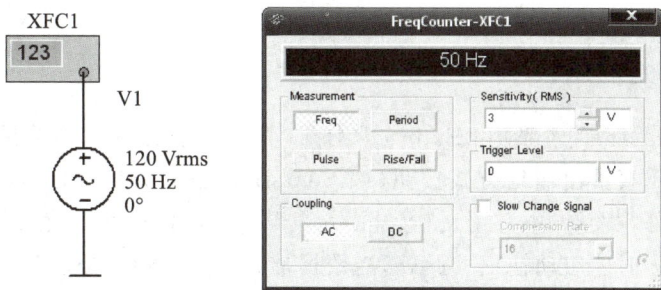

图 9-27　频率计数器的图标、面板

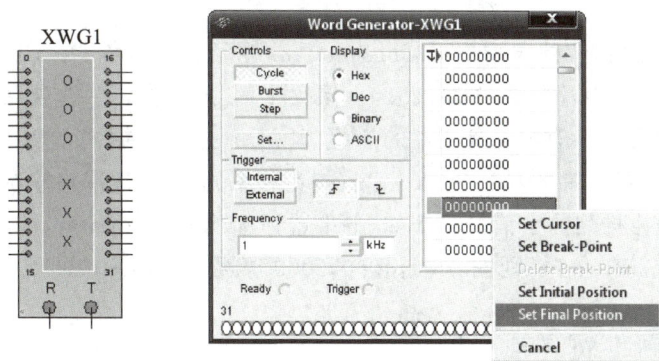

图 9-28　数字信号发生器的图标、面板

下面介绍数字信号发生器的面板设置。

1. 字信号的输入

(1)在字信号编辑区,32 bit 的字信号以 8 位 16 进制数编辑和存放,可以存放 1024 条字信号,地址编号为 0000～03FF。

(2)字信号输入操作:将光标指针移至字信号编辑区的某一位,用鼠标单击后,由键盘输入如二进制数码的字信号,光标自左至右,自上至下移位,可连续地输入字信号。

(3)在字信号显示编辑区(Display)可编辑或显示与字信号格式有关的信息。字信号发生器被激活后,字信号按照一定的规律逐行从底部的输出端送出,同时,在面板的底部对应于各输出端的小圆圈内,可实时显示输出字信号各个位(bit)的值。

2. 字信号的输出

(1)字信号的输出方式分为 Step(单步)、Burst(单帧)、Cycle(循环)3 种方式。用鼠标单击一次 Step 按钮,字信号就输出一条。这种方式可用于对电路进行单步调试。

(2)如果用鼠标单击 Burst 按钮,则从首地址开始至本地址连续、逐条地输出字信号。

(3)如果用鼠标单击 Cycle 按钮,则循环不断地进行 Burst 方式的输出。

(4)Burst 和 Cycle 情况下的输出节奏由输出频率的设置决定。

(5)在 Burst 输出方式下,当运行至该地址时输出暂停,再用鼠标单击 Pause 可恢复输出。

3. 字信号的触发方式

字信号分为 Internal(内部)和 External(外部)两种触发方式。当选择 Internal 触发方式时,字信号的输出直接由输出方式按钮(如 Step、Burst、Cycle)启动。当选择 External 触发方式时,需接入外触发脉冲,并定义"上升沿触发"或"下降沿触发"。然后单击输出方式按钮,待触发脉冲到来时才启动输出。此外,当数据准备好后,输出端还可以得到与输出字信号同步的时钟脉冲输出。

4. 字信号的存盘、重用、清除等操作

用鼠标单击 Set 按钮,弹出 Pre-setting patterns 对话框,对话框中 Clear buffer(清除字信号编辑区)、Open(打开字信号文件)、Save(保存字信号文件)3 个选项用于对编辑区的字信号进行相应的操作。字信号存盘文件的后缀为".DP"。对话框中 UP Counter(按递增编码)、Down Counter(按递减编码)、Shift right(按右移编码)、Shift left(按左移编码)4 个选项用于生成按一定规律排列的字信号。例如,如果选择选项 UP Counter,则按 0000~03FF 排列;如果选择选项 Shift right,则按 8000,4000,2000 等逐步右移一位的规律排列,其余类推。

9.3.9 逻辑分析仪

Multisim 10 提供了具有 16 个通道的逻辑分析仪(Logic Analyzer),用作数字信号的高速采集和时序分析。逻辑分析仪的图标、面板如图 9-29 所示。逻辑分析仪具有 16 路信号输入端、外接时钟端(C)、时钟限制(Q)及触发限制(T)共 4 种连接端口。

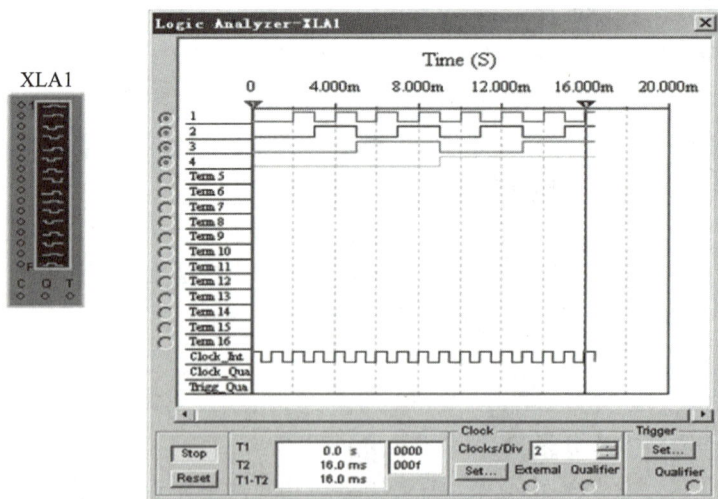

图 9-29　逻辑分析仪的图标、面板

下面介绍逻辑分析仪的面板设置。

1. 数字逻辑信号与波形的显示、读数

面板左边的 16 个小圆圈对应 16 路信号输入端,各路输入的逻辑信号的当前值在小圆圈内显示,从上到下排列依次为最低位至最高位。16 路输入的逻辑信号的波形以方波形式显示在逻辑信号波形显示区。通过设置输入导线的颜色可修改相应波形的显示颜色。波形显示的时间轴刻度可通过面板下边的 Clocks/Division 设置。读取波形的数据可以通过拖放读数指针完成。在面板下部的两个方框内显示指针所处位置的时间读数和逻辑读数(4 位 16 进制数)。

2. 触发方式设置

单击 Trigger 区的 Set 按钮,可以弹出触发方式对话框。触发方式有多种选择。对话框中可以输入 A、B、C 这 3 个触发字。逻辑分析仪在读到一个指定字或几个字的组合后触发。触发字的输入可通过单击标为 A、B、C 的编辑框,然后输入二进制的字(0 或 1)或者 x 来实现,其中,x 代表该位为"任意"(0、1 均可)。用鼠标单击对话框中 Trigger combinations 方框右边的按钮,弹出由 A、B、C 组合的 8 组触发字,选择 8 种组合之一,并单击 Accept(确认)后,Trigger combinations 方框中就被设置为该种组合触发字。

3 个触发字的默认设置均为 xxxxxxxxxxxxxxxx,表示只要第一个输入逻辑信号到达,无论是什么逻辑值,逻辑分析仪均被触发并开始采集波形,否则必须满足触发字条件才被触发。此外,Trigger qualifier(触发限定字)对触发有控制作用。若该位设置为 x,则触发控制不起作用,触发完全由触发字决定;若该位设置为 1 或 0,则仅当触发控制输入信号为 1 或 0 时,触发字才起作用;否则即使满足触发字组合条件也不能引起触发。

9.3.10 逻辑转换仪

逻辑转换仪(Logic Converter)是 Multisim 10 特有的虚拟仪器设备,实验室中并不存在这样的实际仪器。逻辑转换仪的主要功能是能够很方便地完成真值表、逻辑表达式和逻辑电路三者之间的相互转换。它的图标和面板如图 9-30 所示。

图 9-30 逻辑转换仪的图标、面板

下面介绍逻辑转换仪的使用方法。

1. 逻辑电路→真值表

逻辑转换仪可以导出多路(最多八路)输入、一路输出的逻辑电路的真值表。首先画出逻辑电路,将其输入端接至逻辑转换仪的输入端,将其输出端接至逻辑转换仪的输出端。按下"电路—真值表"按钮,在逻辑转换仪的显示窗口(真值表区)即可出现该电路的真值表。

2. 真值表→逻辑表达式

真值表的建立有两种方法。一种方法是根据输入端数,用鼠标单击逻辑转换仪面板顶部代表输入端的小圆圈,选定输入信号(由 A 至 H)。此时,真值表区自动出现输入信号的所有组合,而输出列的初始值全部为零。可根据所需要的逻辑关系修改真值表的输出值从而建立真值表。另一种方法是由电路图通过逻辑转换仪转换过来的真值表。

对于已在真值表区建立的真值表,用鼠标单击"真值表→逻辑表达式"按钮,在面板的底部逻辑表达式栏会出现相应的逻辑表达式。如果要简化该表达式,或直接由真值表得到简化的逻辑表达式,则可单击"真值表→简化表达式"按钮,在逻辑表达式栏中会出现相应的该真值表的简化逻辑表达式。逻辑表达式中的"′"表示逻辑变量的"非"。

3. 表达式→真值表、逻辑电路或与非门电路

在使用逻辑转换仪时,通过直接在逻辑表达式栏中输入逻辑表达式,"与—或"式及"或—与"式均可,然后按下"表达式→真值表"按钮,可得到相应的真值表;按下"表达式→电路"按钮,可得到相应的逻辑电路;按下"表达式→与非门电路"按钮,可得到由与非门构成的逻辑电路。

9.4　Multisim 10 仿真分析方法

Multisim 10 为仿真电路提供了两种分析方法,一种是利用虚拟仪器仪表观测电路的某项参数;另一种是利用 Multisim 10 提供的十几种分析工具进行分析。常用的分析工具有直流工作点分析、交流分析、瞬态分析、傅里叶分析、失真分析、噪声分析和直流扫描分析等。利用这些分析工具,可以了解电路的基本状况,测量和分析电路的各种响应,且比实际仪器测量的分析精度高、测量范围宽。下面介绍常用的几种分析方法。

9.4.1　直流工作点分析

在进行直流工作点分析(DC Operating Point Analysis)时,电路中的交流源将被置零,电容开路,电感短路。用鼠标单击 Simulate→Analysis→DC Operating Point Analysis,将弹出 DC Operating Point Analysis 对话框,进入直流工作点分析状态,如图 9-31 所示。DC Operating Point Analysis 对话框有 Output、Analysis Options 和 Summary 3 个选项卡。

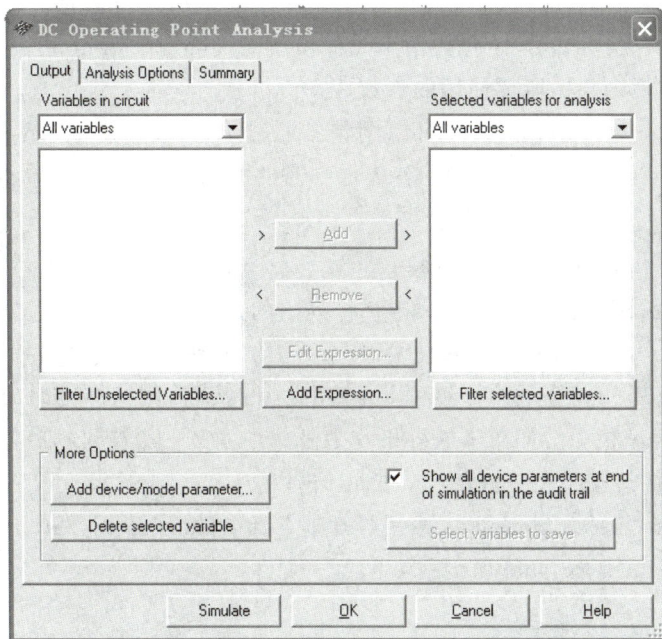

图 9-31　**DC Operating Point Analysis** 对话框

1. Output 选项卡

Output 选项卡用来选择需要分析的节点和变量。

1）Variables in circuit 栏

在 Variables in circuit 栏中列出的是电路中可用于分析的节点和变量。单击 Variables in circuit 中的下拉列表，可以选择变量类型，如下。

（1）Voltage and current：选择电压和电流变量。

（2）Voltage：选择电压变量。

（3）Current：选择电流变量。

（4）Device/Model Parameters：选择元件/模型参数变量。

（5）All variables：选择电路中的全部变量。

单击该栏下的 Filter Unselected Variables 按钮，弹出 Filter nodes 对话框，可以增加一些变量，如图 9-32 所示。该对话框有 3 个选项，选择 Display internal nodes 选项显示内部节点；选择 Display submodules 选项显示子模型的节点；选择 Display open pins 选项显示开路的引脚。

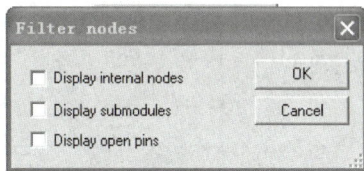

图 9-32　**Filter nodes** 对话框

2）More Options 区

在 Output 选项卡中包含 More Options 区，在 More Options 区中，可以增加某个元件/模型的参数，以及删除已选择的变量，如下。

（1）单击 Add device/model parameter 按钮，弹出 Add device/model parameter 对话框。

在 Add device/model parameter 对话框中,可以在 Parameter Type 栏内指定所要新增参数的形式,然后分别在 Device Type 栏内指定元件模块的种类;在 Name 栏内指定元件名称(序号);在 Parameter 栏内指定所要使用的参数。

(2)Delete selected variable 按钮可以删除已通过 Add device/model parameter 按钮选择到 Variables in circuit 栏中的变量。首先选中需要删除的变量,然后单击该按钮即可删除该变量。

3)Selected variables for analysis 栏

(1)在 Selected variables for analysis 栏中列出的是确定需要分析的节点。默认状态下为空,用户需要从 Variables in circuit 栏中选取,方法是:首先选中左边的 Variables in circuit 栏中需要分析的一个或多个变量,再单击 Add 按钮,则这些变量会出现在 Selected variables for analysis 栏中。如果不想分析其中已选中的某一个变量,则可选中该变量,再单击 Remove 按钮,将其移回 Variables in circuit 栏内。

(2)单击 Filter selected variables 按钮可筛选 Filter Unselected Variables 已经选中并且放在 Selected variables for analysis 栏的变量。

2. Analysis Options 选项卡

Analysis Options 选项卡用来设定分析参数,包含 SPICE Options 区和 Other Options 区,建议使用默认值。Analysis Options 选项卡如图 9-33 所示。

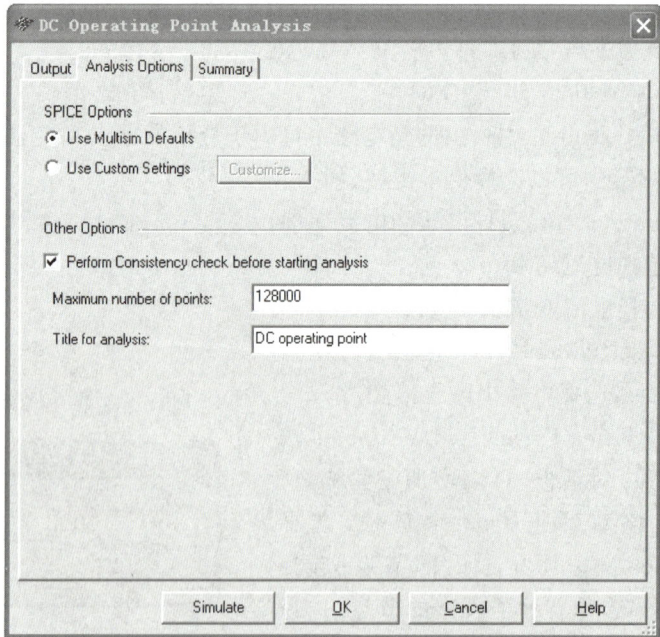

图 9-33　Analysis Options 选项卡

如果选择 Use Custom Settings,则可以用来选择用户所设定的分析选项。此时,可供选取设定的项目已出现在下面的栏中,其中大部分项目应该采用默认值,如果想要改变其中某一个分析选项的参数,则在选取该项后,再选中下面的 Customize 选项,此时将出现另一个窗口,可以在该窗口中输入新的参数。单击左下角的 Restore to Recommended Settings 按钮,即可恢复默认值。

3. Summary 选项卡

在 Summary 选项卡中,给出了所有设定的参数和选项,用户可以检查并确认所要进行的分析设置是否正确。

9.4.2　交流分析

交流分析(AC Analysis)用于分析电路的频率特性。先选定被分析的电路节点,将电路中的直流源置零,交流信号源、电容、电感等均处在交流模式下,输入信号设定为正弦波形式。若把函数信号发生器的其他信号作为输入激励信号,在进行交流频率分析时,会自动把它作为正弦信号输入。因此输出响应也是该电路交流频率的函数。用鼠标单击 Simulate→Analysis→AC Analysis,将弹出 AC Analysis 对话框,进入交流分析状态,如图 9-34 所示。AC Analysis 对话框有 Frequency Parameters、Output、Analysis Options 和 Summary 4 个选项卡,其中 Output、Analysis Options 和 Summary 3 个选项卡与直流工作点分析的设置一样,下面仅介绍 Frequency Parameters 选项卡。

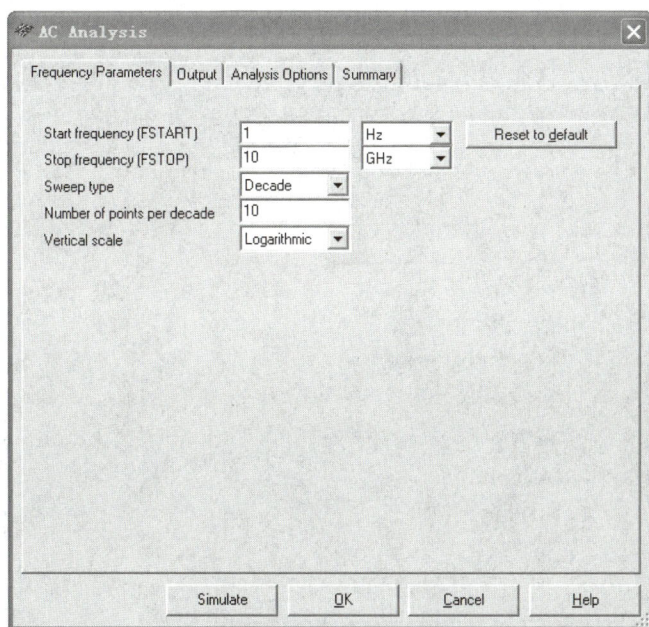

图 9-34　AC Analysis 对话框

在 Frequency Parameters 参数设置对话框中,可以确定分析的起始频率、终点频率、扫描形式、分析采样点数和纵向坐标等参数,如下。

(1)Start frequency 窗口:设置分析的起始频率,默认设置为 1 Hz。

(2)Stop frequency 窗口:设置扫描终点频率,默认设置为 10 GHz。

(3)Sweep type 窗口:设置分析的扫描方式,包括 Decade(十倍程扫描)、Octave(八倍程扫描)及 Linear(线性扫描)。默认设置为 Decade 选项,以对数方式展现。

（4）Number of points per decade 窗口：设置每十倍频率的分析采样数,默认设置为 10。

（5）Vertical scale 窗口：选择纵坐标刻度形式。坐标刻度形式有 Decibel(分贝)、Octave(八倍)、Linear(线性)及 Logarithmic(对数)形式。默认设置为对数形式。

按下 Simulate(仿真)按钮,即可在显示图上获得被分析节点的频率特性波形。交流分析的结果可以幅频特性和相频特性两个图显示。如果将波特图仪连接至电路的输入端和被测节点,同样也可以获得交流频率特性。在对模拟小信号电路进行交流频率分析时,数字器件将被视为高阻接地。

9.4.3　瞬态分析

瞬态分析(Transient Analysis)是指对所选定的电路节点的时域响应,即观察该节点在整个显示周期中每一时刻的电压波形。在进行瞬态分析时,直流源保持常数,交流信号源随着时间而改变,电容和电感都是能量储存模式元件。用鼠标单击 Simulate→Analysis→Transient Analysis,将弹出 Transient Analysis 对话框,进入瞬态分析状态,如图 9-35 所示。Transient Analysis 对话框有 Analysis Parameters、Output、Analysis Options 和 Summary 4 个选项卡,其中 Output、Analysis Options 和 Summary 3 个选项卡与直流工作点分析的设置一样,下面仅介绍 Analysis Parameters 选项卡。

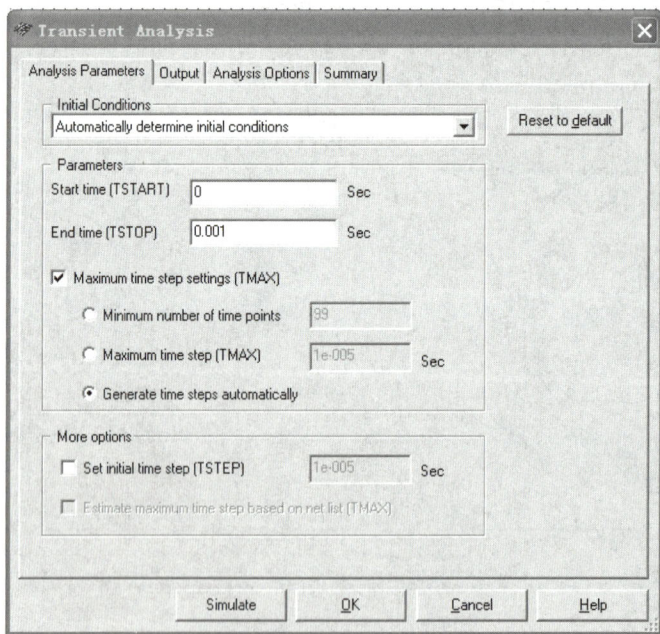

图 9-35　Transient Analysis 对话框

在 Initial Conditions 区中,可选择其初始条件,如下。

（1）Automatically determine initial conditions：由程序自动设置初始值。

（2）Set to zero：初始值设置为 0。

（3）User defined：由用户定义初始值。

（4）Calculate DC operating point：通过计算直流工作点得到的初始值。

在 Parameters 区中，可以对时间间隔和步长等参数进行设置，如下。

（1）Start time：设置开始分析的时间。

（2）End time：设置结束分析的时间。

勾选 Maximum time step settings，可以设置分析的最大时间步长，如下。

（1）Minimum number of time points：设置单位时间内的采样点数。

（2）Maximum time step：设置最大的采样时间间距。

（3）Generate time steps automatically：由程序自动决定分析的时间步长。

More options 区的选项如下。

（1）Set initial time step：用户自行确定起始时间步长，步长大小输入在其右边栏内。如果不选择，则由程序自动约定。

（2）Estimate maximum time step based on net list：根据网表估算最大时间步长。

9.4.4   傅里叶分析

傅里叶分析（Fourier Analysis）用于分析一个时域信号的直流分量、基频分量和谐波分量，即把被测节点处的时域变化信号作离散傅里叶变换，求出它的频域变化规律。在进行傅里叶分析时，必须首先选择被分析的节点，一般将电路中的交流激励源的频率设定为基频，若在电路中有几个交流源时，则可以将基频设定在这些频率的最小公因数上。例如，如果有一个 10.5 kHz 和一个 7 kHz 的交流激励源信号，则基频可取 0.5 kHz。用鼠标单击 Simulate→Analysis→Fourier Analysis，将弹出 Fourier Analysis 对话框，进入傅里叶分析状态，如图 9-36 所示。Fourier Analysis 对话框有 Analysis Parameters、Output、Analysis Options 和 Summary 4 个选项卡，其中 Output、Analysis Options 和 Summary 3 个选项卡与直流工作点分析的设置相同，下面仅介绍 Analysis Parameters 选项卡。

1. Sampling options 区

（1）Frequency resolution（Fundamental frequency）：设置基频。如果电路中有多个交流信号源，则取各信号源频率的最小公倍数。如果不知道如何设置，则可以单击 Estimate 按钮，由程序自动设置。

（2）Number of harmonics：设置希望分析的谐波的次数。

（3）Stop time for sampling：设置停止取样的时间。如果不知道如何设置，则可以单击 Estimate 按钮，由程序自动设置。

单击 Edit transient analysis 按钮，弹出的对话框与瞬态分析类似，设置方法与瞬态分析相同。

2. Results 区

（1）Display phase：显示幅频及相频特性。

（2）Display as bar graph：以线条显示频谱图。

（3）Normalize graphs：可以显示归一化的（Normalize）频谱图。

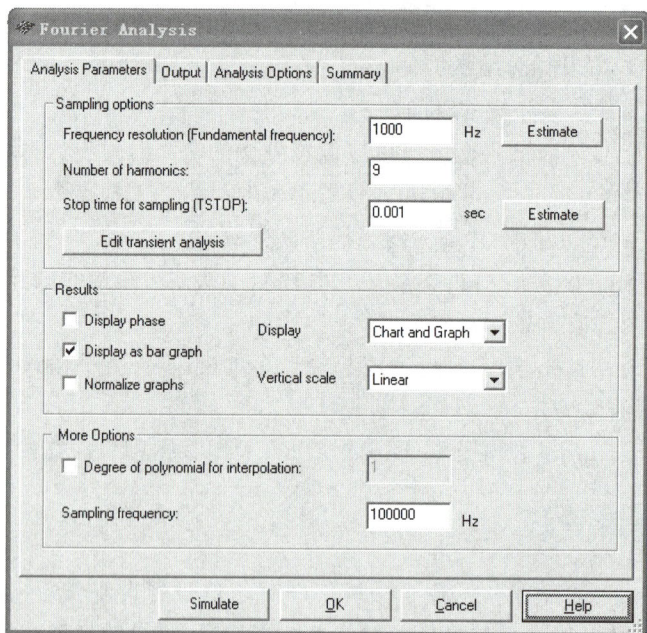

图 9-36　Fourier Analysis 对话框

（4）Display：选择要显示的项目，有 Chart（图表）、Graph（曲线）及 Chart and Graph（图表和曲线）3 个选项。

（5）Vertical scale：选择频谱的纵坐标刻度，包括 Decibel（分贝刻度）、Octave（八倍刻度）、Linear（线性刻度）及 Logarithmic（对数刻度）。

3. More Options 区

（1）Degree of polynomial for interpolation：设置多项式的维数。当选中该选项后，可在其右边栏中输入维数值。多项式的维数越高，仿真运算的精度也越高。

（2）Sampling frequency：设置取样频率，默认为 100000 Hz。

9.5　Multisim 10 仿真实例

利用 Multisim 10 软件几乎可以仿真实验室内所有的电路。但是在 Multisim 10 中进行的实验是虚拟的，一般是在不考虑元件的额定值和极限值等情况下进行的，所以应将虚拟仿真与真实情况有机地结合起来，互相对比，从而最终解决电路的实际问题。

9.5.1　电路基础仿真实例

1. 基尔霍夫电流定律仿真分析

基尔霍夫电流定律指出：在任意时刻，对于集总参数电路的任一节点，流入该节点电流的总和等于流出该节点电流的总和，即流入或流出节点的电流代数和恒为零。

图 9-37 为基尔霍夫电流定律仿真电路，节点 2 上流入和流出的电流之和为 -3.0 A$+$ 1.0 A$+(-2A)=0$，验证了基尔霍夫电流定律的正确性。

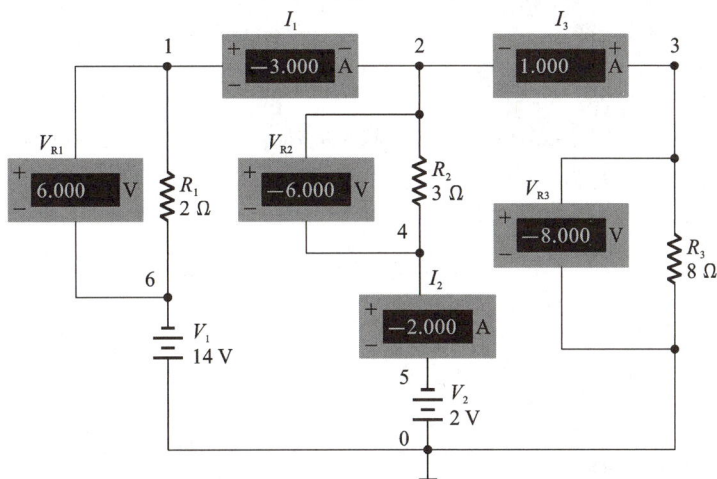

图 9-37　基尔霍夫电流定律仿真电路

2. RC 一阶电路仿真分析

微分电路可以实现输出信号对输入信号的微分，将方波信号 $u_1(t)$ 加至 RC 串联电路输入端，数值信号取自电阻两端电压 $u_R(t)$，且满足方波的周期 T 远大于 RC 串联电路的时间常数，则有 $u_R(t) \approx RC \dfrac{\mathrm{d}u_1(t)}{\mathrm{d}t}$，微分电路如图 9-38(a)所示。

因为方波输入信号的频率 $f = 1$ kHz，即周期 $T = 1/f = 1$ ms，而 RC 电路的时间常数 $= RC = 18$ ns，所以满足 $T \gg \tau$。将示波器的 A 通道接输入方波信号 $u_1(t)$，B 通道接输出信号 $u_R(t)$，且导线颜色分别设置为不同颜色（如红色、墨绿色），则仿真结果如图 9-38(b)所示（输入方波为红色，输出正、负尖脉冲为墨绿色）。

9.5.2　模拟电路仿真实例

1. 静态工作点的测试

单管共射放大电路静态工作点的测试电路如图 9-39 所示，在三极管集电极串入直流电流表，在基极、集电极和发射极并联上直流电压表。接通电源，调节 R_W，使 $I_C = 1$ mA 或

(a) 微分电路   (b) 仿真结果

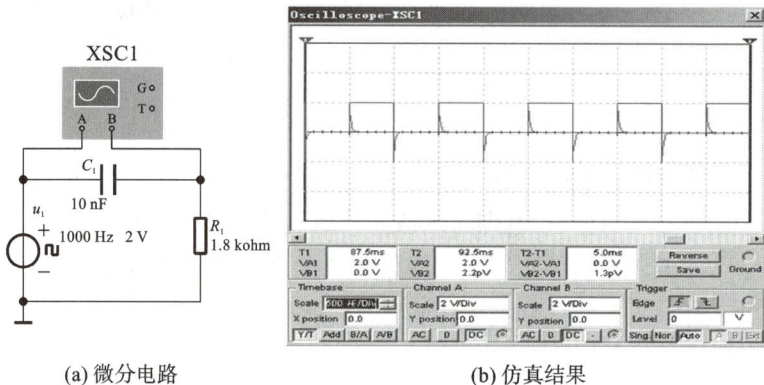

图 9-38   微分电路和仿真结果

$I_C = U_E/R_e = 1$ mA。从图 9-39 可见：电流表的实测值为 0.979 mA；电压表的实测值为：$U_B = 1.602$ V，$U_E = 0.977$ V，$U_C = 7.001$ V。通过计算可以得出 $U_{BE} = 0.625$ V，$U_{BC} = -5.389$ V，满足放大条件：发射结正偏，集电结反偏。

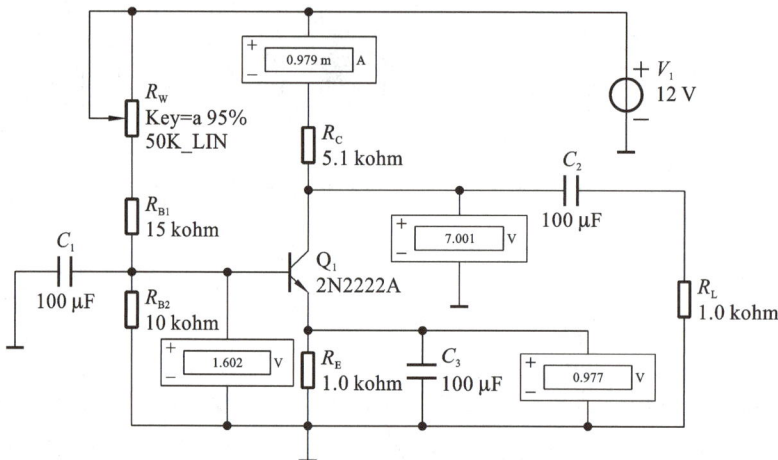

图 9-39   单管共射放大电路静态工作点的测试电路

2. 放大倍数的测量

共射放大电路放大倍数的测试电路如图 9-40 所示，在输入端接入 1 kHz、1 mV 的正弦交流电压信号，输出端接示波器。用示波器观察输入、输出波形（A 通道为输入，B 通道为输出），调节 R_W（按 A 键 R_W 增加，按 Shift＋A 组合键 R_W 减小），在输出不失真的情况下可测得波形如图 9-41 所示。

在读数指针 T_1 时刻，$U_{A1} = 999$ μV，$U_{B1} = -35$ mV，则放大电路的放大倍数为

$$A_V = \frac{U_{B1}}{U_{A1}} = -\frac{35 \text{ mV}}{990 \text{ } \mu\text{V}} \approx -35.0$$

也可从 $T_2 - T_1$ 计算得

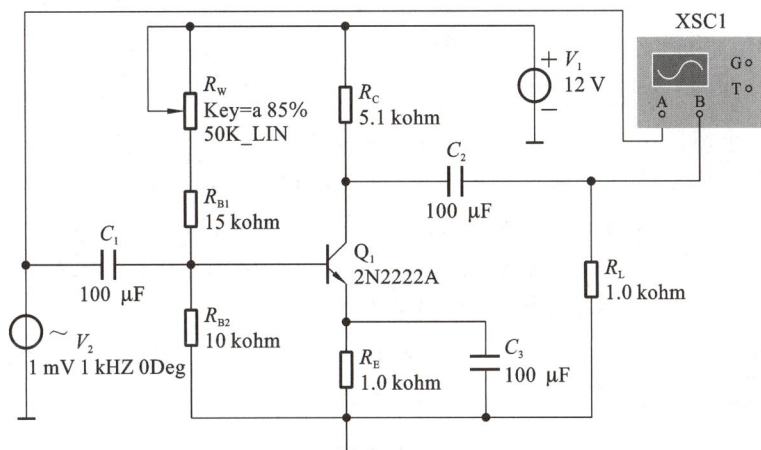

图 9-40　共射放大电路放大倍数的测试电路

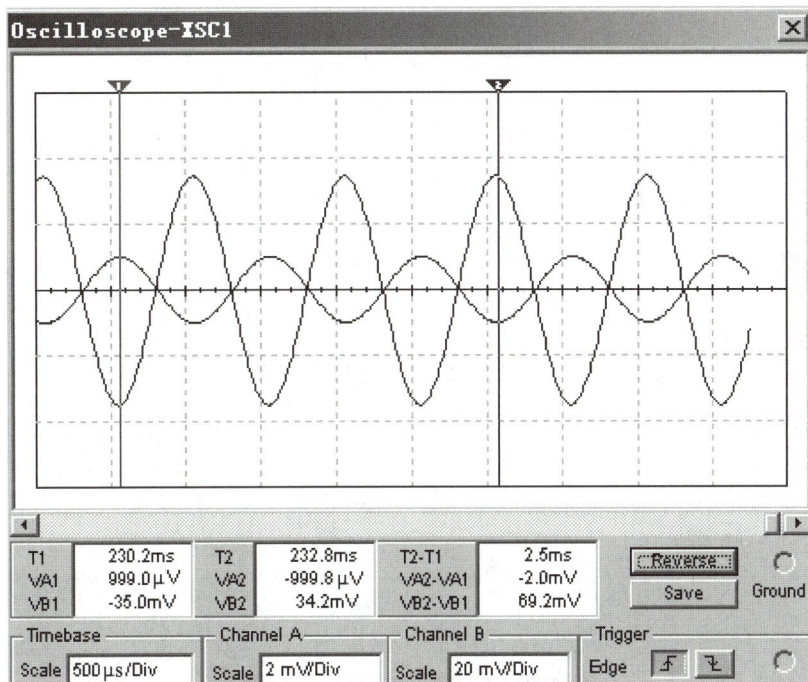

图 9-41　共射放大电路输入、输出波形

$$A_V = \frac{U_{B2} - U_{B1}}{U_{A2} - U_{A1}} = -\frac{69.2\ \text{mV}}{2.0\ \text{mV}} \approx -34.6$$

可见，这两种算法近似相等。从图 9-41 中还可见，输出与输入信号的相位相差 180°。

9.5.3　数字电路仿真实例

用两片十进制计数器 74LS160（U1、U2）分别构成个位和十位计数器，由于它们的 4 位输出 Q_D、Q_C、Q_B、Q_A 与数码管的连接具有相同的性质，所以可采用总线进行连接。总线的绘制方法如下。

(1)启动 Place 菜单下的 Place Bus 命令,进入绘制总线状态。单击拖动并转弯即可画出一条总线。若要修改总线名称,则双击该总线,在 Bus 对话框的 Reference ID 栏内输入新的总线名称,然后单击 OK 按钮。由于本电路有两条总线,所以应分别命名为 Bus.1、Bus.2。

(2)总线与对应单线的连接。由图 9-42 可见,总线 Bus.1 分别接 U1 的 Q_D、Q_C、Q_B、Q_A,需 4 根引线。在连接这 4 根引线时,会自动出现 Node Name 对话框,依次输入单线的名称,如 4(或 3、2、1),再单击 OK 按钮,同时数码管的 4 根引线对应接好;总线 Bus.2 的接法与此类似。这样共输入 8 根单线的名称,如图 9-43 所示。

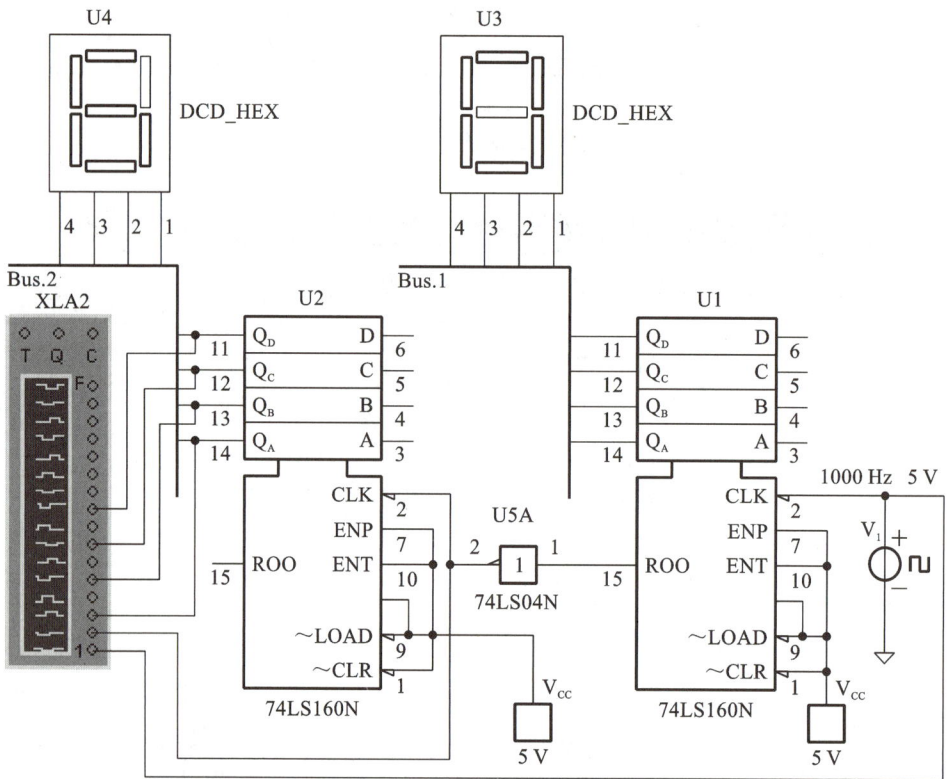

图 9-42　100 进制计数显示电路

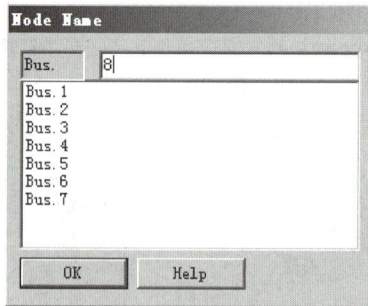

图 9-43　Node Name 对话框

运行仿真开关,逻辑分析仪屏幕上显示计数到 60 时的波形,如图 9-44 所示。第 2 路波形为个位 U1 的进位输出 RCO 波形,与第 1 路时钟 CLK 波形之间为 10 分频的关系;当计数到 60 时,两个读数指针 T_1 到 T_2 之间的时间为 59.0 ms(近似为 60 ms),说明此时计数结果为 60 个时钟脉冲(因时钟 CLK 的频率为 1000 Hz,周期为 1 ms)。

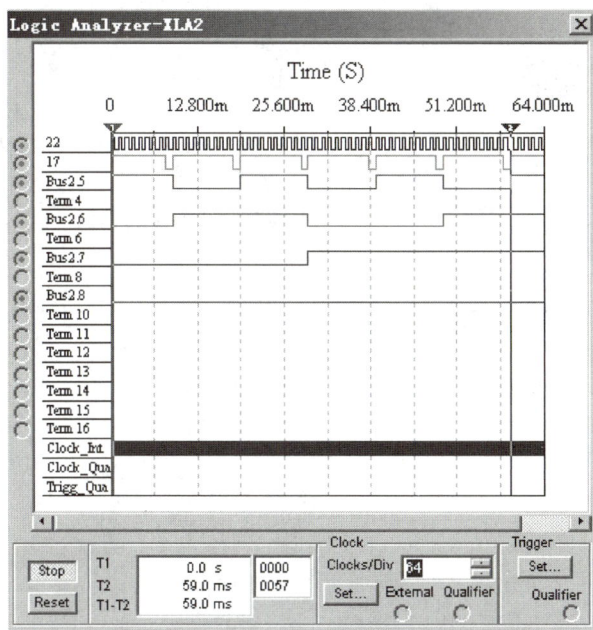

图 9-44 计数到 60 时的波形

习 题 9

9.1 试用函数信号发生器产生幅度为 5 V、频率为 1 kHz(占空比为 50%)的三角波信号,并用示波器观察其波形。

9.2 试将数字信号发生器设置成增量编码方式。在 0000H～0300H 范围内循环输出,频率为 1 kHz,并将如下地址设置为端点:0150H、0180H、0260H。

9.3 用逻辑分析仪分析双向移位寄存器 74LS194 的逻辑功能。要求画出波形并列出功能表。

9.4 在仿真软件中建立如图 9-45 所示的分压式偏置电路,调节合适静态工作点,用示波器观察,使输出波形最大不失真。

(1)测出各极静态工作点。

(2)测出输入、输出电阻。

(3)改变 R_P 的大小,观察其静态工作点的变化,并用示波器观察输出波形是否失真。

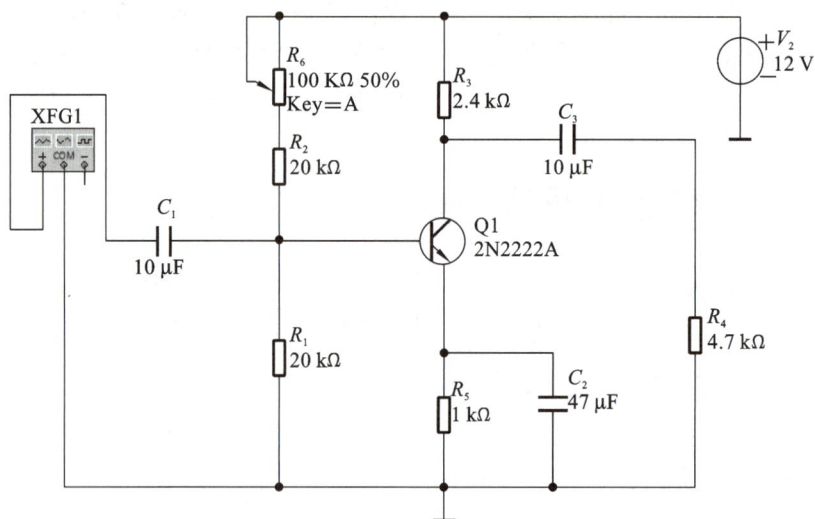

图 9-45　题 9.4 的图

参考文献
References

[1] 张永瑞,刘振起,杨林耀,等. 电子测量技术基础[M]. 西安:西安电子科技大学出版社,1994.

[2] 杨吉祥,詹宏英,梅杓春. 电子测量技术基础[M]. 南京:东南大学出版社,2003.

[3] 王成安,李福军. 电子测量技术与实训简明教程[M]. 北京:科学出版社,2007.

[4] 张大彪. 电子测量技术与仪器[M]. 北京:电子工业出版社,2008.

[5] 张咏梅,陈凌霄. 电子测量与电子电路实验[M]. 北京:北京邮电大学出版社,2000.

[6] 林占江. 电子测量技术[M]. 北京:电子工业出版社,2003.

[7] 王连英. 基于 Multisim 10 的电子仿真实验与设计[M]. 北京:北京邮电大学出版社,2009.

[8] 陆绮荣. 电子测量技术[M]. 北京:电子工业出版社,2003.

[9] 王川,陈传军. 电子仪器与测量技术[M]. 北京:北京邮电大学出版社,2008.